高职高专计算机应用技能培养系列规划教材
安徽财贸职业学院"12315教学质量提升计划"——十大品牌专业(软件技术专业)建设成果

Web客户端开发JavaScript & jQuery 教学做一体化教程

主　编　王会颖
副主编　汪永涛
参　编　胡配祥　胡龙茂　房丙午
　　　　郑有庆　陈良敏　侯海平
　　　　陆金江

北京师范大学出版集团
BEIJING NORMAL UNIVERSITY PUBLISHING GROUP
安徽大学出版社

图书在版编目(CIP)数据

Web 客户端开发 JavaScript & jQuery 教学做一体化教程/王会颖主编. —合肥:安徽大学出版社,2016.11(2018.7 重印)

计算机应用能力体系培养系列教材

ISBN 978-7-5664-1271-3

Ⅰ. ①W… Ⅱ. ①王… Ⅲ. ①JAVA 语言－程序设计－高等学校－教材 Ⅳ. ①TP312.8

中国版本图书馆 CIP 数据核字(2016)第 313312 号

Web 客户端开发 JavaScript & jQuery 教学做一体化教程　　王会颖　主　编

出版发行:	北京师范大学出版集团 安　徽　大　学　出　版　社 (安徽省合肥市肥西路 3 号 邮编 230039) www.bnupg.com.cn www.ahupress.com.cn
印　　刷:	合肥现代印务有限公司
经　　销:	全国新华书店
开　　本:	184mm×260mm
印　　张:	29.25
字　　数:	718 千字
版　　次:	2016 年 11 月第 1 版
印　　次:	2018 年 7 月第 2 次印刷
定　　价:	59.00 元

ISBN 978-7-5664-1271-3

策划编辑:李　梅　蒋　芳	装帧设计:李　军　金伶智
责任编辑:蒋　芳	美术编辑:李　军
责任印制:赵明炎	

版权所有　侵权必究

反盗版、侵权举报电话:0551—65106311
外埠邮购电话:0551—65107716
本书如有印装质量问题,请与印制管理部联系调换。
印制管理部电话:0551—65106311

编写说明

为贯彻《国务院关于加快发展现代职业教育的决定》，落实《安徽省人民政府关于加快发展现代职业教育的实施意见》，推动我省职业教育的发展，安徽省高等学校计算机教育研究会和安徽大学出版社共同策划组织了这套"高职高专计算机应用技能培养系列规划教材"。

为了确保该系列教材的顺利出版，并发挥应有的价值，合作双方于2015年10月组织了"高职高专计算机应用技能培养系列规划教材建设研讨会"，邀请了来自省内十多所高职高专院校的二十多位教育领域的专家和资深教师、部分企业代表及本科院校代表参加。研讨会在分析高职高专人才培养的目标、已经取得的成绩、当前面临的问题以及未来可能的发展趋势的基础上，对教材建设进行了热烈的讨论，在系列教材建设的内容定位和框架、编写风格、重点关注的内容、配套的数字资源与平台建设等方面达成了共识，并进而成立了教材编写委员会，确定了主编负责制等管理模式，以保证教材的编写质量。

会议形成了如下的教材建设指导性原则：遵循职业教育规律和技术技能人才成长规律，适应各行业对计算机类人才培养的需要，以应用技能培养为核心，兼顾全国及安徽省高等学校计算机水平考试的要求。同时，会议确定了以下编写风格和工作建议：

(1) 采用"教学做一体化＋案例"的编写模式，深化教材的教学成效。

以教学做一体化实施教学，以适应高职高专学生的认知规律；以应用案例贯穿教学内容，以激发和引导学生学习兴趣，将零散的知识点和各类能力串接起来。案例的选择，既可以采用学生熟悉的案例来引导教学内容，也可以引入实际应用领域中的案例作为后续实习使用，以拓展视野，激发学生的好奇心。

(2) 以"学以致用"促进专业能力的提升。

鼓励各教材中采取合适的措施促进从课程到专业能力的提升。例如，通过建设创新平台，采用真实的课题为载体，以兴趣组为单位，实现对全体学生教学质量的提高，以及对适应未来潜在工作岗位所需能力的锻炼。也可结合特定的专业,增加针对性案例。例如,在 C 语言程序设计教材中,应兼顾偏硬件或者其他相关专业的需求。通过计算机设计赛、程序设计赛、单片机赛、机器人赛等竞赛或者特定的应用案例来实施创新教育引导。

(3)构建共享资源和平台,推动教学内容的与时俱进。

结合教材建设构筑相应的教学资源与使用平台,例如,MOOC、实验网站、配套案例、教学示范等,以便为教学的实施提供支撑,为实验教学提供资源,为新技术等内容的及时更新提供支持等。

通过系列教材的建设,我们希望能够共享全省高职高专院校教育教学改革的经验与成果,共同探讨新形势下职业教育实现更好发展的路径,为安徽省高职高专院校计算机类专业人才的培养做出贡献。

真诚地欢迎有共同志向的高校、企业专家参与我们的工作,共同打造一套高水平的安徽省高职高专院校计算机系列"十三五"规划教材。

胡学钢

2016 年 1 月

编委会名单

主　任　胡学钢（合肥工业大学）
委　员　（以姓氏笔画为序）

丁亚明（安徽水利水电职业技术学院）
卜锡滨（滁州职业技术学院）
方　莉（安庆职业技术学院）
王　勇（安徽工商职业学院）
王韦伟（安徽电子信息职业技术学院）
付建民（安徽工业经济职业技术学院）
纪启国（安徽城市管理职业学院）
张寿安（六安职业技术学院）
李　锐（安徽交通职业技术学院）
李京文（安徽职业技术学院）
李家兵（六安职业技术学院）
杨圣春（安徽电气工程职业技术学院）
杨辉军（安徽国际商务职业学院）
陈　涛（安徽医学高等专科学校）
周永刚（安徽邮电职业技术学院）
郑尚志（巢湖学院）
段剑伟（安徽工业经济职业技术学院）
钱　峰（芜湖职业技术学院）
梅灿华（淮南职业技术学院）
黄玉春（安徽工业职业技术学院）
黄存东（安徽国防科技职业学院）
喻　洁（芜湖职业技术学院）
童晓红（合肥职业技术学院）
程道凤（合肥职业技术学院）

前　言

随着社会发展，人们生活逐渐丰富，对用户体验和个性化的需求越来越高。"互联网＋"时代，人们通过 Web 页面获取信息、相互交互、处理事务等，迫切要求页面具有良好的交互性和用户体验感。如何使页面特点鲜明，个性张扬，交互友好、便捷、快速，增强用户体验感和交互性是本书要解决的问题。

学习的关键是转化，将外界要学习的东西转化为自己内在具有的东西。转化的有效途径就是"做"。将思维和动手结合的"做"能增强学习效率，提高学习能力。因此，本书彻底打破市场上大多数教材的编写原则，采用全新的"教学做一体化"思路构架内容体系，通过"项目贯穿"的技能体系，将"实训＋理论"高度融合，实现了"教学做"的有机结合，通过具体项目驱动学习的积极性。

主要特色

➢ 教学做一体化。突破传统的以知识结构体系为架构的思维模式，不追求全面的知识体系结构，按照"教学做一体化"的思维模式重构内容体系，为"理实一体"的教育理念提供教材和资源支撑。

➢ 案例贯穿。按照"互联网＋"的思维模式："实用主义永远比完美主义更完美"，实用性才能体现一本书的价值。本书的每章每节内容都以案例引领和贯穿，通过"做"和"教"掌握核心知识和技能，再通过技能训练，以及自己独立地"做"进一步巩固强化知识和技能点。本书还设有两个阶段项目，进一步通过"做"巩固前一阶段的学习成果。本书按照"基本案例项目→技能训练案例项目→阶段项目综合训练"的学习过程，快速提升专业技能和项目经验。

➢ 知识体系清晰。本书在以案例引领和贯穿，通过"做"和"教"掌握核心知识和技能的同时，再通过"学"相关的知识点构建知识体系。虽然本书不追求全面的知识体系结构，但追求逻辑合理、脉络清晰，常用知识讲精、讲全，用清晰的线索，将常用的知识和技能点串联起来，使读者能将本书越读越薄。

➢ 80/20 原则。80/20 原则包含两层意思：第一层是重点讲解企业 80％的时间在使用的 20％的核心技术，而那些 80％不常用的非核心技术弱化讲解；第二层是花费 80％的精力才能够学会的 20％内容不讲解。

➢ 教学资源库充足。为了更好地保障教师的课程规划、课堂演示和学生的课内训练、课外训练、过程化考核等，该书配套了完整的"教学资源库"，每章的教学资源包括教学 PPT、教师演示、学生练习、参考资料、作业答案等。

主要内容

本书内容共有12章，主要内容如下：

➢ 第1章主要讲述 JavaScript 脚本的基本结构、放置位置和引用方式，JavaScript 的组成、作用和特点，Web 客户端编程的开发工具和集成开发环境。

➢ 第2章主要案例有判断变量或值的数据类型，输出个人信息，两个数的四则运算，输入和分析成绩并输出成绩单，打印倒正金字塔和倒正三角形等。主要讲述 JavaScript 的核心语法和程序调试方法等。JavaScript 的核心语法有变量、数据类型、输入和输出、运算符、控制语句等。

➢ 第3章主要案例有简易计算器、数的算术运算、多个图片轮换显示特效等。主要讲述函数的定义、调用、参数、返回值、匿名函数，变量的作用域。

➢ 第4章主要案例有省市二级级联特效、省市区三级级联特效、时钟特效和简易科学计算器等。主要讲述自定义对象和 JavaScript 内部对象的 Array 数组对象、Date 日期对象和 Math 数学对象。

➢ 第5章主要案例有带数字的循环显示广告图片特效、页面跳转效果和阻止页面被加载效果等。主要讲述浏览器对象模型以及 Window 对象、Screen 对象、History 对象和 Location 对象。

➢ 第6章主要案例有树形菜单效果、Tab 切换效果、页面元素的显示和隐藏效果、复选框的全选和全不选特效、图片和文字循环无缝垂直向上滚动特效、漂浮广告特效等。主要讲述 Document 对象、样式属性 display 和 visibility、复选框 Checkbox 对象。

➢ 第7章为阶段项目——当当网上书店特效1。项目要求实现当当网首页效果和用户注册页面效果。项目分解成7个阶段子任务。

➢ 第8章主要案例有目录操作、订单处理、淘宝购物车等。主要讲述 DOM 概念，DOM 树，节点类型，核心 DOM 中节点的查找、遍历、创建、添加、替换、删除以及属性操作，HTML DOM 中 Table 对象、TableRow 对象、TableCell 对象。

➢ 第9章主要案例有休闲网登录页面、淘宝网注册页面和博客网注册页面的客户端页面验证。主要讲述表单验证的意义、步骤和内容，String 对象，Form 对象，Text 对象。

➢ 第10章主要案例有表单验证、字符串处理等。主要讲述正则表达式定义、模式、符号，RegExp 对象，正则表达式相关的 String 对象的方法。

➢ 第11章为阶段项目——当当网上书店特效2。项目要求实现当当网商品展示页面效果、购物车页面效果、登录页面效果、用户注册页面效果。项目分解成6个阶段子任务。

➢ 第12章主要案例有下拉菜单的自动显示与隐藏、带数字的循环显示广告图片特效、博客园网注册页面验证及特效、Tab 切换效果、树形菜单、订单处理等。主要讲述 jQuery 库、jQuery 对象、jQuery 选择器、jQuery 事件、jQuery 动画效果、jQuery 中的 DOM 操作。

读者对象

现在人们主要通过页面获取信息和处理事务，社会对 Web 客户端开发人员的需求量相当大,并且所需技术的学习起点要求不高,有一定的创建 HTML 页面和 Web 站点的经验即可,同时,这些技术学习起来不困难,好理解,但是要实实在在地自己动手做。

　　本书适合所有的对 JavaScript 和 jQuery 技术感兴趣的 Web 设计者和前端开发人员阅读学习。本书可作为本科和高职高专学校 JavaScript 和 jQuery 方向课程的教材。

　　本书由王会颖担任主编,汪永涛担任副主编,第 1~3 章由汪永涛编写,第 4~6 章由胡配祥编写,第 7~12 章由王会颖编写,附录 A~C 由汪永涛编写,项目案例和教材配套资源库由王会颖、汪永涛、胡龙茂、胡配祥、房丙午、郑有庆、陈良敏、侯海平、陆金江等共同开发完成。全书由柏龙游和胡龙茂校对,由王会颖统稿和定稿。

　　本书所配教学资源请联系出版社或直接与编者联系,QQ 号:343161663,E-mail:WANGH_YING@163.COM。

　　本书的出版是安徽财贸职业学院"12315 教学质量提升计划"中"十大品牌专业"软件技术专业建设项目之一,得到了该项目建设资金的支持。

　　由于编者水平所限,书中不足之处,恳请广大读者批评指正。

编　者

2016 年 8 月

目 录

第 1 章 认识 JavaScript ... 1
- 1.1 第一个 JavaScript 程序 ... 2
- 1.2 JavaScript 脚本的基本结构 ... 3
- 1.3 JavaScript 脚本的放置位置 ... 3
- 1.4 JavaScript 的组成 ... 5
- 1.5 Web 客户端编程的使用工具 ... 6
- 1.6 技能训练 1-1 ... 9
- 1.7 JavaScript 的可为和不可为 ... 9
- 1.8 JavaScript 的特点及学习方法 ... 11
- 1.9 网页中引用 JavaScript 的方式 ... 12
- 1.10 技能训练 1-2 ... 15
- 本章小结 ... 16
- 习题 ... 16

第 2 章 核心语法 ... 17
- 2.1 判断变量或值的数据类型 ... 18
  - 2.1.1 实例程序 ... 18
  - 2.1.2 语法 ... 19
  - 2.1.3 变量 ... 20
  - 2.1.4 数据类型 ... 20
  - 2.1.5 typeof 运算符 ... 22
  - 2.1.6 技能训练 2-1 ... 22
- 2.2 两个数的四则运算 ... 22
  - 2.2.1 实例程序 ... 22
  - 2.2.2 输入和输出 ... 24
  - 2.2.3 数据类型转换函数 ... 26
  - 2.2.4 isNaN 函数 ... 27
  - 2.2.5 运算符 ... 27

	2.2.6	if 条件语句	29
	2.2.7	switch 语句	30
	2.2.8	使用 alert 调试程序	30
	2.2.9	技能训练 2-2	32

2.3 有容错性的两个数的四则运算 ……………………………………… 33
    2.3.1 实例程序 …………………………………………………………… 33
    2.3.2 while 循环语句 ……………………………………………………… 35
    2.3.3 do-while 循环语句 ………………………………………………… 35
    2.3.4 技能训练 2-3 ………………………………………………………… 36

2.4 打印倒正金字塔 ………………………………………………………… 36
    2.4.1 实例程序 …………………………………………………………… 36
    2.4.2 for 循环语句 ……………………………………………………… 38
    2.4.3 break 语句 ………………………………………………………… 38
    2.4.4 continue 语句 ……………………………………………………… 38
    2.4.5 使用 IE 的开发人员工具调试程序 ………………………………… 38
    2.4.6 技能训练 2-4 ………………………………………………………… 41

本章小结 ……………………………………………………………………… 41
习题 …………………………………………………………………………… 42

第 3 章 函数   44

3.1 简易计算器 ……………………………………………………………… 45
    3.1.1 实例程序 …………………………………………………………… 45
    3.1.2 代码解析 …………………………………………………………… 49
    3.1.3 对象的探测 ………………………………………………………… 49
    3.1.4 函数概述 …………………………………………………………… 50
    3.1.5 函数的定义和调用 ………………………………………………… 51
    3.1.6 JavaScript 系统函数 ………………………………………………… 51
    3.1.7 技能训练 3-1 ……………………………………………………… 52

3.2 优化的简易计算器 ……………………………………………………… 52
    3.2.1 实例程序 …………………………………………………………… 52
    3.2.2 代码解析 …………………………………………………………… 54
    3.2.3 代码优化 …………………………………………………………… 55
    3.2.4 函数的参数 ………………………………………………………… 55
    3.2.5 值传递和引用传递 ………………………………………………… 58
    3.2.6 函数的返回值 ……………………………………………………… 61
    3.2.7 技能训练 3-2 ……………………………………………………… 62

3.3 图片的上下翻动 ………………………………………………………… 63
    3.3.1 实例程序 …………………………………………………………… 63

  3.3.2 代码解析 ································· 65
  3.3.3 匿名函数 ································· 65
  3.3.4 变量的作用域 ··························· 66
  3.3.5 技能训练 3-3 ··························· 67
 3.4 图片的数字轮换显示 ··························· 68
  3.4.1 实例程序 ································· 68
  3.4.2 代码解析 ································· 70
  3.4.3 技能训练 3-4 ··························· 71
本章小结 ··· 71
习题 ··· 72

第 4 章 对象　　　　　　　　　　　73

 4.1 输出通讯录信息 ································· 74
  4.1.1 实例程序 ································· 74
  4.1.2 对象及其属性和方法 ·················· 75
  4.1.3 对象的分类 ······························ 76
  4.1.4 对象的定义 ······························ 76
  4.1.5 对象的操作 ······························ 79
  4.1.6 技能训练 4-1 ··························· 82
 4.2 省市二级级联特效 ····························· 83
  4.2.1 实例程序 ································· 83
  4.2.2 代码解析 ································· 85
  4.2.3 数组的创建和访问 ····················· 85
  4.2.4 数组常用的属性和方法 ·············· 86
  4.2.5 多维数组 ································· 88
  4.2.6 Select 列表对象和 Option 列表选项对象 ··· 89
  4.2.7 技能训练 4-2 ··························· 90
 4.3 升级省市二级级联特效 ······················· 90
  4.3.1 实例程序 ································· 90
  4.3.2 字符串作为数组的索引 ·············· 91
  4.3.3 for…in 循环 ····························· 92
  4.3.4 技能训练 4-3 ··························· 93
 4.4 省市区三级级联特效 ··························· 93
  4.4.1 实例程序 ································· 93
  4.4.2 代码解析 ································· 95
  4.4.3 技能训练 4-4 ··························· 96
 4.5 时钟特效 ·· 96
  4.5.1 实例程序 ································· 96

   4.5.2 代码解析 ································· 98
   4.5.3 Date 对象 ································ 98
   4.5.4 技能训练 4-5 ··························· 99
 4.6 简易科学计算器 ······································· 100
   4.6.1 实例程序 ································ 100
   4.6.2 代码解析 ································ 103
   4.6.3 Math 对象 ······························ 104
   4.6.4 技能训练 4-6 ·························· 105
本章小结 ··· 105
习题 ··· 106

第 5 章 BOM   107

 5.1 弹出窗口特效 ·· 108
   5.1.1 实例程序 ································ 108
   5.1.2 代码解析 ································ 111
   5.1.3 浏览器对象模型（BOM） ········· 114
   5.1.4 Screen 对象 ··························· 114
   5.1.5 Window 对象 ·························· 115
   5.1.6 窗口的打开与关闭 ·················· 116
   5.1.7 技能训练 5-1 ·························· 118
 5.2 带数字的循环显示广告图片特效 ················ 119
   5.2.1 实例程序 ································ 119
   5.2.2 代码解析 ································ 122
   5.2.3 定时器 ··································· 123
   5.2.4 技能训练 5-2 ·························· 124
 5.3 页面跳转效果 ·· 124
   5.3.1 实例程序 ································ 124
   5.3.2 代码解析 ································ 126
   5.3.3 History 对象 ·························· 127
   5.3.4 Location 对象 ························ 128
   5.3.5 技能训练 5-3 ·························· 130
 5.4 阻止他人在框架中加载你的页面 ················ 130
   5.4.1 实例程序 ································ 130
   5.4.2 代码解析 ································ 132
 5.5 窗口与内嵌框架互操作效果 ······················· 132
   5.5.1 实例程序 ································ 132
   5.5.2 代码解析 ································ 135
   5.5.3 Window 对象集合 ··················· 136

5.5.4	技能训练 5-4	136

本章小结 136
习题 137

第 6 章 Document 对象和 CSS 样式特效　　139

6.1 制作树形菜单 140
6.1.1 实例程序 140
6.1.2 代码解析 143
6.1.3 CSS 样式回顾 144
6.1.4 技能训练 6-1 145

6.2 Tab 切换效果 146
6.2.1 实例程序 146
6.2.2 代码解析 149
6.2.3 Document 对象 149
6.2.4 Style 对象 150
6.2.5 技能训练 6-2 151

6.3 页面元素的显示和隐藏 152
6.3.1 实例程序 152
6.3.2 代码解析 153
6.3.3 display 样式属性 154
6.3.4 visibility 样式属性 154

6.4 动态改变菜单样式 154
6.4.1 实例程序 154
6.4.2 代码解析 157
6.4.3 className 属性 157

6.5 复选框的全选和全不选特效 158
6.5.1 实例程序 158
6.5.2 代码解析 162
6.5.3 Checkbox 对象 162
6.5.4 技能训练 6-3 162

6.6 图片和文字循环无缝垂直向上滚动特效 163
6.6.1 实例程序 163
6.6.2 代码解析 167
6.6.3 技能训练 6-4 168

6.7 漂浮广告特效 168
6.7.1 实例程序 168
6.7.2 代码解析 170
6.7.3 Element 对象的部分属性 172

6.7.4 技能训练 6-5 …………………………………………………………… 172
本章小结 …………………………………………………………………………… 172
习题 ………………………………………………………………………………… 173

第 7 章 阶段项目——当当网上书店特效 1   175

7.1 阶段项目需求描述 ……………………………………………………………… 176
7.2 阶段项目分析与设计 …………………………………………………………… 177
 7.2.1 阶段项目分析 …………………………………………………………… 177
 7.2.2 阶段项目开发环境 ……………………………………………………… 177
 7.2.3 阶段项目设计 …………………………………………………………… 177
7.3 阶段项目编码与测试 …………………………………………………………… 177
 7.3.1 任务 1——网站导航部分的下拉菜单 ………………………………… 177
 7.3.2 任务 2——弹出固定大小的广告页面窗口 …………………………… 180
 7.3.3 任务 3——带数字按钮的循环显示的图片广告 ……………………… 180
 7.3.4 任务 4——新书上架内容的 Tab 切换特效 …………………………… 184
 7.3.5 任务 5——首页中循环垂直向上滚动的内容特效 …………………… 188
 7.3.6 任务 6——注册页面的省市级联特效 ………………………………… 191
 7.3.7 任务 7——注册页面的鼠标悬停改变提交按钮图片特效 …………… 194
本章小结 …………………………………………………………………………… 196

第 8 章 DOM   197

8.1 目录被点击时变色 ……………………………………………………………… 198
 8.1.1 实例程序 ………………………………………………………………… 198
 8.1.2 代码解析 ………………………………………………………………… 200
 8.1.3 DOM 概述 ……………………………………………………………… 201
 8.1.4 DOM 树和节点类型 …………………………………………………… 202
 8.1.5 核心 DOM 的 Node 和 NodeList ……………………………………… 203
 8.1.6 核心 DOM 的 Element 对象 …………………………………………… 204
 8.1.7 查找文档中元素与元素属性操作 ……………………………………… 204
 8.1.8 技能训练 8-1 …………………………………………………………… 204
8.2 目录内容操作 …………………………………………………………………… 205
 8.2.1 获取目录内容 …………………………………………………………… 205
 8.2.2 节点的遍历 ……………………………………………………………… 208
 8.2.3 添加目录内容 …………………………………………………………… 209
 8.2.4 节点的创建及添加 ……………………………………………………… 211
 8.2.5 替换和删除目录内容 …………………………………………………… 212
 8.2.6 节点的替换和删除 ……………………………………………………… 215

       8.2.7　技能训练 8-2 ……………………………………………… 216
　8.3　订单处理 …………………………………………………………… 217
       8.3.1　实例程序 …………………………………………………… 217
       8.3.2　代码解析 …………………………………………………… 221
       8.3.3　HTML DOM …………………………………………………… 222
       8.3.4　HTML DOM 对象及其属性的访问 …………………………… 223
       8.3.5　Table 对象 …………………………………………………… 223
       8.3.6　TableRow 对象 ……………………………………………… 224
       8.3.7　TableCell 对象 ……………………………………………… 225
       8.3.8　HTML DOM 中的 Element 对象 ……………………………… 225
       8.3.9　技能训练 8-3 ……………………………………………… 226
　8.4　淘宝购物车 ………………………………………………………… 227
       8.4.1　实例程序 …………………………………………………… 227
       8.4.2　代码解析 …………………………………………………… 239
　本章小结 ………………………………………………………………… 241
　习题 ……………………………………………………………………… 242

第 9 章　表单验证　　　　　　　　　　　　　　　　　　　　245

　9.1　休闲网登录验证 …………………………………………………… 246
       9.1.1　实例程序 …………………………………………………… 246
       9.1.2　代码解析 …………………………………………………… 250
       9.1.3　为什么要表单验证 ………………………………………… 251
       9.1.4　如何进行表单验证 ………………………………………… 251
       9.1.5　表单验证的应用场景 ……………………………………… 252
       9.1.6　技能训练 9-1 ……………………………………………… 253
　9.2　淘宝网注册页面验证 ……………………………………………… 254
       9.2.1　实例程序 …………………………………………………… 254
       9.2.2　代码解析 …………………………………………………… 261
       9.2.3　String 对象 ………………………………………………… 262
       9.2.4　技能训练 9-2 ……………………………………………… 266
　9.3　博客网注册页面验证 ……………………………………………… 267
       9.3.1　实例程序 …………………………………………………… 267
       9.3.2　代码解析 …………………………………………………… 275
       9.3.3　Form 对象 …………………………………………………… 275
       9.3.4　Text 对象 …………………………………………………… 279
       9.3.5　技能训练 9-3 ……………………………………………… 280
　9.4　信息即时提示的淘宝网注册页面验证 …………………………… 281
       9.4.1　实例程序 …………………………………………………… 281

  9.4.2 代码解析 ·················· 285
  9.4.3 技能训练 9-4 ············· 285
本章小结 ························ 286
习题 ·························· 287

第 10 章 正则表达式   289

10.1 邮编、手机、年龄的正则表达式验证 ········ 290
  10.1.1 实例程序 ················ 290
  10.1.2 代码解析 ················ 293
  10.1.3 为什么需要正则表达式 ········· 294
  10.1.4 定义正则表达式 ············ 295
  10.1.5 表达式的模式 ············· 296
  10.1.6 正则表达式的符号 ··········· 296
  10.1.7 技能训练 10-1 ············ 299
10.2 信用卡申请页面的正则表达式验证 ········· 299
  10.2.1 实例程序 ················ 299
  10.2.2 代码解析 ················ 308
  10.2.3 RegExp 对象 ·············· 310
  10.2.4 技能训练 10-2 ············ 318
10.3 字符串处理 ···················· 319
  10.3.1 实例程序 ················ 319
  10.3.2 代码解析 ················ 325
  10.3.3 支持正则表达式的 String 对象的方法 ···· 326
  10.3.4 技能训练 10-3 ············ 328
本章小结 ························ 328
习题 ·························· 329

第 11 章 阶段项目——当当网上书店特效 2   331

11.1 阶段项目需求描述 ················ 332
11.2 阶段项目分析与设计 ··············· 333
  11.2.1 阶段项目分析 ············· 333
  11.2.2 阶段项目开发环境 ··········· 334
  11.2.3 阶段项目设计 ············· 334
11.3 阶段项目编码与测试 ··············· 334
  11.3.1 任务 1——商品展示页面添加"浏览同级分类"中的分类列表
                          334
  11.3.2 任务 2——商品展示页面的添加图书展示内容 ······ 337

11.3.3 任务3——购物车页面商品列表的显示和隐藏 ················· 339
11.3.4 任务4——购物车页面的商品数量改变、相关计算、商品删除等
 ··· 343
11.3.5 任务5——用户登录页面特效和验证 ································ 350
11.3.6 任务6——注册页面特效和验证 ···································· 356
本章小结 ·· 364

第 12 章 jQuery 365

12.1 下拉菜单的显示和隐藏 366
12.1.1 实例程序 ·· 366
12.1.2 代码解析 ·· 368
12.1.3 JavaScript 程序库 ·· 369
12.1.4 jQuery 简介 ··· 369
12.1.5 使用 jQuery 库 ··· 371
12.1.6 $(document).ready()与 window.onload 比较 ······················· 371
12.1.7 DOM 对象和 jQuery 对象 ··· 372
12.1.8 jQuery 语法结构 ·· 372
12.1.9 技能训练 12-1 ··· 373

12.2 带数字的循环显示广告图片特效 373
12.2.1 实例程序 ·· 373
12.2.2 代码解析 ·· 375
12.2.3 jQuery 选择器 ·· 376
12.2.4 基本选择器 ··· 377
12.2.5 层次选择器 ··· 377
12.2.6 属性选择器 ··· 378
12.2.7 技能训练 12-2 ··· 378

12.3 博客园网注册页面验证 381
12.3.1 实例程序 ·· 381
12.3.2 代码解析 ·· 388
12.3.3 过滤选择器 ··· 390
12.3.4 基本过滤选择器 ·· 390
12.3.5 可见性过滤选择器 ··· 391
12.3.6 表单对象过滤选择器 ·· 391
12.3.7 选择器中的特殊符号和空格 ··· 392
12.3.8 技能训练 12-3 ··· 392

12.4 Tab 切换特效 392
12.4.1 实例程序 ·· 392
12.4.2 代码解析 ·· 394

12.4.3 jQuery 事件 ·············· 394
12.4.4 基础事件 ·············· 395
12.4.5 复合事件 ·············· 395
12.4.6 事件的绑定和移除 ·············· 396
12.4.7 技能训练 12-4 ·············· 397
12.5 树形菜单 ·············· 397
12.5.1 实例程序 ·············· 397
12.5.2 代码解析 ·············· 399
12.5.3 jQuery 动画效果 ·············· 400
12.5.4 技能训练 12-5 ·············· 401
12.6 订单处理 ·············· 401
12.6.1 实例程序 ·············· 401
12.6.2 代码解析 ·············· 405
12.6.3 jQuery 中的 DOM 操作 ·············· 405
12.6.4 样式、内容及 Value 属性值操作 ·············· 406
12.6.5 节点操作、节点属性操作 ·············· 407
12.6.6 节点遍历 ·············· 408
12.6.7 CSS-DOM 操作 ·············· 409
12.6.8 技能训练 12-6 ·············· 409
本章小结 ·············· 410
习题 ·············· 411

附录 A　JavaScript 对象　　413

附录 B　BOM 对象　　423

附录 C　HTML DOM 对象　　428

参考文献　　447

第 1 章 认识 JavaScript

本章工作任务
- 使用 JavaScript 脚本以多种方式在页面动态显示信息
- 使用 Adobe Dreamweaver CS6 来进行 Web 客户端编程

本章知识目标
- 了解 JavaScript 的作用和特点
- 掌握 JavaScript 脚本的基本结构
- 掌握 JavaScript 的组成和引用方式

本章技能目标
- 掌握 Adobe Dreamweaver CS6 环境的使用方法
- 掌握在 Adobe Dreamweaver CS6 环境下进行 Web 客户端编程的方法

本章重点难点
- JavaScript 脚本的基本结构
- JavaScript 的组成和引用方式
- 在 Adobe Dreamweaver CS6 环境下进行 Web 客户端编程

随着Web的发展,需要Web页面能够与用户进行交互,并增强用户体验。JavaScript是由Netscape公司开发的一种基于对象的解释性脚本语言。JavaScript能够实现Web页面与用户的交互,对用户输入信息进行验证,并且能够动态改变页面的内容,实现页面特效,增强用户体验等。本章主要讲述JavaScript脚本的基本结构、放置位置和引用方式、JavaScript的组成、作用和特点,Web客户端编程的开发工具和集成开发环境。

1.1 第一个JavaScript程序

首先通过一个JavaScript程序来认识一下JavaScript。

【例1-1】 第一个JavaScript程序。

```html
<!--ex1_1.html-->
<!DOCTYPE html PUBLIC "-//W3C//DTD XHTML 1.0 Transitional//EN"
"http://www.w3.org/TR/xhtml1/DTD/xhtml1-transitional.dtd">
<html xmlns="http://www.w3.org/1999/xhtml">
<head>
    <meta http-equiv="Content-Type" content="text/html; charset=utf-8" />
    <title>第一个JavaScript程序</title>
    <script>
        document.write("<h1>第一个JavaScript程序</h1>");
        document.write("<h2>输出HelloWorld</h2>");
        document.write("<h2>Hello World!!! </h2>");
    </script>
</head>
<body>
</body>
</html>
```

在浏览器运行程序,效果如图1-1所示。

图1-1 例1-1运行效果图

该程序实现了通过JavaScript脚本向页面中写入动态生成的内容。JavaScript脚本中document为JavaScript的文档对象,通过write()方法实现向文档写HTML表达式或JavaScript代码。

1.2　JavaScript 脚本的基本结构

　　JavaScript 是一种描述语言,是一种基于对象(Object)和事件驱动(Event Driven)并具有相对安全性的客户端脚本语言,同时也是一种广泛应用于客户端 Web 开发的脚本语言。
　　JavaScript 脚本本质上也是一种程序。JavaScript 代码放在＜script＞和＜/script＞之间,嵌入到 HTML 文档中。
　　JavaScript 脚本不会显示在用户屏幕上的页面中,当 Web 浏览器在遇到＜script＞标签时,会按照 JavaScript 脚本的语法逐行读取语句,并检查其语法,若没有错误,则浏览器解析并执行该语句,直到遇到＜/script＞标签结束。

1. JavaScript 脚本的基本结构

JavaScript 脚本的基本结构如下:

　　＜script＞
　　　……
　　＜/script＞

2. 说明

　　(1)＜script＞标签的 type 和 language 属性(这里没有使用)已经废弃了,这意味着 W3C 已经将这个属性标记为在标准的未来版本中不必支持的属性,但还有不少旧脚本仍在使用它。
　　(2)＜script＞开始标签,告诉浏览器后面的代码是 JavaScript,而不是 HTML。＜/script＞结束 JavaScript,告诉浏览器后面的代码是 HTML。
　　(3)一个 HTML 文档中可以有任意多数量的通过＜script＞＜/script＞标签嵌入的 JavaScript 脚本。

1.3　JavaScript 脚本的放置位置

　　JavaScript 脚本可以放在 HTML 文档的两个位置:＜head＞和＜/head＞标签之间(称为头脚本,header script);＜body＞和＜/body＞标签之间(称为体脚本,body script)。
　　一般放在 HTML 文档的＜head＞部分,如果你愿意或根据需求也可放在＜body＞部分。

【例 1-2】 JavaScript 脚本放在 body 部分。

```
<!-- ex1_2.html -->
<!DOCTYPE html PUBLIC "-//W3C//DTD XHTML 1.0 Transitional//EN" "http://www.w3.org/TR/xhtml1/DTD/xhtml1-transitional.dtd">
<html xmlns="http://www.w3.org/1999/xhtml">
<head>
    <meta http-equiv="Content-Type" content="text/html; charset=utf-8" />
    <title>JavaScript 脚本放在 body 部分</title>
</head>
```

```
    <body>
        <h2>下面 div 中的内容动态变成了一幅画</h2>
        <div id="mydiv"></div>
        <script>
            document.getElementById("mydiv").innerHTML = '<img src="images/Img1.jpg" />';
        </script>
    </body>
</html>
```

在浏览器中运行程序,效果如图 1-2 所示。

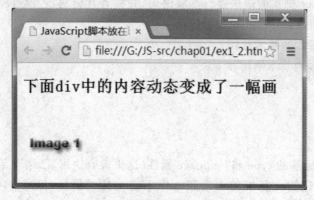

图 1-2 例 1-2 运行效果图

1. 代码解析

➢ JavaScript 脚本中,通过 document 文档对象的 getElementById("mydiv")方法,获取 id 值为"mydiv"的 div 标签对象,并将 div 标签中的内容改为一张图片。

➢ innerHTML 属性:设置或获取位于对象起始和结束标签内的 HTML,符合 W3C 标准的属性。几乎所有的元素都有该属性,它是一个字符串。

➢ innerText 属性:innerText 设置或获取位于对象起始和结束标签内的文本,IE 浏览器支持该属性。

注意:innerHTML 不可写为 innerHtml 或其他形式,JavaScript 大小写要严格遵守,不然无法获取或设置数据。

2. 试一试

本例中若将 JavaScript 脚本原封不动地搬到<head>部分,能不能实现在 div 标签中加入一幅画的效果?

3. 说明

上述问题的回答是不能的。因为浏览器是从上到下解析执行代码的,当解析到<script>标签中的语句时,<body>部分的网页元素还没有被解释加载,即在内存中还没有这些网页元素对象,找不到 id 值为"mydiv"的 div 标签对象,实现不了上述效果。

从本例可以看出,根据需求 JavaScript 脚本要放入<body>部分。

1.4 JavaScript 的组成

JavaScript 的组成如图 1-3 所示。一个完整的 JavaScript 由三部分组成：
- 核心（ECMAScript）
- 文档对象模型（DOM）
- 浏览器对象模型（BOM）

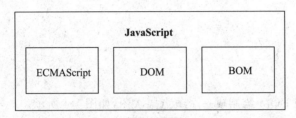

图 1-3　JavaScript 的组成

1. 核心（ECMAScript）

JavaScript 的核心 ECMAScript 描述了该语言的语法和基本对象。

ECMAScript 是一种由 ECMA 国际（其前身为欧洲计算机制造商协会，European Computer Manufacturers Association）通过的 ECMA-262 标准化的脚本程序设计语言。ECMAScript 是一种开放的、标准的、被国际上广泛接受的脚本语言规范。

实际上，ECMAScript 是一种脚本在语法和语义上的标准，即是一种脚本语言标准。JavaScript 语言就是遵循 ECMAScript 标准的一种实现。

ECMAScript 主要描述以下内容：
- 语法
- 类型
- 语句
- 关键字
- 保留字
- 运算符
- 对象

2. 文档对象模型（DOM）

文档对象模型 DOM（Document Object Model）描述了处理网页内容的方法和接口。

DOM 是 HTML 和 XML 的应用程序接口（API），是一种和平台、语言无关的接口，允许程序和脚本动态访问、更新文档的内容、结构和样式。

DOM 由万维网联盟（World Wide Web Consortium，W3C）定义，并建立了 DOM 标准（W3C DOM）。DOM 几乎得到所有浏览器的支持，在实际应用中越来越广泛。

DOM 将把整个页面规划成由节点层级构成的文档。HTML 或 XML 页面的每个部分都是一个节点的衍生物。DOM 通过创建树来表示文档，从而使开发者对文档的内容和结构具有空前的控制力。通过 DOM 提供的 API，开发人员可以添加、编辑、移动或删除树中任意位置的节点,从而创建一个应用程序。

要了解 DOM 的更多信息,可以访问 W3C DOM 网站(http://www.w3.org/DOM/)上的 W3C DOM 规范。

举例说明如下:

```
<html>
<head>
    <title>文档标题</title>
</head>
<body>
    <p>文档内容</p>
</body>
</html>
```

这段代码可以用 DOM 绘制成一个节点层次图,如图 1-4 所示。

图 1-4　DOM 树结构

3. 浏览器对象模型(BOM)

浏览器对象模型 BOM(Browser Object Model)描述了与浏览器进行交互的方法和接口。

BOM 主要处理浏览器窗口和框架,可以对浏览器窗口进行访问和操作。使用 BOM,开发者可以移动窗口、改变状态栏中的文本以及执行其他与页面内容不直接相关的动作。

BOM 只是 JavaScript 的一个部分,目前还没有相关的标准。每种浏览器都有自己的 BOM 实现。有一些事实上的标准,例如,具有一个窗口对象和一个导航对象,不过每种浏览器可以为这些对象或其他对象定义自己的属性和方法。

1.5　Web 客户端编程的使用工具

Web 客户端编程经常使用三类文件:.html、.css 和.js,要求 HTML、CSS 和 JavaScript 文件必须是纯文本格式的,这样 Web 浏览器才能理解它们。

由于 JavaScript 是纯文本格式,因此,几乎可以使用任何文本编辑器来编辑 JavaScript。甚至可以使用 Microsoft Word 这样的字处理程序,但是一定要确保 Word 将文件保存为 Text Only 格式。

JavaScript 编程最好使用以纯文本作为标准格式的程序。例如,可以使用 Windows 操作系统中的记事本、Linux 操作系统中的"vi"等。

学习人员可以首选一些能对 HTML 标记自动匹配、对 JavaScript 语法高亮显示的文本编辑器。例如，Windows 平台下的 EditPlus、UltraEdit、EmEditor 等几款文本编辑器。

对于开发人员来说，Web 客户端编程不仅要编写 JavaScript 代码、网页代码，而且要对 JavaScript 代码进行调试、与服务器端进行连接等，文本编辑器就显得力不从心了，需要专业的开发工具和集成开发环境。

Adobe Dreamweaver 是一款非常优秀的网页开发工具，为 JavaScript 提供良好的支持，本书推荐使用 Adobe Dreamweaver CS6 来进行 Web 客户端编程。

以下内容针对没有使用过 Adobe Dreamweaver CS6 的同学，为他们开始编程做准备。若使用过，可跳过该部分。

Adobe Dreamweaver CS6 的使用：

(1)运行软件。运行 Adobe Dreamweaver CS6 程序，出现如图 1-5 所示的主界面。

(2)新建 HTML 文件。点击图 1-5 方框中的 HTML，新建一个 HTML 文件，出现如图 1-6 所示界面。

(3)保存文件。保存该文件（热键"Ctrl+S"）到指定的文件夹，并给文件起一个见名知义的好名称。建议将该 HTML 文件及其使用的图片文件夹放在同一目录下，因为这样处理后，在网页中插入图片可使用相对路径，方便管理。

(4)添加网页元素和 JavaScript 代码。在代码区编辑代码，或在设计区通过菜单和工具栏添加网页元素。例 1-2 所示的开发界面如图 1-7 所示。

(5)测试运行效果。点击图 1-8 中的实时视图按钮，可以简单测试下代码运行效果，例 1-2 实时视图测试结果如图 1-8 所示。也可点击图 1-8 另一框中的浏览器，去运行和测试代码的运行效果。

注意：测试前要保存文件。

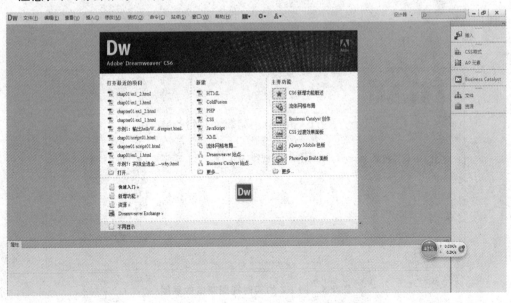

图 1-5　Adobe Dreamweaver CS6 主界面

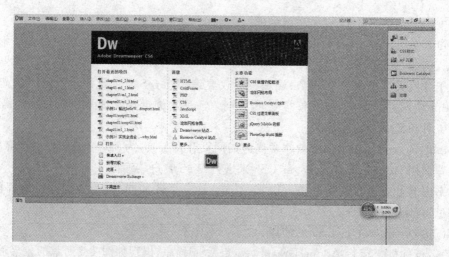

图 1-6　新建的 HTML 文档界面

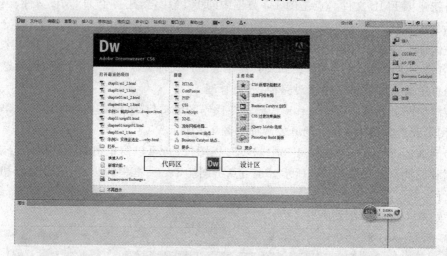

图 1-7　例 1-2 的开发界面

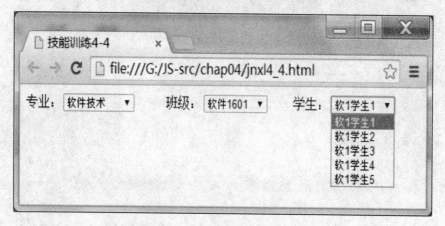

图 1-8　例 1-2 的实时视图测试效果图

1.6 技能训练 1-1

1. 需求说明

使用 Adobe Dreamweaver CS6 编辑和运行程序,使用 JavaScript 脚本在页面中显示你的姓名、性别和爱好等信息。

2. 要求

用两种方式实现:

(1)JavaScript 脚本放在 head 部分。

(2)JavaScript 脚本放在 body 部分,并且若该代码放在 head 部分,实现不了需求。

3. 运行效果图

运行效果如图 1-9 所示。

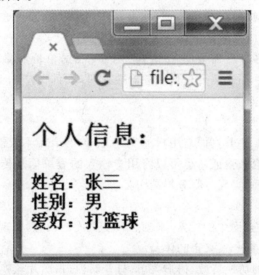

图 1-9 技能训练 1-1 效果图

1.7 JavaScript 的可为和不可为

1. JavaScript 不是 Java

JavaScript 的名字中尽管有 Java,并且它们的语法类似,但是 JavaScript 和 Java 之间并没有太大的关系。

Netscape 在其 Navigator Web 浏览器中添加了一些基本脚本功能时,最初将这种脚本语言称为 LiveScript。此时,Java 开始大行其道,被认为是计算机行业中下一项伟大的革新。Netscape 在 Navigator 2 中支持运行 Java Applet 时,将 LiveScript 更名为 JavaScript,目的是为了利用"Java"这个因特网流行词语。尽管 JavaScript 和 Java 是非常不同的编程语言,但这并没有阻止 Netscape 采用这种市场营销手段。借用 Java 的声势,Netscape 最终得到发展,JavaScript 从此变成了因特网的必备组件。

来看两个概念,客户端(client-side)程序和服务器端(server-side)程序。在用户机器上运行的程序称为客户端程序,在服务器上运行的程序称为服务器端程序。

JavaScript 主要是用来编写客户端程序的(实际上,也存在服务器端实现的 JavaScript 版本,如 Rhino)。而 Java 除了可以编写客户端程序 Applet 外(Applet 是一种通过因特网下载并在 Web 浏览器中运行的小程序),主要是用来编写服务器端的应用程序。此外,JavaScript 是基于对象的语言,而 Java 是面向对象的语言。

2. JavaScript 可以做什么

JavaScript 可以做很多事情,其主要作用体现在以下三个方面:

(1)客户端表单验证

JavaScript 可以对用户输入的表单元素信息在客户端进行验证,从而减轻了网站服务器端的压力。这是 JavaScript 最常见的应用。

例如,网站中常见的会员注册。我们填写注册信息时,如果某项信息格式输入错误(例如,用户名为空、密码长度位数不够等),页面将及时给出出错提示。这些错误在没有提交到服务器之前,在客户端就提前进行了验证,称为客户端表单验证。这样,用户得到了及时的交互(反馈填写情况),同时也减轻了服务器端的压力。

另外,如果页面中的信息需要进行计算(例如,根据单价和数量计算总价),可以用 JavaScript 在客户端完成,而不需要任何服务器端处理,从而节省了时间和网络开销,减轻了服务器端的压力。

(2)使网页更具交互性

JavaScript 能够实现 Web 页面与用户的交互。JavaScript 不仅能够在客户端和用户交互(例如,上述会员注册信息验证),也可以将用户输入的表单信息传入服务器,或者接收服务器端的信息进行再处理,实现与服务器端交互。

(3)增强用户体验

JavaScript 能够获取页面中的元素,来动态改变页面的内容,实现动态效果和页面特效,给站点的用户提供更好、更令人兴奋的体验。

例如,时钟特效,层的切换特效、树形菜单、打开新窗口,图片轮换显示特效等。

3. JavaScript 不可以做什么

JavaScript 是一种客户端语言。设计它的目的是在用户的机器上而不是在服务器上执行任务。出于安全原因,JavaScript 有一些固有的限制。

JavaScript 不允许写服务器上的文件。尽管写服务器上的文件在许多方面是很方便的(例如,存储页面单击数或用户填写的表单数据),但是 JavaScript 不允许这样做。需要用服务器上的一个程序处理和存储这些数据。

JavaScript 不能关闭不是由它自己打开的窗口。这是为了避免一个站点关闭其他站点的窗口,从而独占浏览器。

JavaScript 不能从另一个服务器已经打开的网页中读取信息。换句话说,网页不能读取已经打开的其他窗口中的信息。

1.8　JavaScript 的特点及学习方法

1. 特点

(1) 基于对象的编程语言

JavaScript 是一种基于对象的编程语言，而不能说是面向对象的编程语言。在 JavaScript 中有许多内部对象，用户也可以创建并使用自己的对象，但其对象特征不像 Java 语言中那样纯正。

JavaScript 对象具有属性、方法，通过点号语法来访问。如例 1-1 的 document.write()，例 1-2 的 document.getElementById("mydiv").innerHTML。

(2) 解释执行的脚本语言

JavaScript 是在解释器中一行一行地解释执行的，其在执行过程中不需要编译成与机器相关的二进制代码。

解释器主要有 Web 浏览器，但不限于 Web 浏览器，Netscape 公司的 Web 服务器和 Microsoft 公司的 IIS 服务器、Windows Scripting Host(Windows 脚本宿主)中都提供了 JavaScript 解释器。

(3) 简单性

JavaScript 语法和 Java 语法类似，学习 JavaScript 十分简单。JavaScript 是一种弱类型语言，其变量并没有严格的数据类型，省去了许多麻烦。

(4) 动态性

JavaScript 是基于事件驱动的。所谓"事件驱动"，就是指有一定的操作，就能触发某些动作。例如，鼠标单击、页面加载完毕等都是事件。当事件产生后，浏览器会查找产生事件的节点有没有绑定相应的事件处理代码，因此，可以对不同事件创建相应的事件处理程序，从而实现和用户的动态交互。

(5) 平台无关性

JavaScript 代码是在浏览器中解释执行的，只要有支持 JavaScript 的浏览器，无论在什么平台上，代码都能得到执行。开发人员在编写 JavaScript 脚本时无需考虑具体平台的限制。

(6) 安全性

JavaScript 脚本是安全的。它不允许访问本地硬盘，不能将数据存入服务器上，不允许对网络文档进行修改和删除，只能通过浏览器实现信息浏览或动态交互，从而有效地防止数据丢失和破坏。

(7) 浏览器兼容性

不同的浏览器或相同浏览器的不同版本对 JavaScript 的支持不同，因此，相同的 JavaScript 代码在不同的浏览器中运行，展现出的效果会有差异，即存在浏览器的兼容性问题。

2. 学习方法

JavaScript 不难学，可以说比 C 语言都容易，对有一定语言基础和编程经验的人，更不难。但 JavaScript 实践性很强、很细腻，或者说它繁琐，不是理解了、听明白了就一定能做出来,就能实现要达到的效果。因此,JavaScript 的学习强调一个"做",需要自己动手去做,去实践,多练习、勤总结。

把握好课内和课外。对于学生来说,学习的时段可分为课内和课外。在课内要认真听讲,紧跟老师一步一步去做。但仅靠课内是不够的,因为 JavaScript 很细腻,要做出好效果很费时间,课内时间不够用,课后不练就会忘记,知识和技能得不到加强,所以,课外要加强练习。

善于利用参考资料。JavaScript 关联的内容很广,例如 HTML、CSS 等,包含的内容较多,页面动态效果实现方法可以有多种,因此要多查阅权威的参考资料,养成查找资料的好习惯。将多个参考资料中的相关内容进行对比,进行比较、融合,找到解决问题的办法,增长自己的知识,提高技能,增强自学能力。

关注校外。学完这门课,你就有了一个就业的方向了,即 Web 客户端开发(或 Web 前端开发),因此,要多关注校外对这方面人才的需求信息,利用空闲时间段(如暑假)进行社会实践,这样会让你受益匪浅。

大学学习的重要任务是学习能力的培养,即以学习知识和技能为抓手,来培养学习能力。近期学习的知识和技能是为了近期的目标,但随着社会的发展和进步,知识和技能可能会陈旧,但学习能力却能永久留下来,所以大学期间一定要注重培养学习能力,特别是自学能力。

1.9 网页中引用 JavaScript 的方式

网页中引用 JavaScript 的方式有三种,分别是内嵌 JS 代码、引用外部 JS 文件和在 HTML 标签中。

1. 内嵌 JS 代码

内嵌 JS 代码是将 JavaScript 脚本直接写在 HTML 页面中,例如,例 1-1 和例 1-2 的 JavaScript 代码。这种内部脚本只能供当前页面使用。

2. 利用外部 JS 文件

外部 JS 文件是将 JavaScript 代码单独保存为一个后缀名为.js 的文件,在 HTML 页面中通过＜script＞的 src 属性引用这个文件。

外部 JS 文件可以被多个 HTML 页面共享,增加了代码的复用性,大大减少了页面上的代码量,并且使站点更容易维护。当需要对 JS 脚本进行修改时,只需修改.js 文件,所有引用这个.js 文件的 HTML 页面就都会自动修改其运行效果。

建议以外部 JS 文件方式进行 JavaScript 编程。

【例 1-3】 以外部 JS 文件方式实现例 1-1。

(1)HTML 页面文件,ex1_3.html 代码

```
<!-- ex1_3.html -->
<!DOCTYPE html PUBLIC "-//W3C//DTD XHTML 1.0 Transitional//EN"
 "http://www.w3.org/TR/xhtml1/DTD/xhtml1-transitional.dtd">
<html xmlns="http://www.w3.org/1999/xhtml">
<head>
```

```
        <meta http-equiv="Content-Type" content="text/html; charset=utf-8" />
        <title>第一个JavaScript程序</title>
        <script src="ex1_3.js" charset="utf-8"></script>
    </head>
    <body>
    </body>
</html>
```

(2)JS文件,ex1_3.js代码

```
// JavaScript Document
/* ex1_3.js */
document.write("<h1>第一个JavaScript程序</h1>");
document.write("<h2>输出HelloWorld</h2>");
document.write("<h2>Hello World!!!</h2>");
```

(3)说明

HTML文本中,通过<script>标签的src属性,src="ex1_3.js"来引用JS文件;JS文件(如ex1_3.js)中没有<script>标签,仅有JavaScript语句。

(4)新建.js文件操作步骤

在Adobe Dreamweaver CS6主界面(图1-5)中使用热键"Ctrl+N"(或在最上层菜单中点击文件→新建),出现如图1-10所示的新建窗口,选择页面类型中的JavaScript,点击"创建"按钮,则出现如图1-11所示的窗口,在该窗口中编辑JavaScript代码,将其保存为.js文件。

注意:.js文件的目录保存要规范,根据需要,可以和当前.html保存在同一文件夹中,或保存在当前.html文件的下一子目录JS文件夹中。

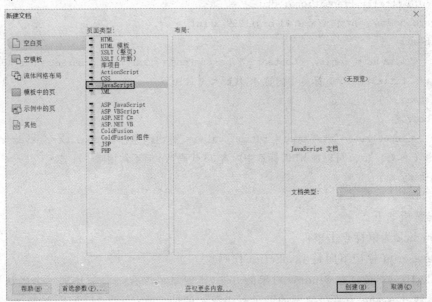

图1-10　新建JavaScript文件窗口

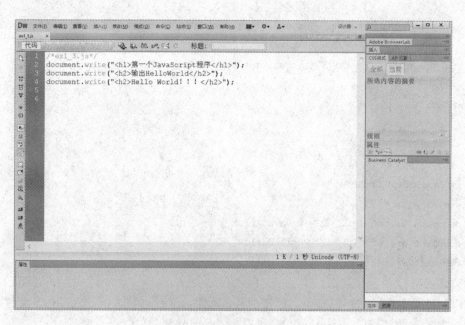

图 1-11 .js 文件编辑窗口

3. 在 HTML 标签中内置 JavaScript 代码

有时在需要用简短的 JS 代码来实现简单的页面效果时使用该方式,但一般不常用,也不建议用此方式。

【例 1-4】 在 HTML 标签中内置 JavaScript 代码。

```
<!--ex1_4.html-->
<!DOCTYPE html PUBLIC "-//W3C//DTD XHTML 1.0 Transitional//EN" "http://www.w3.org/TR/xhtml1/DTD/xhtml1-transitional.dtd">
<html xmlns="http://www.w3.org/1999/xhtml">
<head>
    <meta http-equiv="Content-Type" content="text/html; charset=utf-8" />
    <title>在 HTML 标签中内置 JS 代码</title>
</head>
<body>
    <input name="btn" type="button" value="弹出消息框" onclick="javascript:alert('你好!\n\n可以在 HTML 标签中内置 JS 代码,\n但不常用哦。');"/>
</body>
</html>
```

代码解析如下:

➤ onclick 为鼠标点击事件。

➤ javascript 标记下面是 JavaScript 代码。

➤ alert(message) 为 window 对象的方法,实现显示带有一段消息和一个确认按钮的警示框。参数 message 为要在弹出的警示框中显示的纯文本(而非 HTML 文本)。

➤ \n 为 JavaScript 的换行符。

在浏览器运行程序,结果如图 1-12 所示。alert 弹出警告框的效果如图 1-13 所示。

图 1-12 例 1-4 运行效果图

图 1-13 alert 弹出警告框的效果图

1.10 技能训练 1-2

1. 练习 1

(1) 需求说明

利用外部 JS 文件,实现在页面中显示你的姓名、性别和爱好等信息。

(2) 运行效果图

运行效果如图 1-9 所示。

2. 练习 2

(1) 需求说明

在 HTML 标签中内置 JavaScript 代码,实现点击页面中"弹出消息框"按钮,弹出警示框,在警示框显示你的姓名、性别和爱好等信息。

(2) 运行效果图

运行效果如图 1-14、图 1-15 所示。

图 1-14 练习 2 运行效果图

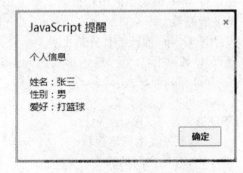

图 1-15 alert 弹出警告框的效果图

本章小结

- JavaScript 脚本的基本结构是＜script＞……＜/script＞。
- JavaScript 脚本可以放在 HTML 文档的＜head＞和＜body＞部分。
- JavaScript 由核心（ECMAScript）、文档对象模型（DOM）和浏览器对象模型（BOM）三部分组成。
- JavaScript 的主要作用有客户端表单验证、使网页更具交互性和增强用户体验。
- JavaScript 是基于对象、解释执行的编程语言，具有简单性、动态性、平台无关性、安全性等特点。
- 网页中引用 JavaScript 的方式有内嵌 JS 代码、利用外部 JS 文件和在 HTML 标签中内置 JavaScript 代码三种。
- 可以使用 Adobe Dreamweaver CS6 进行客户端编程。

习　题

一、单项选择题

1. 为什么 JavaScript 和 Java 的名称相似？（　　）。
   A. JavaScript 是 Java 的一个缩减版本
   B. Netscape 的市场部门希望这两者听起来有相关性
   C. 它们都源自于一个叫 Java 的岛屿

2. 当用户浏览包含 JavaScript 脚本的页面时，在（　　）执行脚本。
   A. 在运行 Web 浏览器的用户机器上
   B. Web 服务器上
   C. 一台 Netscape 的核心计算机上

3. 在 HTML 页面中，（　　）应该出现在 JavaScript 脚本的最后。
   A. ＜script language="javascript"＞标签
   B. ＜/script＞
   C. END 语句

4. 以下（　　）最先被浏览器执行。
   A. ＜head＞标签之间的脚本
   B. ＜body＞标签之间的脚本
   C. 处理按钮的事件处理程序

二、问答和编程题

1. JavaScript 由哪几部分组成？
2. JavaScript 的主要作用是什么？
3. 网页中引用 JavaScript 的方式有哪几种？

第 2 章
核心语法

本章工作任务
- 判断变量或值的数据类型
- 实现两个数的四则运算
- 打印倒正金字塔

本章知识目标
- 掌握变量和数据类型
- 掌握输入和输出
- 掌握运算符
- 掌握条件、循环、break 语句、continue 语句

本章技能目标
- 应用变量、数据类型输出个人信息
- 使用运算符和语句输入和分析成绩,并输出成绩单
- 使用控制语句打印倒正金字塔
- 使用 alert()方法和 IE 开发人员工具调试程序

本章重点难点
- 变量和数据类型
- 输入和输出
- 运算符
- 条件、循环、break 语句、continue 语句
- 使用 alert()方法和 IE 开发人员工具调试程序

第 1 章主要讲述了 JavaScript 脚本的基本结构，JavaScript 的三部分组成：核心（ECMAScript）、文档对象模型（DOM）和浏览器对象模型（BOM），Web 客户端编程的开发工具和集成开发环境。

本章主要讲述 JavaScript 的核心语法和程序调试方法等。JavaScript 的核心语法有变量、数据类型、输入和输出、运算符、控制语句等。应用核心语法实现判断变量或值的数据类型，输出个人信息，两个数的四则运算，输入和分析成绩并输出成绩单，打印倒正金字塔和倒正三角形。

2.1　判断变量或值的数据类型

2.1.1　实例程序

【例 2-1】　判断变量或值的数据类型。

1. 需求说明

使用 JavaScript 判断变量或值的数据类型。

2. 实例代码

```
<!--ex2_1.html-->
<!DOCTYPE html PUBLIC "-//W3C//DTD XHTML 1.0 Transitional//EN" "http://www.w3.org/TR/xhtml1/DTD/xhtml1-transitional.dtd">
<html xmlns="http://www.w3.org/1999/xhtml">
<head>
    <meta http-equiv="Content-Type" content="text/html; charset=utf-8" />
    <title>变量或值的数据类型</title>
    <script>
        document.write("<h2>变量或值的数据类型</h2>");
        var name = "庆庆";                                    //①
        document.write("name:" + typeof(name) + "," + name + "<br>");
        var age = 18, height = 1.75, weight;                  //②
        document.write("age:" + typeof(age) + "," + age + "<br>");
        document.write("height:" + typeof(height) + "," + height + "<br>");
        document.write("weight:" + typeof(weight) + "," + weight + "<br>");
        weight = 20 * height * height;                        //③
        document.write("weight:" + typeof(weight) + "," + weight + "Kg<br>");
        isGirl = false;                                       //④
        document.write("isGirl:" + typeof(isGirl) + "," + isGirl + "<br>");
        var date = new Date();                                /*⑤生成时间日期对象*/
        var fruit = new Array();                              //⑥定义数组
        fruit[0] = "苹果";
        fruit[1] = "葡萄";
        document.write("date:" + typeof(date) + "," + date + "<br>");//⑦输出 UTC 时间
```

```
            document.write("fruit:" + typeof(fruit) + "," + fruit + "<br>");
            document.write("fruit[0]:" + typeof(fruit[0]) + "," + fruit[0] + "<br>");
            document.write("null:" + typeof(null) + "," + null);
        </script>
    </head>
    <body>
    </body>
</html>
```

在浏览器中运行程序,效果如图 2-1 所示。

图 2-1 例 2-1 运行效果图

2.1.2 语法

1. JavaScript 语句

<script>标签和</script>标签之间是 JavaScript 语句。它是向浏览器发出的命令,作用是告诉浏览器该做什么。

一行可以写多条语句,语句末尾使用分号表示语句结束。

如果一行上只有一条语句,那么在语句末尾使用分号是可选的。

规范:为了使代码清晰和规范,要养成良好的编程习惯,建议一行写一条语句,且语句后使用分号(;)。

2. JavaScript 对大小写敏感

JavaScript 对大小写是敏感的。与 Java 一样,变量、函数名、运算符等都是区分大小写的。

例如,例 2-1 中,变量 isGirl 与 isgirl 不同,运算符 typeof 与 typeOf 也不同。

3. JavaScript 注释

单行注释以//开头,多行注释以/*开始,以*/结尾。

例如,例 2-1 中,"//①"为单行注释,"/*⑤生成时间日期对象*/"为多行注释。

规范:为增加程序的可读性,建议程序开发时给代码加注释,遵守行业规范,养成良好的编程习惯。

2.1.3 变量

1. JavaScript 是弱类型语言

JavaScript 是弱类型语言,变量无特定的数据类型,变量类型由其值来确定。在声明 JavaScript 变量时,无需指明变量的数据类型,使用关键字"var"声明变量。因此,可以随时改变变量所存数据的类型(不建议这样做)。例如:

```
var test = "hi";
alert(test);
test = 20;
alert(test);
```

2. 变量声明

(1)语法:var 变量名;

例如,例 2-1 中,var name="庆庆";

(2)可以用一个 var 语句定义两个或多个变量,并且这些变量类型可以不相同。

例如,例 2-1 中,var age=18,height=1.75,weight;

(3)变量声明不是必需的,即在使用变量之前不必使用 var 声明(不建议这样做)。

例如,例 2-1 中,isGirl=false;

3. 变量赋值

(1)声明时赋值。例如,例 2-1 中,var name="庆庆"和 age=18。

(2)先声明后赋值。

例如,例 2-1 中,var age=18,height=1.75,weight 和 weight=20 * height * height。

4. 变量命名规则

同 Java 一样,JavaScript 变量命名需要遵守简单的规则:变量名可以由字母、数字、下划线(_)、美元符号($)组成,但不能以数字开头。

规范:在变量命名时,建议使用驼峰式结构,即第一个单词的首字母小写,后面单词的首字母大写(同 Java 命名规范)。例如,isGirl,myBookColor。

2.1.4 数据类型

JavaScript 的数据类型分为基本数据类型(或称原始类型)和引用数据类型(引用类型)。原始类型包括 5 种类型:字符串、数字、布尔、Null 和 Undefined。引用类型主要是指对象。对象是封装属性和方法的数据,如数组、函数等。

JavaScript 的数据类型有:

➢ 字符串
➢ 数字
➢ 布尔
➢ 数组
➢ 对象
➢ Null
➢ Undefined

1. 字符串类型(String 类型)

存储字符的变量类型是字符串类型。字符串可以是引号中的任意文本。引号可以使用单引号或双引号。例如,例 2-1 中,变量 name 为字符串类型。

例如,例 2-1 中,"var name＝"庆庆";"也可写为"var name＝'庆庆';"。

var answer＝"他的名字叫'庆庆'";

注意:引号的成对匹配问题,在引号内需要再使用引号时,用另外一种引号。

2. 数字类型(Number 类型)

JavaScript 只有一种数字类型。数字可以带小数点,也可以不带。该类型既可表示整数,也可表示浮点数。

例如,例 2-1 中,var age＝18,height＝1.75;

(1)整数可以被表示为八进制(以数字 0 开头)或十六进制(以 0x 开头)的字面量,但所有数学运算返回的都是十进制结果。例如:

var iNum = 070;   //070 等于十进制的 56
var iNum = 0x1f;   //0x1f 等于十进制的 31
var iNum = 0xAB;   //0xAB 等于十进制的 171

(2)对于非常大或非常小的数,可以用科学计数法表示浮点数。

(3)NaN 是一个 Number 类型的特殊值,表示非数字(Not a Number)。

3. 布尔类型(Boolean 类型)

布尔(逻辑)类型只能有两个值:true 或 false。

例如,例 2-1 中,isGirl＝false;

4. 数组类型

例 2-1 中,通过下列代码声明数组,并为数组元素赋值。

var fruit＝new Array();

fruit[0]＝"苹果";

fruit[1]＝"葡萄";

变量 fruit 为数组类型,数组的下标从 0 开始。

5. 对象类型(Object 类型)

例 2-1 中,通过代码 var date＝new Date(),声明一个时间对象,变量 date 的数据类型为对象类型。

6. 未定义类型(Undefined 类型)

Undefined 类型只有一个值,即 undefined。

当变量声明后,而没有被初始化时,其数据类型为 Undefined。

例如,例 2-1 中,var age＝18,height＝1.75,weight;

其中,变量 weight 只进行了声明,没赋初值,其数据类型为 Undefined。

7. 空类型(Null 类型)

Null 类型也只有一个专用值 null,即它的字面量。null 被认为是对象的占位符,用于表示尚未存在的对象。可以通过将变量的值设置为 null 来清空变量。

例如,如果函数或方法要返回的是对象,在找不到该对象时,返回的通常是 null。

2.1.5 typeof 运算符

ECMAScript 提供的运算符 typeof 有一个参数,用来检查变量和值(参数)的数据类型。
(1)语法:typeof(变量或值);
(2)返回值为下列值之一:
- undefined:参数是 Undefined 类型。
- boolean:参数是 Boolean 类型。
- number:参数是 Number 类型。
- string:参数是 String 类型。
- object:参数是一种引用类型(如数组、Object)或 Null 类型。

2.1.6 技能训练 2-1

1. 需求说明

使用 JavaScript 定义变量,存储个人信息,并在页面输出这些信息的数据类型和值。个人信息有:姓名、C 语言、Java 语言和数据库三门课的成绩,成绩的平均值及平均值是否及格。

要求:三门课的成绩均用数组存储。

2. 运行效果图

运行效果如图 2-2 所示。

图 2-2 技能训练 2-1 运行效果图

2.2 两个数的四则运算

2.2.1 实例程序

【例 2-2】 两个数的四则运算。

1. 需求说明

使用 JavaScript 输入两个操作数和一个操作符,进行两个数的四则运算。

2. 实例代码

```
<!-- ex2_2.html -->
```

```html
<!DOCTYPE html PUBLIC "-//W3C//DTD XHTML 1.0 Transitional//EN" "http://www.w3.org/TR/xhtml1/DTD/xhtml1-transitional.dtd">
<html xmlns="http://www.w3.org/1999/xhtml">
<head>
    <meta http-equiv="Content-Type" content="text/html; charset=utf-8" />
    <title>两个数的四则运算</title>
    <script>
        var num1 = window.prompt("请输入第一个操作数:","");
        num1 = parseFloat(num1);
        var num2 = prompt("请输入第二个操作数:","");
        num2 = parseFloat(num2);
        var isNum = true;
        if(isNaN(num1) || isNaN(num2)){            //①
            isNum = false;
        }
        if(!isNum){                                //②
            window.alert("输入的操作数不是数字,程序运行结束!");
        }else{
            var op = prompt("请输入操作符,如:+,-,*,/:","");
            var result;
            switch (op){                           //③
                case "+":
                    result = num1 + num2;
                    break;
                case "-":
                    result = num1 - num2;
                    break;
                case "*":
                    result = num1 * num2;
                    break;
                case "/":
                    result = num1/num2;
                    break;
                default:
                    result = "";
            }
            if(result!=""){
                alert(num1 + op + num2 + " = " + result);
            }else{
                alert("输入的操作符有错,程序运行结束!");
            }
```

```
        }
    </script>
</head>
<body>
</body>
</html>
```

在浏览器中运行程序,效果如图 2-3 至图 2-6 所示。

图 2-3 prompt 提示输入框弹出时效果图

图 2-4 prompt 提示输入框中输入时效果图

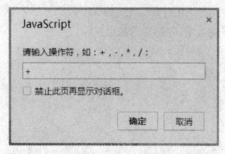

图 2-5 prompt 提示输入框中输入时效果图

图 2-6 alert 警示框效果图

2.2.2 输入和输出

1. window 对象

window 对象表示浏览器窗口。所有 JavaScript 全局对象、函数以及变量均自动成为 window 对象的成员。因为 window 对象是全局对象,所以引用其属性和方法时,可以省略 window,直接用其属性或方法。例如,例 2-2 中:

"window.prompt(″提示信息″,″″);"可以直接写为"prompt(″提示信息″,″″);"。

"window.alert(″提示信息″);"可以直接写为"alert(″提示信息″);"。

2. prompt 输入

window 对象的 prompt()方法会弹出提示用户输入的对话框,为提示输入框,等待用户输入数据,如图 2-3 至图 2-5 所示。

(1)语法:prompt(text,defaultText);

(2)参数:两个参数都为可选的。

第一个参数 text 为提示信息,是在对话框中显示的纯文本。

第二个参数 defaultText 为输入文本的默认值。

(3)返回值:

➢ null：用户单击提示框的"取消"按钮或直接关闭窗口。
➢ 输入字段当前显示的文本（字符串类型）：用户单击"确定"按钮。

（4）当前页面运行到 prompt() 语句时会弹出提示输入框，在用户做出响应（用户点击"确定"或"取消"按钮，或点击"关闭"按钮，把对话框关闭）之前，当前页面不可用，且暂停对下面代码的执行，等待用户操作，只有用户对提示输入框进行处理后，才会执行下一条语句，当前页面可用。

3. alert 输出

Window 对象的 alert() 方法会弹出警示框，显示带有一段消息和一个"确定"按钮的警告框。如图 2-6 所示。

（1）语法：alert(message);

（2）参数：message 为弹出的对话框中显示的纯文本（非 HTML 文本）。

（3）同 prompt() 弹出的提示输入框一样，alert() 方法在用户做出响应之前，当前页面不可用，且暂停对下面代码的执行，等待用户操作，只有用户点击"确定"按钮或关闭该警示框后，才会执行下一条语句，当前页面才可用。

4. confirm 输出

Window 对象的 confirm() 方法会弹出确认框，显示带有一段消息以及"确定"按钮和"取消"按钮的对话框。如 2.3.1 节的图 2-14 所示。

（1）语法：confirm(message);

（2）参数：message 为弹出的对话框中显示的纯文本（非 HTML 文本）。

（3）返回值：

➢ true：用户点击"确定"按钮，则 confirm() 返回 true。
➢ false：点击"取消"按钮或直接关闭窗口，则 confirm() 返回 false。

（4）同 prompt() 和 alert() 一样，在调用 confirm() 时，将暂停对 JavaScript 代码的执行，在用户点击"确定"按钮或"取消"按钮或把对话框关闭之前，它将阻止用户对浏览器的所有操作，在用户响应之前，不会执行下一条语句。

5. write 输出

write() 为 document 对象的方法，向文档写 HTML 表达式或 JavaScript 代码。

（1）语法：write(exp1,exp2,exp3,....);

（2）参数：可列出多个参数（exp1,exp2,exp3,...），它们将按顺序被追加到文档中。

（3）如果在文档已完成加载后执行 write()，那么整个 HTML 页面将被覆盖，如例 2-3。

【例 2-3】 write() 方法覆盖原 HTML 页面。

```
<!-- ex2_3.html -->
<!DOCTYPE html PUBLIC "-//W3C//DTD XHTML 1.0 Transitional//EN" "http://www.w3.org/TR/xhtml1/DTD/xhtml1-transitional.dtd">
<html xmlns="http://www.w3.org/1999/xhtml">
<head>
    <meta http-equiv="Content-Type" content="text/html;charset=utf-8" />
    <title>write()方法覆盖原 HTML 页面</title>
    <script>
```

```
            functionmyFunction (){
                document.write("<h3>糟糕！原文档消失了。</h3>");
                document.write("<h3>write()覆盖原HTML页面。</h3>");
            }
        </script>
    </head>
    <body>
        <h2>原页面</h2>
        <script>
            document.write("<h3>document.write()写入原页面的内容。</h3>");
            document.write('<button onclick = "myFunction()">点击这里</button>');
        </script>
    </body>
</html>
```

代码说明：myFunction 为自定义函数，通过按钮点击事件 onclick 调用该函数。

在浏览器中运行程序，效果如图 2-7、图 2-8 所示。

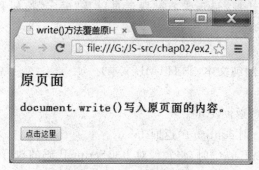

图 2-7 例 2-3 运行效果图

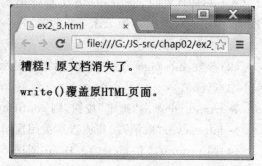

图 2-8 例 2-3 中点击按钮后运行效果图

2.2.3 数据类型转换函数

parseInt()和 parseFloat()是全局函数，不属于任何对象，将非数字类型转换为数字。前者把值转换成整数，后者把值转换成浮点数。只有对字符串（String）类型调用这些方法时，它们才能正确运行，对其他类型返回的都是 NaN。

1. parseInt( )

parseInt()函数可解析一个字符串，并返回一个整数。

(1)语法：parseInt(string, radix);

(2)参数：

➢ 第一个参数 string，必需，为被解析的字符串。

➢ 第二个参数 radix，可选，为解析的数字的基数。

(3)返回值：数字或 NaN。

(4)转换过程：

➢ parseInt()函数首先查看位置 0 处的字符，如果不是有效数字，则返回 NaN，不再继续执行其他操作；如果是有效数字，则将继续查看位置 1 处的字符，进行同样的检查，直到发现非有效数字的字符为止，将该非有效数字字符之前的字符串转换成数字。同时，参数字符串开头和结尾的空格会被忽略。

例如：parseInt("123abc")；返回 123。
　　parseInt("12.3abc")；返回 12。
　　parseInt("abc")；返回 NaN。
　　parseInt(" 123 ")；返回 123。

➤ 字符串中包含的数字字面量会被正确地转换为数字。

例如：parseInt("0xA")；返回 10。
　　parseInt("10", 2)；返回 2。
　　parseInt("10", 8)；返回 8。
　　parseInt("10", 10)；返回 10。
　　parseInt("F", 16)；返回 15。

2. parseFloat( )

parseFloat()函数可解析一个字符串，并返回一个浮点数。

(1)语法：parseFloat(string)；

(2)参数：string 参数，必需，为被解析的字符串。

(3)返回值：数字或 NaN。

(4)转换过程：

➤ 同 parseInt()的转换过程基本相同，只是第一个出现的小数点是有效字符。如果有两个小数点，则第二个小数点将被看作无效。

例如：parseFloat ("123abc")；返回 123。
　　parseFloat ("12.3abc")；返回 12.3。
　　parseFloat ("12.34.56abc")；返回 12.34。
　　parseFloat ("abc")；返回 NaN。
　　parseFloat ("0xA")；返回 NaN。
　　parseFloat ("0123")；返回 123。

2.2.4 isNaN 函数

isNaN()是全局函数，可用于所有内建 JavaScript 对象，检查某个值是否是数字。

语法：isNaN(x)；

参数：参数 x 必需，为要检测的值。

返回值：返回布尔类型的值。

➤ true：如果 x 是特殊的非数字值 NaN(或者能被转换为这样的值)，则返回 true。

➤ false：如果 x 是数字，则返回 false。

2.2.5 运算符

1. 赋值运算符

赋值运算符及其用法如表 2-1 所示，其中 x＝6，y＝3。

表 2-1　赋值运算符及其用法

运算符	示例	等价于	结果	运算符	示例	等价于	结果
＝	x＝y		x＝3	*＝	x*＝y	x＝x*y	x＝18
＋＝	x＋＝y	x＝x＋y	x＝9	/＝	x/＝y	x＝x/y	x＝2
－＝	x－＝y	x＝x－y	x＝3	％＝	x％＝y	x＝x％y	x＝0

2. 算术运算符

算术运算符及其用法如表 2-2 所示，其中 x＝6,y＝3。

表 2-2　算术运算符及其用法

运算符	描述	示例	结果	运算符	描述	示例	结果
＋	加	x＝x＋y	x＝9	＋＋	累加	x＝＋＋y	x＝4,y＝4
－	减	x＝x－y	x＝3			x＝y＋＋	x＝3,y＝4
*	乘	x＝x*y	x＝18	－－	递减	x＝－－y	x＝2,y＝2
/	除	x＝x/y	x＝2			x＝y－－	x＝3,y＝2
％	取余(保留整数)	x＝x％y	x＝0				

说明："＋"运算符也可以用于字符串的连接运算。例如：var x＝6＋"6"；则 x＝"66"；

3. 比较运算符

比较运算符及其用法如表 2-3 所示，其中 x＝6,y＝3。

表 2-3　比较运算符及其用法

运算符	描述	示例	结果	运算符	描述	示例	结果
＝＝	等于	x＝＝y	false	＜	小于	x＜y	false
!＝	不等于	x!＝y	true	＞＝	大于等于	x＞＝y	true
＞	大于	x＞y	true	＜＝	小于等于	x＜＝y	false

4. 逻辑运算符

逻辑运算符及其用法如表 2-4 所示，其中 x＝6,y＝3。

表 2-4　逻辑运算符及其用法

运算符	描述	示例	结果
&&	与	(x＝＝6) && (y＝＝1)	false
||	或	(x＝＝6) || (y＝＝1)	true
!	非	!(x!＝y)	false

5. 条件运算符

条件运算符及其用法如表 2-5 所示，其中 x＝6,y＝3。

表 2-5 条件运算符及其用法

运算符	语法	值	示例	结果
?	(condition)? value1:value2	若 condition==true,值为 value1	(x!=y)? x:y	6
		若 condition==false,值为 value2	(x==y)? x:y	3

2.2.6 if 条件语句

if 语句的主要形式有:
➢ if 语句
➢ if…else 语句
➢ if…else if…else 语句

(1)if 语句

语法:
```
if(条件){
    语句块 1
}
```
当条件不为 false 时,执行语句块 1。

条件可以是任何表达式,计算的结果甚至不必是真正的 boolean 值,ECMAScript 会把它转换成 boolean 值。

例如,例 2-2 中的①处,若 num1 或 num2 有一个非数字,则 isNum=false;
```
if(isNaN(num1) || isNaN(num2)){        //①
    isNum = false;
}
```

(2)if…else 语句

语法:
```
if(条件){
    语句块 1
}else{
    语句块 2
}
```
当条件不为 false 时,执行语句块 1,否则执行语句块 2。

例如,例 2-2 中的②处。

(3)if…else if…else 语句

语法:
```
if(条件 1){
    语句块 1
}else if(条件 2){
    语句块 2
}else{
    语句块 3
}
```

当条件 1 不为 false 时,执行语句块 1,否则检查条件 2,当条件 2 不为 false 时,执行语句块 2,当条件 2 为 false 时,执行语句块 3。

2.2.7　switch 语句

语法:
```
switch(表达式){
    case 值 1:
        语句块 1;
        break;
    case 值 2:
        语句块 2;
        break;
    ……
    default:
        语句块 n;
        break;
}
```

switch 语句根据表达式的值,去匹配 case 后面的值,等于哪个值,则执行其值后面的语句块。

break 语句会使代码跳出 switch 语句。如果缺少 break 语句,代码执行就会继续进入下一个 case。

关键字 default 描述了表达式的结果不等于任何一种 case 情况时执行的操作。

例如,例 2-2 中的③处。

2.2.8　使用 alert 调试程序

程序调试是编程人员的重要工作,调试时间往往要占软件开发时间的 70%。JavaScript 脚本的调试一般可使用 alert()方法或调试工具(将在 2.4.5 节讲述)。

使用 alert 调试程序,主要是用 alert()方法输出信息,来观察变量的值,监控 JavaScript 脚本的执行情况,找出代码错误并改正,使程序正确运行。

调试方法为:在感觉可能出错的地方,加入 alert()语句,输出要观察的信息。

对例 2-2 使用 alert 进行调试,代码如例 2-4 所示,④处至⑧处为增加的调试语句。运行该程序,输入任意值,观察变量的变化,测试结果。

【例 2-4】 使用 alert 调试程序。

```
<!--ex2_4.html-->
<!DOCTYPE html PUBLIC "-//W3C//DTD XHTML 1.0 Transitional//EN" "http://www.w3.org/TR/xhtml1/DTD/xhtml1-transitional.dtd">
<html xmlns="http://www.w3.org/1999/xhtml">
<head>
    <meta http-equiv="Content-Type" content="text/html; charset=utf-8" />
    <title>使用 alert 调试程序</title>
```

```
<script>
    var num1 = window.prompt("请输入第一个操作数:","");
    alert("输入的字符串 num1 = " + num1);              //④
    num1 = parseFloat(num1);
    alert("类型转换后的 num1 = " + num1);              //⑤
    var num2 = window.prompt("请输入第二个操作数:","");
    num2 = parseFloat(num2);
    alert("num2 = " + num2);                          //⑥
    var isNum = true;
    if(isNaN(num1) || isNaN(num2)){
        isNum = false;
    }
    if(! isNum){
        window.alert("输入的操作数不是数字,程序运行结束!");
    }else{
        var op = prompt("请输入操作符,如:+,-,*,/:","");
        alert("op = " + op);                          //⑦
        var result;
        switch (op){
        case "+":
            result = num1 + num2;
            break;
        case "-":
            result = num1 - num2;
            break;
        case "*":
            result = num1 * num2;
            break;
        case "/":
            result = num1/num2;
            break;
        default :
            result ="";
        }
        alert("result = " + result);                  //⑧
        if(result! =""){
            alert(num1 + op + num2 +" = " + result);
        }else{
            alert("输入的操作符有错,程序运行结束!");
        }
    }
</script>
```

```
    </script>
  </head>
  <body>
  </body>
</html>
```

2.2.9 技能训练 2-2

1. 需求说明

输入个人成绩,在页面中输出成绩单。

(1)输入:姓名和 C 语言、Java 语言、HTML 三门课的成绩。

(2)当输入的成绩不合法时(如不为数字,如图 2-9 所示),则运行结果为出错提示信息(如图 2-10 所示)。

(3)当输入的成绩都合法时(如图 2-11 所示),则计算三门成绩的最高分、最低分和平均分;在页面输出成绩单,包括平均分的等次(如图 2-12 所示)。

2. 运行效果图

运行效果如图 2-9 至图 2-12 所示。

图 2-9　输入错误

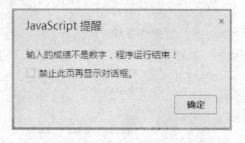

图 2-10　输入错误时提示信息

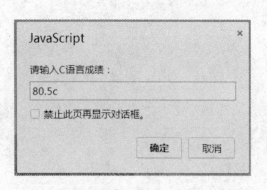

图 2-11　输入正确

图 2-12　输出的成绩单

2.3 有容错性的两个数的四则运算

2.3.1 实例程序

【例 2-5】 有容错性的两个数的四则运算。

1. 需求说明

输入两个操作数和一个操作符,进行两个数的四则运算,并且当用户输入有误时,能根据用户的选择重新输入,再做处理。

2. 实例代码

```
<!--ex2_5.html-->
<!DOCTYPE html PUBLIC "-//W3C//DTD XHTML 1.0 Transitional//EN" "http://www.w3.org/TR/xhtml1/DTD/xhtml1-transitional.dtd">
<html xmlns="http://www.w3.org/1999/xhtml">
<head>
    <meta http-equiv="Content-Type" content="text/html;charset=utf-8" />
    <title>有容错性的两个数的四则运算</title>
    <script>
        //处理第一操作数
        //isNum1=true 表示第一个操作数为数字,flag=true 表示要重新输入
        var num1,isNum1,flag;
        do{                    //①
            num1 = prompt("请输入第一个操作数:","");
            num1 = parseFloat(num1);
            flag = false;
            if(isNaN(num1)){
                isNum1 = false;
                flag = confirm("输入的操作数一不是数字,\n要重新输入?");
                if (flag==false){
                    alert("输入的操作数不是数字,程序运行结束!");
                }
            }else{
                isNum1 = true;
            }
        }while(flag);
        //处理第二操作数
        var num2,isNum2; //isNum2=true 表示第二个操作数为数字
        if(isNum1){
            flag = true;
            while(flag){            //②
                num2 = prompt("请输入第二个操作数:","");
```

```
            num2 = parseFloat(num2);
        flag = false;
        if(isNaN(num2)){
            isNum2 = false;
            flag = confirm("输入的操作数二不是数字,\n要重新输入?");
            if (flag = = false){
                alert("输入的操作数不是数字,程序运行结束!");
            }
        }else{
            isNum2 = true;
        }
    }
}
//处理操作符
if(isNum1 && isNum2){
    var op,result;
    flag = true;
    while(flag){
        op = prompt("请输入操作符,如:+,-,*,/:","");
        flag = false;
        switch (op){
            case"+":
                result = num1 + num2;
                break;        //③
            case"-":
                result = num1 - num2;
                break;
            case"*":
                result = num1 * num2;
                break;
            case"/":
                result = num1/num2;
                break;
            default :
                result = "";
        }
        if(result! = ""){
            alert(num1 + op + num2 +" = " + result);
        }else{
            flag = confirm("输入的操作符有错,\n要重新输入?");
            if (flag = = false){
```

```
                    alert("输入的操作符有错,程序运行结束!");
                }
            }
        }
    }
    </script>
</head>
<body>
</body>
</html>
```

在浏览器中运行程序,当输入不合法时,运行效果如图 2-13 至图 2-15 所示,当输入合法时,运行效果如图 2-3 至图 2-6 所示。

图 2-13 输入错误

图 2-14 confirm 确认框

图 2-15 图 2-14 点取消效果

2.3.2 while 循环语句

语法:
```
while(条件){
    语句块
}
```

该循环先判定 while 后面的条件,当条件不为假时,执行语句块,重复该循环,直到条件为假,结束循环。

例如,例 2-5 中的②处。

2.3.3 do-while 循环语句

语法:
```
do{
    语句块
}while(条件);
```

do-while 循环是 while 循环的变体。

该循环先执行一次语句块,再检查 while 后面的条件,当条件不为假时,执行语句块,重复该循环,直到条件为假,结束循环。

例如,例 2-5 中的①处。

2.3.4 技能训练 2-3

1. 需求说明

升级技能训练 2-2,在页面中输出成绩单,且程序具有一定的容错性。

要求:

(1)输入:姓名和 C 语言、Java 语言、HTML 三门课的成绩。

(2)当输入的成绩不合法时(如不为数字,如图 2-16 所示),则弹出确认框,提示并询问用户是否重输(如图 2-17 所示),用户若点击"确定"按钮则重输,用户若点击"取消"按钮,则弹出警示框提示程序运行结束(如图 2-18 所示)。

(3)当输入的成绩都合法时(如图 2-11 所示),计算三门成绩的最高分、最低分和平均分。在页面输出成绩单,同时包括平均分的等次(如图 2-12 所示)。

2. 运行效果图

在浏览器中运行程序,当输入不合法时,运行效果如图 2-16 至图 2-18 所示,当输入合法时,运行效果如图 2-11 和图 2-12 所示。

图 2-16 输入错误　　图 2-17 confirm 确认框　　图 2-18 图 2-17 点取消后结果

2.4 打印倒正金字塔

2.4.1 实例程序

【例 2-6】 打印倒正金字塔。

1. 需求说明

根据输入的行数 n,在页面打印 n 行倒金字塔、中间最短一行和 n 行正金字塔。

要求:金字塔各行的水平线,最短 10 像素,最长为 1010 像素,每行加长(或减少)20 像素。因此,最多 101 行,倒正金字塔都是最多 50 行。

2. 实例代码

```
<!--ex2_6.html-->
<!DOCTYPE html PUBLIC "-//W3C//DTD XHTML 1.0 Transitional//EN" "http://www.w3.org/TR/xhtml1/DTD/xhtml1-transitional.dtd">
<html xmlns="http://www.w3.org/1999/xhtml">
<head>
    <meta http-equiv="Content-Type" content="text/html; charset=utf-8" />
    <title>打印倒正金字塔</title>
    <script>
        //水平线,最短 10 像素,最长为 1010 像素,每行加长(或减少)20 像素
```

```
//因此,最多 101 行,倒正金字塔都是最多 50 行。
var n = prompt("请输入要打印的倒金字塔的行数:","");
n = parseInt(n);
if(isNaN(n)){
    alert("输入的行数不合法,程序运行结束!");
}else{
    document.write("<br/>");
    for(var i = n; i>0; i--){              //①
        if(i>50){
            continue;                      //②
        }
        document.write("<hr width = '" + (i * 20 + 10) + "'/>");
    }
    //打印中间一行最短的
    document.write("<hr width = '10'/>");
    for(var i = 1; i<= n; i++){
        document.write("<hr width = '" + (i * 20 + 10) + "'/>");
        if(i>50){
            break;                         //③
        }
    }
}
</script>
</head>
<body>
</body>
</html>
```

在浏览器中运行程序,效果如图 2-19 所示。

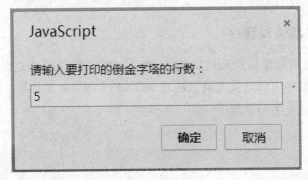

图 2-19 例 2-6 运行效果图

2.4.2 for 循环语句

for 语句语法：
  for (语句 1；语句 2；语句 3){
      语句块
  }

语句 1 为初始化语句，语句 2 为条件语句，语句 3 为增量或减量语句。
循环 for 语句的执行过程为：
(1)先执行语句 1，初始化各变量的值。
(2)执行语句 2，判定循环条件是否满足，当条件为假时 for 语句结束，否则转(3)。
(3)执行语句块。
(4)执行语句 3，改变各变量的值。
(5)再转(2)到(4)循环执行。
例如，例 2-6 中的①处。

一般情况下，在循环次数固定时使用 for 语句，在循环次数未知时，若先判定条件再执行语句，用 while 语句，若先执行语句再判定条件，用 do-while 语句。当然，循环语句之间可以相互转换使用，即 for、while 和 do-while 语句之间可以转换使用。

2.4.3 break 语句

break 语句用于跳出 switch 语句和循环语句，转去执行该 switch 语句和循环语句之后的语句。
例如，例 2-6 中的③处和例 2-2 中的③处 switch 语句中的 break 语句。

2.4.4 continue 语句

continue 用于跳过循环中的一次迭代，进入下一次迭代。
例如，例 2-6 中的②处，当 i>50 时，执行 continue 语句，for 语句进入下一次迭代，即语句 document.write("<hr width='"+(i*20+10)+"'/>")不被执行。

2.4.5 使用 IE 的开发人员工具调试程序

前面讲述了使用 alert()通过输出变量信息来调试程序，还可以使用专门的调试工具进行调试。常用的调试工具有 IE 浏览器中的开发人员工具、Firefox 的 Firebug 工具等。这里主要讲述如何使用 IE 的开发人员工具来调试程序。

1. 调试步骤
- 打开调试界面
- 设置断点
- 单步运行
- 观察变量
- 发现错误
- 解决问题

2. 调试过程

在 IE 浏览器中运行例 2-6,对程序进行调试,调试界面如图 2-20 至图 2-23 所示。

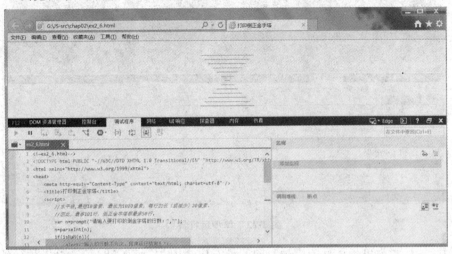

图 2-20　IE 浏览器中打开的开发人员工具的调试界面

(1) 打开调试界面

打开步骤为:IE 浏览器菜单栏的工具(T)→F12 开发人员工具(L),即打开图 2-20 所示的调试界面。

(2) 设置断点

在左下方的代码区,在 JavaScript 代码中需要设置断点的语句前点击,即在该语句设置了断点,如图 2-21 所示。例如,图 2-21 中在代码的 12 行、16 行、23 行设置了断点。断点语句前有红圈标志。

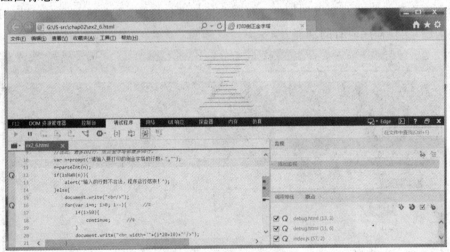

图 2-21　断点设置界面

(3) 单步运行

刷新页面,重新运行程序,则程序运行到断点处会停下,该语句代码高亮显示。例如,图 2-22 中程序运行到代码第 12 行将停下来。

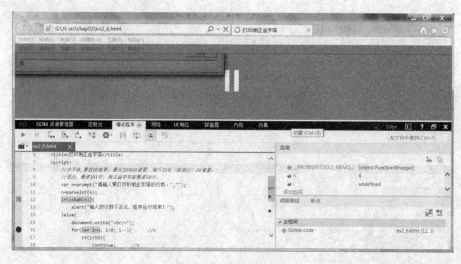

图 2-22　单步运行界面

图片 ![], ![], ![] 为单步运行图表标。图的最左边小图为"步入(F11)"，可以运行到函数内部，进行调试，热键为 F11。中间为"步进(F10)"，单步运行完一条语句，热键为 F10。最右边为"步出(Shift+F11)"，运行到下一个断点，热键为 Shift+F11。

点击"步进(F10)"，程序运行 if(isNaN(n)) 这条语句，到第 15 行停下来，状态如图 2-23 所示。

(4) 观察变量

代码运行停止的目的是观察变量的值。图 2-23 中，在下部右侧监视区，可以看到当前变量 n 的值为 6，i 的值为 undefined。

(5) 发现错误、解决问题

将观察到的变量值与测试用例中变量的理论值进行比较，找出程序出现问题的语句，进而解决问题，实现程序应有的功能。

图 2-23　单步调试、观察变量界面

2.4.6 技能训练 2-4

1. 练习 1：打印倒正直角三角形

（1）需求说明

根据输入的行数 n，在页面打印 n 行倒和 n 行正直角三角形。

要求：倒或正三角形的行数不超过 20。

（2）运行效果图

运行效果如图 2-24 所示。

2. 练习 2：打印倒正等腰三角形

（1）需求说明

根据输入的行数 n，在页面打印 n 行倒和 n 行正等腰三角形。

要求：倒或正三角形的行数不超过 20。

（2）运行效果图

运行效果如图 2-25 所示。

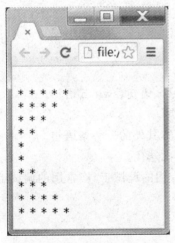

图 2-24　练习 1 运行效果图

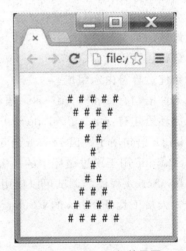

图 2-25　练习 2 运行效果图

本章小结

- ＜script＞标签和＜/script＞标签之间是 JavaScript 语句，语句以分号结束。
- JavaScript 对大小写敏感。
- JavaScript 注释：单行注释以//开头，多行注释以/*开始，以*/结尾。
- JavaScript 是弱类型语言，变量声明为：var 变量名，变量可以在声明时赋值，也可以先声明后赋值。
- 变量命名规则为：由字母、数字、下划线(_)、美元符号($)组成，但不能以数字开头。

➢ JavaScript 的数据类型有:字符串、数字、布尔、数组、对象、Null、Undefined。
➢ typeof 运算符语法为:typeof(变量或值);返回值为:undefined、boolean、number、string、object。
➢ prompt()输入方法会弹出提示输入框,语法为:prompt(提示信息,默认值),返回值为:null 或输入的文本。
➢ alert()输出方法会弹出警示框,语法为:alert(提示信息)。
➢ confirm()输出方法会弹出确认框,语法为:confirm（提示信息）;返回值为:true 或 false。
➢ 方法 prompt()、alert()、confirm()都是 window 对象的方法。
➢ write()输出方法为 document 对象的方法,向文档写 HTML 表达式或 JavaScript 代码,语法为:write(exp1,exp2,exp3,…)。
➢ parseInt()和 parseFloat()是全局函数,不属于任何对象,将非数字类型转换为数字,返回值为:数字或 NaN,前者把值转换成整数,后者把值转换成浮点数。
➢ isNaN()是全局函数,用于检查值是否是数字,语法为:isNaN(x),返回值为:true 或 false。
➢ 赋值运算符有:=、+=、-=、*=、/=、%=。
➢ 算术运算符有:+、-、*、/、%、++、--。
➢ 比较运算符有:==、!=、>、>=、<、<=。
➢ 逻辑运算符有:!、&&、||。
➢ 条件运算符由?,组成。
➢ 条件语句有:if 语句、if…else 语句、if…else if…else 语句、switch 语句。
➢ 循环语句有:while 语句、do-while 语句、for 语句。
➢ break 语句用于跳出 switch 语句和循环语句,执行其外的后一条语句。
➢ continue 用于跳过循环中的一次迭代,进入下一次迭代。
➢ JavaScript 程序的调试可以使用 alert()方法和专门的调试工具,常用的调试工具有:IE 的开发人员工具,Firefox 的 Firebug 等。

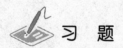

习　题

一、单项选择题

1. 下列变量名中非法的是(　　)。
   A. char_1　　　　B. 3str　　　　C. _total　　　　D. a＄b
2. 下列语句中,(　　)语句是根据表达式的值进行匹配,然后执行其中的一个语句块,如果找不到匹配项,则执行默认语句块。
   A. switch　　　　B. if-else　　　　C. 字符串运算符　　　　D. for
3. 在 JavaScript 中,运行下面代码后的输出结果是(　　)。
   var flag = true;
   document.write(typeof(flag));

A. undefined   B. null   C. number   D. boolean

4. 在 JavaScript 中,运行下面的代码,sum 的值是(   )。

```
var sum = 0;
for(i = 1;i<10;i++){
    if(i%5 == 0)
        break;
    sum = sum + i;
}
```

A. 40   B. 50   C. 5   D. 10

5. (   )对象包含了 alert()方法。

A. window   B. document   C. location   D. history

二、问答和编程题

1. 简述 prompt()、alert()、confirm()三者的区别,并举例说明。
2. 输出九九乘法表。
3. 将摄氏温度转化为华氏温度。要求通过 prompt()方法输入摄氏温度,将转换后的结果通过 alert()警示框输出。提示:摄氏温度 s 与华氏温度 h 的转化关系为:h=s*9/5+32。
4. 使用 prompt()方法在页面中弹出提示,根据用户输入星期一至星期日的不同,弹出不同的信息提示框,要求如下:

(1)输入"星期一"时,弹出文本为"新的一周开始了"的信息框。

(2)输入"星期二""星期三""星期四"时,弹出文本为"努力工作"的信息框。

(3)输入"星期五"时,弹出文本为"明天就是周末了"的信息框。

(4)输入其他内容,弹出文本为"放松的休息"的信息框。

5. 调试下列程序,改正错误。

```
var userAge = prompt("please enter your age","");
if(userAge = 0){
    alert("So you are a baby!") ;
}else if(userAge<0 || userAge>120){
    alert("I think you may be lying about your age!") ;
} else {
    alert("That is a good age!") ;
}
```

第 3 章
函数

本章工作任务
- 简易计算器及其优化
- 图片的上下翻动
- 图片的数字轮换显示

本章知识目标
- 掌握常用的系统函数
- 掌握函数的定义、调用
- 掌握函数的参数和返回值
- 掌握变量的作用域

本章技能目标
- 使用函数实现简易计算器和正数的平方、立方、阶乘、累加运算
- 使用带参函数优化简易计算器和正数的平方、立方、阶乘、累加运算
- 使用函数实现图片的上下翻动
- 使用函数实现图片的数字轮换显示、鼠标悬停显示

本章重点难点
- 函数的定义和调用
- 函数的参数和返回值
- 使用函数实现简易计算器
- 使用函数实现多种图片轮换显示特效

第3章 函数

第2章主要讲述了 JavaScript 的核心语法及其应用。核心语法包括：变量、数据类型、输入和输出、运算符、控制语句等。

本章主要讲述 JavaScript 函数及其应用。在函数中将主要讲述函数的定义、调用、参数、返回值，匿名函数，变量的作用域。函数应用主要体现在：使用函数实现简易计算器、数的算术运算、多个图片轮换显示特效等。

3.1 简易计算器

3.1.1 实例程序

【例3-1】 简易计算器。

1. 需求说明

使用 JavaScript 函数实现简易计算器。运行效果如图3-1所示。

图3-1 例3-1运行效果图

2. 实例代码

(1) HTML 页面文件，ex3_1.html 代码

```
<!--ex3_1.html-->
<!DOCTYPE html PUBLIC "-//W3C//DTD XHTML 1.0 Transitional//EN" "http://www.w3.org/TR/xhtml1/DTD/xhtml1-transitional.dtd">
<html xmlns="http://www.w3.org/1999/xhtml">
<head>
<meta http-equiv="Content-Type" content="text/html;charset=utf-8" />
<title>简易计算器</title>
<link href="ex3_1.css" rel="stylesheet" type="text/css" />
<script src="ex3_1.js"></script>          <!--①-->
</head>
<body>
```

```html
<form action="#" method="post" id="container">
    <table border="0">
    <tr>
    <td><img src="images/ex3-1.gif" width="54" height="54" /></td>
        <td><h3>购物简易计算器</h3></td>
    </tr>
    <tr>
        <td>第一个数：</td>
        <td><input id="num1" type="text" /></td>
    </tr>
    <tr>
        <td>第二个数：</td>
        <td><input id="num2" type="text" /></td>
    </tr>
    <tr>
        <td colspan="2">
        <input id="addOp" class="bt" type="button" value=" + " />
        <input id="subOp" class="bt" type="button" value=" - " />
        <input id="mulOp" class="bt" type="button" value=" x " />
        <input id="divOp" class="bt" type="button" value=" / " />
        </td>
    </tr>
    <tr>
        <td>计算结果：</td>
        <td><input id="result" type="text" /></td>
    </tr>
    </table>
</form>
</body>
</html>
```

(2) CSS 样式表文件，ex3_1.css 代码

```css
@charset "utf-8";
/* CSS Document */
/* ex3_1.css */
#container {
    width: 250px;
    margin: 0px auto;
    font-size: 14px;
}
.bt {
    text-align: center;
```

```
        width: 40px;
        height: 25px;
        margin-right: 8px;
        margin-left: 5px;
        margin-top: 5px;
    }
```

(3) JS 文件,ex3_1.js 代码

```
// JavaScript Document
// ex3_1.js
window.onload = init;                                              //②
function init(){                                                   //③
    if(document.getElementById){                                   //④
        document.getElementById("addOp").onclick = addOp;          //⑤
        document.getElementById("subOp").onclick = subOp;
        document.getElementById("mulOp").onclick = mulOp;
        document.getElementById("divOp").onclick = divOp;
    }else{
        alert("对不起,您的浏览器不支持该 JavaScript 脚本!");
    }
}
function addOp(){                                                  //⑥
    var num1Obj = document.getElementById("num1");
    var num1 = num1Obj.value;
    num1 = parseFloat(num1);
    if(isNaN(num1)){
        alert("输入有误!");
        return;                                                    //⑦
    }
    var num2Obj = document.getElementById("num2");
    var num2 = num2Obj.value;
    num2 = parseFloat(num2);
    if(isNaN(num2)){
        alert("输入有误!");
        return;
    }
    document.getElementById("result").value = num1 + num2;         //⑧
}
function subOp(){
    var num1Obj = document.getElementById("num1");
    var num1 = num1Obj.value;
    num1 = parseFloat(num1);
```

```javascript
        if(isNaN(num1)){
            alert("输入有误!");
            return;
        }
        var num2Obj = document.getElementById("num2");
        var num2 = num2Obj.value;
        num2 = parseFloat(num2);
        if(isNaN(num2)){
            alert("输入有误!");
            return;
        }
        document.getElementById("result").value = num1 - num2;        //⑨
}
function mulOp(){
        var num1Obj = document.getElementById("num1");
        var num1 = num1Obj.value;
        num1 = parseFloat(num1);
        if(isNaN(num1)){
            alert("输入有误!");
            return;
        }
        var num2Obj = document.getElementById("num2");
        var num2 = num2Obj.value;
        num2 = parseFloat(num2);
        if(isNaN(num2)){
            alert("输入有误!");
            return;
        }
        document.getElementById("result").value = num1 * num2;        //⑩
}
function divOp(){
        var num1Obj = document.getElementById("num1");
        var num1 = num1Obj.value;
        num1 = parseFloat(num1);
        if(isNaN(num1)){
            alert("输入有误!");
            return;
        }
        var num2Obj = document.getElementById("num2");
        var num2 = num2Obj.value;
        num2 = parseFloat(num2);
```

```
        if(isNaN(num2) || num2 = = 0){
            alert("输入有误!");
            return;
        }
        document.getElementById("result").value = num1/num2;        //⑩
}
```

在浏览器中运行程序,结果如图 3-1 所示。

3.1.2 代码解析

下面对例 3-1 的 ex3_1.js 文件中部分代码进行解析。

1. window.onload 事件

窗口对象 window 的 onload 事件是在页面的所有内容(包括图片、视频等)加载完毕后,系统自动触发的事件。

一般该事件会去调用初始化函数来完成页面的相关初始化工作。

```
    window.onload = init;              //②
```

代码②处,在页面元素加载完成后,去调用函数 init 完成相关的工作。

2. 对象的事件和属性

JavaScript 中的所有事物(如字符串、数字、数组、日期等)都是对象,包括得到的页面元素等。JavaScript 中的对象是拥有属性和方法的数据,同时具有事件。

(1) 事件

代码⑤处,得到 id 值为"addOp"的按钮对象,为该对象绑定点击事件处理程序 addOp。

```
    document.getElementById("addOp").onclick = addOp;              //⑤
```

(2) 属性

代码⑧处,得到 id 值为"result"的文本框对象,将该对象的 value 属性值赋值为 num1 加上 num2。

```
    document.getElementById("result").value = num1 + num2;         //⑧
```

3.1.3 对象的探测

1. 对象探测

在编写脚本时,检查浏览器是否有能力理解使用的对象,这种检查方法称为对象探测(object detection)。

对象探测方法:对要寻找的对象进行条件测试,如果浏览器理解这个对象,if 条件不为 false,脚本继续执行;否则执行 else 部分代码。

ex3_1.js 代码的④处,通过 document.getElementById 进行对象探测,若浏览器能理解这个对象,则继续执行代码,否则浏览器不支持这个 JavaScript 脚本,脚本程序不再运行。

```
    if(document.getElementById){                    //④
        document.getElementById("addOp").onclick = addOp;          //⑤
        ...
    }
```

```
    else{
        alert("对不起,您的浏览器不支持该JavaScript脚本!");
    }
```

注意:一定要知道,不必总是检查 document.getElementById。要检查哪些对象取决于脚本要使用的对象。如果脚本使用的对象并没有得到浏览器100%的支持,那么总是应该首先检查浏览器是否能够处理它,而不要想当然地认为浏览器可以处理它。

声明:为了节省篇幅,本书中的脚本没有进行对象探测,但是在真实环境中,这是很重要的,建议进行对象探测。

2. 浏览器探测

浏览器探测可以检查浏览器支持哪些对象,但是有的认为浏览器探测方法是已过时的探测方式。

浏览器探测方法尝试查明用户使用哪种浏览器查看页面,它向浏览器请求用户代理字符串,这个字符串会报告浏览器名称和版本。然后编写脚本,让脚本以一种方式为某些浏览器服务,而以另一种方式为其他浏览器服务。

浏览器探测要求了解哪些浏览器支持所编写的脚本,哪些浏览器不支持。但是,对于从来没有使用过的浏览器,或者在脚本编写完成之后发布的新浏览器,应该怎么办呢?况且无法不断地修改自己的脚本来适应所有的浏览器版本。

试图探测浏览器支持的 JavaScript 版本也有同样的问题。建议不要采用这些探测方法。

3.1.4 函数概述

JavaScript 函数是一组可以随时随地运行的语句。函数是 ECMAScript 的核心。函数具有如下特点:

➢ 功能模块化。函数是完成特定功能、随时随地可运行的语句块,如 parseInt()、parseFloat()、isNaN()以及上述简易计算器中的函数等。

➢ 代码复用率高。函数不仅可以被同一个网站的多个页面使用,也可以在不同网站中被应用,提高代码的利用率。

➢ 结构化。在进行复杂程序设计时,程序员总是根据功能,将程序分解为一个个相对独立的部分,并且尽量减少各部分之间的耦合度,将每一部分编写为一个函数,从而使各部分任务单一,充分独立。这样,函数使程序结构清晰、易读、易懂、易修改,易维护、易组合、易复用,体现编程原则。

➢ 实现用户交互。用户通过事件去调用相关的函数,实现函数和事件驱动的相互关联,满足用户需求,实现交互。

➢ 可以传值和返回值。函数可以通过参数将外界信息传入函数,经函数处理后,通过返回值返回所需的结果。

JavaScript 函数可分两种:一种是 JavaScript 自带的系统函数,另一种是用户自己定义的自定义函数。

3.1.5 函数的定义和调用

1. 函数定义

自定义函数的声明包括:关键字 function、函数名、一组参数以及置于括号中的待执行代码。

语法:
function 函数名(参数 1,参数 2,…,参数 n){
    语句块
}

例如:ex3_1.js 代码的③和⑥处分别声明和定义函数 init()和 addOp()。
function init(){　　　　　　//③
    …
}
function addOp(){　　　　　 //⑥
    …
}

2. 函数调用

如果有参数,函数可以通过其名字加上括号中的参数进行调用。当调用该函数时,会执行函数内的代码。也可以通过事件调用函数。例如,ex3_1.js 代码的②处 window.onload =init,在窗口加载完成后调用函数 init。ex3_1.js 代码的⑤处调用⑥处声明的函数 addOp。还可以直接调用函数。例如,num2=parseFloat(num2)。

3.1.6 JavaScript 系统函数

系统函数,也称全局函数、顶层函数等,是 JavaScript 系统定义的内部函数。常用的全局函数有:isNaN()、parseFloat()、parseInt(),这些在第 2 章已经讲述。表 3-1 列出了 JavaScript 定义的全局函数。

表 3-1　JavaScript 系统函数

函数	描述
decodeURI()	解码某个编码的 URI
decodeURIComponent()	解码一个编码的 URI 组件
encodeURI()	把字符串编码为 URI
encodeURIComponent()	把字符串编码为 URI 组件
escape()	对字符串进行编码
eval()	计算 JavaScript 字符串,并把它作为脚本代码来执行
getClass()	返回一个 JavaObject 的 JavaClass
isFinite()	检查某个值是否为有穷大的数

续表

函数	描述
isNaN()	检查某个值是否是数字
Number()	把对象的值转换为数字
parseFloat()	解析一个字符串并返回一个浮点数
parseInt()	解析一个字符串并返回一个整数
String()	把对象的值转换为字符串
unescape()	对由 escape() 编码的字符串进行解码

3.1.7 技能训练 3-1

1. 需求说明

输入正数 n,计算其平方、立方、阶乘(1 到 n 的积)、累加(1 到 n 的和)。
要求:使用函数,实现输入正数的这几种算术运算。

2. 运行效果图

运行效果如图 3-2 所示。

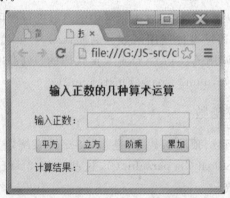

图 3-2 技能训练 3-1 运行效果图

3.2 优化的简易计算器

3.2.1 实例程序

【例 3-2】 优化的简易计算器。

1. 需求说明

同上节的简易计算器。运行效果如图 3-1 所示。
要求:使用带参函数,对例 3-1 代码进行优化,实现简易计算器。

2. 实例代码

(1) HTML 页面文件代码

HTML 页面文件代码和例 3-1 中的 ex3_1.html 基本相同,这里不再给出。

修改部分为:将 ex3_1.html 代码①处中的 src 属性改为 src="ex3_2.js"。改后如下:
<script src="ex3_2.js"></script>
(2)CSS 样式表文件代码
样式表文件代码同 ex3_1.css,这里不再给出。
(3)JS 文件,ex3_2.js 代码

```javascript
// JavaScript Document
// ex3_2.js
window.onload = init;
function init(){
    if(document.getElementById){
        var objA = document.getElementsByClassName("bt");    //①
        for(var i = 0;i<objA.length;i++){                    //②
            objA[i].onclick = counter;                        //③
        }
    }
}
function counter(){
    var op = this.value;                                      //④
    operate(op);                                              //⑤
}
function operate(op){                                         //⑥
    var num1Obj = document.getElementById("num1");
    var num1 = num1Obj.value;;
    num1 = parseFloat(num1);
    if(isNaN(num1)){
        alert("输入有误!");
        return;                                               //⑦
    }
    var num2Obj = document.getElementById("num2");
    var num2 = num2Obj.value;;
    num2 = parseFloat(num2);
    if(isNaN(num2)){
        alert("输入有误!");
        return;
    }
    var result;
    switch (op){                                              //⑧
        case "+":
            result = num1 + num2;
            break;
        case "-":
```

```
            result = num1 - num2;
            break;
        case "x":
            result = num1 * num2;
            break;
        case "/":
            if(num2 = = 0){
                alert("输入有误!");
                return;
            }
            result = num1/num2;
            break;
        default:
            return;
    }
    document.getElementById("result").value = result;        //⑨
}
```

3.2.2 代码解析

对例 3-2 的 ex3_2.js 文件中部分代码进行解析。

1. 通过类样式名获得对象集合

document 对象的 getElementsByClassName ("类样式名")方法，获取 HTML 页面中所有 class 样式属性 class＝"类样式名"的对象，返回这些对象的集合。

代码①处，返回页面中所有 class＝"bt"的对象，这里为 4 个"加、减、乘、除"按钮对象，即变量 objA 引用按钮对象集合。

```
    var objA = document.getElementsByClassName("bt");        //①
```

2. 对象绑定事件

代码②处，objA.length 为集合的长度属性 length 的值，是集合中元素的个数；for 语句实现对集合中元素的遍历。

代码③处，为每个按钮对象绑定鼠标点击事件 onclick，当用户点击按钮，则触发该事件，去调用函数 counter 进行事件处理，来进行不同的计算。

```
    for(var i = 0;i<objA.length;i + + ){        //②
        objA[i].onclick = counter;        //③
    }
```

3. this 关键字

JavaScript 中关键字 this 为当前对象的引用，代表当前对象。它使脚本能够根据使用这个关键字的上下文将值传递给函数。

代码③处，为 4 个"加、减、乘、除"按钮对象绑定鼠标点击事件处理程序，当用户点击按钮时，去调用函数 counter，函数 counter 中的 this 为用户点击的那个当前按钮对象。

代码④处，用户点击的当前按钮对象的 value 属性值赋给变量 op，这里 op 的值为符号"+"、"−"、"×"、"/"之一。

代码⑤处,将 op 的值作为参数,传递给 operate 函数。

```
    objA[i].onclick = counter;         //③
    function counter(){
        var op = this.value;           //④
        operate(op);                   //⑤
    }
```

3.2.3 代码优化

代码优化是软件开发人员必须具备的思想,当你的代码重复量较大时,就应该考虑代码优化。

例 3-1 的 ex3_1.js 文件中,加、减、乘、除四种运算分别对应 addOp()、subOp()、mulOp()、divOp()四个函数。可以看出这四个函数的大部分代码重复,只有最后一句不同,即代码的⑧⑨⑩处不同。对于这种存在大量重复代码的程序,一定要优化,这是开发人员的基本思维。

用一个带参函数对上述四个函数进行优化,形成的代码为例 3-2 的 ex3_2.js 中的 operate(op)函数,该函数根据传入参数 op 操作符的不同,分别进行不同的四种运算,实现代码优化,该函数的代码详解见 3.2.4 节。

3.2.4 函数的参数

函数的参数列表部分,参数 1,参数 2,…,参数 n,在函数定义时是可选的,即函数可以有参数,也可以没有参数。

函数有无参数,要根据实际需要进行设置。一般情况下,当函数需要外部信息时,函数应设计成有参函数,通过参数将外部信息传递到函数内部。

1. 有参函数定义

JavaScript 是弱类型语言,在定义函数时,形式参数(或形参)是没有数据类型的,形参声明时只写变量名即可;若有多个形参,参数间用逗号","分隔。

有参函数定义的一般形式为:

```
function 函数名(形参 1,形参 2,…,形参 n){
    语句块
}
```

一般情况下,可以通过使用有参函数进行代码优化。

例 3-2 的 ex3_2.js 中的代码⑥处定义了有参函数 operate(op),其中参数 op 只给出变量的名称。operate(op)函数代码解析如下:

```
function operate(op){                              //⑥
    var num1Obj = document.getElementById("num1");
    var num1 = num1Obj.value;
    num1 = parseFloat(num1);
    if(isNaN(num1)){
```

```
            alert("输入有误!");
            return;                          //⑦
        }
        ...
    }
```

代码⑥至⑦处,完成对第一个数的处理。从页面的第一个文本框中获取输入的值,并对该值进行检查,若数值不合法,通过⑦处的 return 语句返回,结束该函数的运行;若合法,则用变量 num1 存储该数值(第一个数)。

代码⑦下一行直到⑧处,功能同上,完成对第二个数的处理。

代码⑧处,分情况完成两个数的运算。switch 语句根据参数 op 的不同,分别进行不同运算,结果存入 result 变量。

```
    switch(op){                              //⑧
        case "+":
            result = num1 + num2;
            break;
        ...
    }
    document.getElementById("result").value = result;   //⑨
```

代码⑨处,将运算结果 result 放在计算结果文本框(id 为"result"的对象)中显示。

2. 有参函数调用

(1)有参函数的调用形式为:函数名(实参1,实参2,…,实参 n);

(2)在函数的调用时,JavaScript 不会检查实际参数(实参)的数据类型。如果传入的实参类型与期望类型不符,则可能产生错误,因此,应在函数中根据情况进行处理。

(3)在函数的调用时,JavaScript 也不会对实参的个数进行检查。当传入的实参个数多于形参个数时,后面多余的实参将被忽略;当传入的实参个数少于形参个数时,后面不足的形参被认为是 undefined(没赋值)。

(4)实参为形参赋值时,顺序是一致的。第一个实参赋值给第一个形参,以此类推。

(5)例 3-2 的 ex3_2.js 中代码⑤处,函数 operate 调用时,将变量 op 的值(用户点击当前按钮的 value 属性值)传入函数的参数,运行函数,实现简易计算器功能。

```
    var op = this.value;        //④
    operate(op);                //⑤
```

(6)实例程序。

【例 3-3】 函数参数的个数与类型。

```
<!-- ex3_3.html -->
<!DOCTYPE html PUBLIC "-//W3C//DTD XHTML 1.0 Transitional//EN" "http://www.w3.org/TR/xhtml1/DTD/xhtml1-transitional.dtd">
<html xmlns="http://www.w3.org/1999/xhtml">
<head>
<meta http-equiv="Content-Type" content="text/html; charset=utf-8" />
<title>函数参数的个数与类型</title>
```

```
<script>
    function max(a,b){                    //①
        if(a>=b){
            return a;                     //⑩
        }
        return b;                         //⑩
    }
    var r1 = max(2);                      //②
    alert("r1 = " + r1);                  //③
    var r2 = max(2,3);                    //④
    alert("r2 = " + r2);                  //⑤
    var r3 = max(2,3,5);                  //⑥
    alert("r3 = " + r3);                  //⑦
    var r4 = max(2,"a",5);                //⑧
    alert("r4 = " + r4);                  //⑨
</script>
</head>
<body>
</body>
</html>
```

➢ 代码①处，定义了求两个数最大值的函数，有两个形式参数。

➢ 代码②处，调用函数为 max(2)，实参个数小于形参个数，形参 a＝2，b＝undefined，返回值为 undefined，代码③的效果如图 3-3 所示。

➢ 代码④处，调用函数为 max(2,3)，实参个数等于形参个数，则 a＝2，b＝3，返回值为 3，代码⑤的效果如图 3-4 所示。

➢ 代码⑥处，调用函数为 max(2,3,5)，实参个数大于形参个数，则 a＝2，b＝3，多余的实参 5 被忽略，返回值为 3，代码⑦的效果如图 3-5 所示。

➢ 代码⑧处，调用函数为 max(2,"a",5)，实参个数大于形参个数，则 a＝2，又因为 JavaScript 不检查实参的类型，所以 b＝"a"，多余的实参 5 被忽略，返回值为"a"。代码⑨的效果如图 3-6 所示。可以看到浏览器不仅没有报错，反而返回了"a"。这是因为函数执行时使用的是字符串的 ASCII 值与数字进行比较，返回大者。

在浏览器中运行例 3-3 程序，效果如图 3-3 至 3-6 所示。

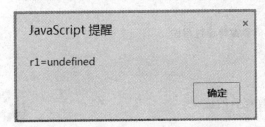

图 3-3　例 3-3 代码③处执行效果图

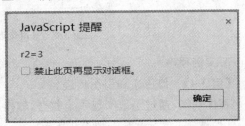

图 3-4　例 3-3 代码⑤处执行效果图

图 3-5 例 3-3 代码⑦处执行效果图

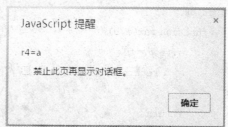
图 3-6 例 3-3 代码⑨处执行效果图

3.2.5 值传递和引用传递

函数调用时,参数传值过程中,实际参数的值会赋给形式参数,但不同数据类型传递的方式是不同的。按参数传值方式可分为:值传递和引用传递。

1. 值传递

函数调用时,若实参为原始数据类型(包括 Undefined、Null、Boolean、Number 和 String),则参数传值方式为值传递。

对于实参为原始类型数据的,参数传值过程是将内存中实参单元格内的值赋到形参单元格中,此后,实参和形参不再有关系,为内存中两个不同变量,如图 3-7 所示。因此,形参在函数中的变化影响不到实参。

图 3-7 值传递的参数传值过程图

2. 引用传递

函数调用时,若实参为引用数据类型(对象类型),则参数传值方式为引用传递。

对于实参为引用类型的数据,参数传值过程是将内存中实参单元格中的地址值赋到形参单元格中,即实参和形参引用同一对象,没有增加新的对象,如图 3-8 所示。因此,形参在函数中的改变会直接改变实参。

图 3-8 引用传递的参数传值过程图

3. 实例程序

【例 3-4】 值传递和引用传递。

程序功能:通过函数实现硕士教育,输出教育后的成果。

(1)例 3-4 运行效果如图 3-9 所示

第3章 函数

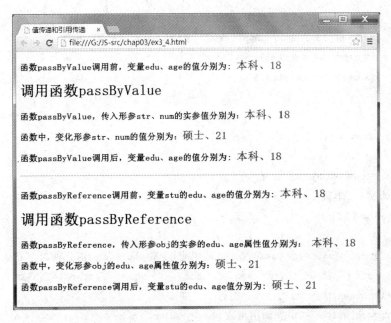

图 3-9 例 3-4 运行效果图

(2)实例程序代码

```
<!-- ex3_4.html -->
<!DOCTYPE html PUBLIC "-//W3C//DTD XHTML 1.0 Transitional//EN" "http://www.w3.org/TR/xhtml1/DTD/xhtml1-transitional.dtd">
<html xmlns="http://www.w3.org/1999/xhtml">
<head>
<meta http-equiv="Content-Type" content="text/html; charset=utf-8" />
<title>值传递和引用传递</title>
<script>
    function passByValue(str,num){                                              //①
        var str1 = "<h3>函数 passByValue,传入形参 str、num 的实参值分别为:";
        str1 = str1 + "<span class='red'>" + str + "、" + num + "</span></h3>"; //②
        str = "硕士";                                                            //③
        num = 21;
        var str2 = "<h3>函数中,变化形参 str、num 的值分别为:";
        str2 = str2 + "<span class='red'>" + str + "、" + num + "</span></h3>";
        document.write(str1);
        document.write(str2);
    }
    function passByReference(obj){                                              //④
        var str1 = "<h3>函数 passByReference,传入形参 obj 的实参的 edu、age 属性值分别为:";
        str1 = str1 + "<span class='red'>" + obj.edu + "、" + obj.age + "</span></h3>";
        obj.edu = "硕士";                                                        //⑤
        obj.age = 21;
```

```
    var str2 = "<h3>函数中,变化形参 obj 的 edu、age 属性值分别为:";
    str2 = str2 + "<span class = 'red'>" + obj.edu + "、" + obj.age + "</span></h3>";
    document.write(str1);
    document.write(str2);
}

var edu = "本科";                                                              //⑥
var age = 18;
var stu = new Object();                                                        //⑦
stu.edu = "本科";                                                              //⑧
stu.age = 18;

var str = "<h3>函数 passByValue 调用前,变量 edu、age 的值分别为:";
str = str + "<span class = 'red'>" + edu + "、" + age + "</span></h3>";
document.write(str);
document.write("<h1>调用函数 passByValue</h1>");

passByValue(edu,age);                                                          //⑨

str = "<h3>函数 passByValue 调用后,变量 edu、age 的值分别为:";
str = str + "<span class = 'red'>" + edu + "、" + age + "</span></h3>";
document.write(str);

document.write('<hr style = "float:left" width = "750px" />',"<br/>");

str = "<h3>函数 passByReference 调用前,变量 stu 的 edu、age 的值分别为:";
str = str + "<span class = 'red'>" + stu.edu + "、" + stu.age + "</span></h3>";
document.write(str);

document.write("<h1>调用函数 passByReference</h1>");

passByReference(stu);                                                          //⑩

str = "<h3>函数 passByReference 调用后,变量 stu 的 edu、age 值分别为:";
str = str + "<span class = 'red'>" + stu.edu + "、" + stu.age + "</span></h3>";
document.write(str);
</script>
<style type = "text/css">
.red {
font - size:24px;
font - weight: bolder;
```

```
        color:#F00;
    }
    </style>
</head>
<body>
</body>
</html>
```

(3) 例 3-4 代码解析

➢ 说明：代码①下一句到②处，为了排版格式好看、易读，将一个完整意义的字符串进行了拆分换行。写成了 str＝…；str＝str＋…；的形式，下面多处字符串拼接都是出于该目的。

➢ 代码①和④处，定义了两个函数，希望这两个函数都能进行硕士教育，输出教育后的成果。

➢ 代码①处，定义了 passByValue(str,num)，有两个形参，在函数中，代码③对形参的值进行了变化，并在页面分别输出变化前后形参的值。

➢ 同样，代码④处，定义了 passByReference(obj)，有一个形参，在函数中，代码⑤对形参 obj 的 edu 和 age 属性值进行了变化，并在页面分别输出变化前后形参各属性的值。

➢ 代码⑥到⑦处，定义了全局变量，并赋值，分别表示受教育程度、年龄和学生对象。

➢ 代码⑦处，通过 new 关键字生成学生对象 stu。代码⑧处，对 stu 对象添加属性 edu 并赋值。下一句代码意义相同。

➢ 代码⑨处前面的几句代码，输出了函数调用前教育程度 edu 和年龄 age 的值。

➢ 代码⑨处，调用函数 passByValue(edu,age)，将实参 edu、age 的值传给形参 str、num。因为实参 edu、age 为原始数据类型，传递方式为值传递，所以在函数中，形参 str、num 的变化影响不了变量 edu、age。

➢ 代码⑨处后面的 3 句代码，输出了函数调用后 edu 和 age 变量的值。从结果可以看出：它们的值和函数调用前相同，也就是说，虽然进行了硕士教育（调用函数 passByValue），但没有成果（教育程度 edu 和年龄 age 都没变化）。

➢ 代码⑩处前面的几句代码，输出了函数调用前学生 stu 的属性 edu、age 的值。

➢ 代码⑩处，调用函数 passByReference(stu)，将实参 stu 引用对象的内存地址传给了形参 obj，即变量 obj 和 stu 引用同一对象。因为实参 stu 为引用类型，传递方式为引用传递，所以在函数中，形参 obj 的变化直接影响对象 stu。

➢ 代码⑩处后面的代码，输出了函数调用后 stu 对象的 edu、age 属性值。从结果可以看出：该值和函数调用前完全不相同，也就是说，调用函数 passByReference（进行了硕士教育）有成果（stu 的属性 edu、age 有变化），学生学历得到提升，达到教育目的。

➢ 值传递不能改变实参的值，引用传递可以改变实参的值。

3.2.6 函数的返回值

➢ 函数既可以没有返回值，也可以有返回值。

➢ 如果希望将函数处理后的结果返回，则函数要有返回值，通过 return 语句实现。

➢ 在执行 return 语句时,函数会停止执行,并返回指定的值。

➢ 例 3-3 中,代码①处,定义函数 max(a,b),返回两个数的最大值,代码⑩处通过 return 语句返回指定的值。代码④处,函数将值返回给调用它的地方,赋值给 r2。

```
function max(a,b){            //①
    if(a>=b){
        return a;             //⑩
    }
    return b;                 //⑩
}
var r2 = max(2,3);            //④
```

➢ 如果仅仅希望退出函数,不返回值,也可使用 return 语句。

➢ 例 3-2 中,代码⑥处,定义加减乘除运算函数 operate(op)时,如果第一个数不是合法数字,则代码⑦处通过 return 语句直接返回,退出函数。

```
function operate(op){         //⑥
    var num1Obj = document.getElementById("num1");
    var num1 = num1Obj.value;;
    num1 = parseFloat(num1);
    if(isNaN(num1)){
        alert("输入有误!");
        return;               //⑦
    }
    ……
```

3.2.7 技能训练 3-2

1. 练习 1:优化技能训练 3-1

(1)需求说明

输入正数 n,计算其平方、立方、阶乘(1 到 n 的积)、累加(1 到 n 的和)。

要求:使用一个有参函数进行这几种运算,运算操作为函数的参数。

(2)运行效果图

运行效果如图 3-2 所示。

2. 练习 2:值传递和引用传递的应用练习

(1)需求说明

输出身高和体重的变化。

仿照例 3-4,编写带参函数,在函数中对身高和体重进行变化,在页面输出:函数调用前的身高和体重,函数调用中身高和体重的变化,函数调用后的身高和体重。

要求:

定义带参函数 1,change1(h,w),在该函数中变化身高 h 和体重 w,输出变化前后的情况。

定义带参函数 2,change2(people),在该函数中变化 people 对象的身高和体重,输出变化前后的情况。

（2）运行效果图

运行效果如图 3-10 所示。

图 3-10　技能训练 3-2 练习 2 运行效果图

3.3　图片的上下翻动

3.3.1　实例程序

【例 3-5】　图片的上下翻动。

1. 需求说明

实现图片的上下翻动特效。运行效果如图 3-11 所示。

要求：点击上一张按钮显示上一张图片，若是第一张，则循环到最后一张图片；点击下一张按钮显示下一张图片，若是最后一张，则循环到第一张图片。

图 3-11　例 3-5 运行效果图

2. 实例代码

(1) HTML 页面文件，ex3_5.html 代码

```html
<!--ex3_5-->
<!DOCTYPE html PUBLIC "-//W3C//DTD XHTML 1.0 Transitional//EN" "http://www.w3.org/TR/xhtml1/DTD/xhtml1-transitional.dtd">
<html xmlns="http://www.w3.org/1999/xhtml">
<head>
<meta http-equiv="Content-Type" content="text/html; charset=utf-8" />
<title>图片的上下翻动</title>
<script src="ex3_5.js"></script>
<link href="ex3_5.css" rel="stylesheet" type="text/css" />
</head>
<body>
<div id="container">
    <img id="myImg" src="images/ex3_5_1.jpg" width="200" height="150" />
    <p>
        <input id="prev" type="button" value="上一张" />  
        <input id="next" type="button" value="下一张" />
    </p>
</div>
</body>
</html>
```

(2) CSS 样式表文件，ex3_5.css 代码

```css
@charset "utf-8";
/* CSS Document */
/* ex3_5.css */
#container{
    width: 200px;
    margin: 20px auto;
    text-align: center;
}
```

(3) JS 文件，ex3_5.js 代码

```javascript
// JavaScript Document
// ex3_5.js
var num = 1;                                            //①
window.onload = function(){                             //②
    document.getElementById("prev").onclick = prev;
    document.getElementById("next").onclick = next;
}
function prev(){
    num--;                                              //③
```

```
        if(num<1){                                      //④
            num = 5;
        }
        var obj = document.getElementById("myImg");
        if(obj){
            obj.src = "images/ex3_5_" + num + ".jpg";   //⑤
        }
    }
    function next(){
        num + + ;                                       //⑥
        if(num>5){                                      //⑦
            num = 1;
        }
        var obj = document.getElementById("myImg");
        if(obj){
            obj.src = "images/ex3_5_" + num + ".jpg";
        }
    }
```

3.3.2 代码解析

对例 3-5 的 ex3_5.js 文件中部分代码进行解析。

1. 更换图片

可以通过改变图片对象的 src 属性来更换为另一张图片。

代码⑤处,将图片对象 obj 的 src 属性设置为第 num 张图片的文件名,从而实现图片的更换。

obj.src = "images/ex3_5_" + num + ".jpg";   //⑤

2. 其他代码功能说明

代码①处,定义了全局变量 num,表示显示的图片为第 num 张,它的作用域为①以后的所有 JavaScript 代码。

代码②处,定义了匿名函数(下一节单独讲),该函数完成为"上一张"、"下一张"两个按钮绑定鼠标点击事件处理程序,当有点击事件发生时,会去调用相应的函数。

代码③处,让全局变量 num 减 1,表示要显示上一张图片。

代码④处,实现显示图片第一张到最后一张的循环。

代码⑥处,让全局变量 num 加 1,表示要显示下一张图片。

代码⑦处,实现显示图片最后一张到第一张的循环。

3.3.3 匿名函数

函数在定义时没有函数名,该类函数为匿名函数。其一般形式为:

function(参数 1,参数 2,…,参数 n){
    语句块

}

如例 3-5 中代码②处,定义了匿名函数。

```
window.onload = function (){          //②
    document.getElementById("prev").onclick = prev;
    document.getElementById("next").onclick = next;
}
```

匿名函数的调用,可以通过事件调用(如例 3-5 中代码②处),也可以通过变量调用。举例如下:

```
var myMax = function (a,b){
    if(a>=b){
        return a;
    }
    return b;
}
alert(myMax(3,5));
```

这里,在表达式中定义求最大值的匿名函数,其返回值赋给变量 myMax,在 alert 语句中通过变量名 myMax(3,5)来调用匿名函数。

3.3.4 变量的作用域

变量的作用域就是变量的作用范围,即变量在什么范围内是可见的。根据变量的作用域,变量可分为局部变量和全局变量。

1. 局部变量

在函数内定义的变量称为局部变量。其作用域为函数内部,只能在该函数内,且局部变量定义之后的语句才能使用该变量。

可以在不同的函数中声明相同名称的局部变量,它们在各自的函数内部起作用,互不影响。

如例 3-4 的 ex3_4.js 中,代码①处,函数 passByValue 中定义变量 str1 和 str2,它们是局部变量,其作用域为函数中变量定义之后的语句。

```
function passByValue(str,num){        //①
    var str1 = "<h3>函数 passByValue,传入形参 str、num 的实参值分别为:";
    ...
}
```

2. 全局变量

在函数之外定义的变量称为全局变量。其作用域为该变量定义后的所有的 JavaScript 语句。

如例 3-5 中,代码①处,定义全局变量 num,其作用域为整个 JavaScript 脚本程序。

```
var num=1;        //①
```

3. 变量的生存周期

JavaScript 变量的生存周期从它们被声明的时间开始。

局部变量会在函数运行以后被删除。

全局变量会在页面关闭后被删除。

4. 给未声明的变量分配值

如果把值赋给尚未声明的变量,那么该变量将被自动作为全局变量声明。

例如,语句:color="红色";变量 color 将被声明为一个全局变量。

3.3.5 技能训练 3-3

1. 练习 1:优化图片的上下翻动特效

(1)需求说明

实现例 3-5 的图片的上下翻动特效。

要求:优化例 3-5,使用一个带参函数,代替例 3-5 中的 prev 和 next 函数。

(2)运行效果图

运行效果如图 3-11 所示。

2. 练习 2:阅读 jnxl3_3_2.html 中代码,给出代码①②③④处的输出结果

```
<!-- jnxl3_3_2.html -->
<!DOCTYPE html PUBLIC "-//W3C//DTD XHTML 1.0 Transitional//EN" "http://www.w3.org/TR/xhtml1/DTD/xhtml1-transitional.dtd">
<html xmlns="http://www.w3.org/1999/xhtml">
<head>
<meta http-equiv="Content-Type" content="text/html; charset=utf-8" />
<title>技能训练 3-3-2</title>
<script>
    var a = 10;
    var b = 20;
    function f(a){
        var b = 30;
        a = a + 5;
        alert("a = " + a);        //①
        alert("b = " + b);        //②
    }
    f(16);
    alert("a = " + a);            //③
    alert("b = " + b);            //④
</script>
</head>
<body>
</body>
</html>
```

3.4 图片的数字轮换显示

3.4.1 实例程序

【例 3-6】 图片的数字轮换显示。

1. 需求说明

使用带参函数，实现图片的数字轮换显示。运行效果如图 3-12 所示。

要求：点击数字几就显示第几张图，且该数字颜色不同于其他数字。例如，页面加载完成后显示第一张图，数字 1 为绿色，其余数字为白色。

图 3-12 例 3-6 运行效果图

2. 实例代码

(1) HTML 页面文件，ex3_6.html 代码

```
<!-- ex3_6.html -->
<!DOCTYPE html PUBLIC "-//W3C//DTD XHTML 1.0 Transitional//EN" "http://www.w3.org/TR/xhtml1/DTD/xhtml1-transitional.dtd">
<html xmlns="http://www.w3.org/1999/xhtml">
<head>
<meta http-equiv="Content-Type" content="text/html; charset=utf-8" />
<title>图片的数字轮换显示</title>
<link href="ex3_6.css" rel="stylesheet" type="text/css" />
<script src="ex3_6.js"></script>
</head>
<body>
<div id="container">
    <img id="myImg" src="images/ex3_2_1.jpg" width="540" height="360" />
    <ul>
        <li>1</li>
        <li>2</li>
        <li>3</li>
        <li>4</li>
```

```html
            <li>5</li>
        </ul>
    </div>
</body>
</html>
```

(2) CSS 样式表文件，ex3_6.css 代码

```css
@charset "utf-8";
/* CSS Document */
/* ex3_6.css */
#container {
    width: 540px;
    margin: 20px auto;
    text-align: center;
    position: relative;
}
ul {
    position: absolute;
    top: 20px;
    right: 20px;
    font-size: 24px;
    font-weight: bolder;
    list-style-type: none;
}
li {
    color: #FFF;
    width: 20px;
    height: 30px;
    background-color: #F00;
    margin-top: 20px;
    margin-bottom: 20px;
}
```

(3) JS 文件，ex3_6.js 代码

```javascript
// JavaScript Document
// ex3_6.js
window.onload = init;
function init(){
    var objLi = document.getElementsByTagName("li");    //①
    for(var i = 0; i<objLi.length; i++){                //②
        objLi[i].onclick = changeImg;                    //③
    }
    objLi[0].style.color = "#0F0";                       //④
```

```
    }
    function changeImg(){
        showImg(this);                                      //⑤
    }
    function showImg(obj){                                  //⑥
        var num = obj.innerHTML;                            //⑦
        var myImg = document.getElementById("myImg");
        if(myImg){
            myImg.src = "images/ex3_2_" + num + ".jpg";     //⑧
        }
        var objLi = document.getElementsByTagName("li");
        for(var i = 0;i<objLi.length;i++){
            objLi[i].style.color = "#FFF";                  //⑨
        }
        obj.style.color = "#0F0";                           //⑩
    }
```

3.4.2 代码解析

对例 3-6 的 ex3_6.js 文件中部分代码进行解析。

1. 通过标签名获得对象集合

通过 document 对象的 getElementsByTagName("标签名")方法,获取 HTML 页面中所有名称为"标签名"的标签对象,返回这些对象的集合。

代码①处,返回页面中所有标签名为"li"的列表项对象集合,变量 objLi 引用这个列表项对象的集合。

```
    var objLi = document.getElementsByTagName("li");       //①
```

2. 修改样式属性

页面元素的显示样式可以通过"对象.style.样式属性=值"的方式进行修改。

代码④处,style 为对象样式属性,color 为颜色样式属性,在页面加载完成后显示第一张图,代码④实现将数字 1(超链接)设置成绿色。

```
    objLi[0].style.color = "#0F0";                         //④
```

代码⑨处,实现将所有列表项的数字颜色都设置成白色。

代码⑩处,实现将当前对象(点击的列表项数字)的颜色都设置成绿色。

代码⑨处和⑩处,完成了显示图片和数字的一致。即点击数字几就显示第几张图,且该数字颜色不同于其他数字。

```
    for(var i = 0;i<objLi.length;i++){
        objLi[i].style.color = "#FFF";                     //⑨
    }
    obj.style.color = "#0F0";                              //⑩
```

3.4.3 技能训练 3-4

1. 需求说明

使用带参函数,实现图片的鼠标悬停轮换显示。

要求:鼠标悬停在第几个点上就显示第几张图,且该点的颜色不同于其他。例如,页面加载完成后显示第一张图,第一个点为绿色,其余点为白色。

2. 运行效果图

运行效果如图 3-13 所示。

 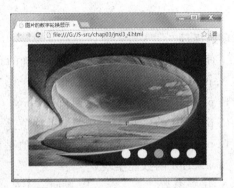

图 3-13 技能训练 3-4 运行效果图

提示:鼠标悬停事件为 onmouseover。

本章小结

➢ JavaScript 函数是一组可以随时随地运行的语句。
➢ 自定义函数的语法:
function 函数名(参数 1,参数 2,…,参数 n){
　　语句块
}
➢ 函数调用:函数名(实参 1,实参 2,…,实参 n)。
➢ 函数可以有参数,也可以没有参数。函数有无参数,要根据实际需要设置。一般情况下,当函数需要外部信息时,函数应设计成有参函数,通过参数将外部信息传递到函数内部。
➢ 函数调用时,按参数传值方式可分为:值传递和引用传递。值传递不能改变实参的值,引用传递可以改变实参的值。
➢ 函数可以没有返回值,也可以有返回值。
➢ 如果希望将函数处理后的结果返回,则函数要有返回值,return 语句实现返回指定的值,并结束函数的执行。
➢ 如果仅仅希望退出函数,而不返回值时,也可使用 return 语句。
➢ 变量的作用域就是变量的作用范围,即变量在什么范围内是可见的。根据变量的作用域,变量可分为全局变量和局部变量。
> 局部变量为在函数内定义的变量。只有在函数内,且局部变量定义之后的语句才能访问它。
> 全局变量为在函数之外定义的变量。其作用域为该变量定义后的所有的 JavaScript 代码。

习　题

一、单项选择题
　　1.下面关于类型转换函数的说法,正确的是(　　)。
　　　A. parseInt("3.98s")的返回值是 4
　　　B. parseInt("3.98s")的返回值是 NaN
　　　C. parseFloat("58s15.89s")的返回值是 58
　　　D. parseFloat("58s15.89s")的返回值是 5815.89
　　2. JavaScript 函数能实现(　　)。
　　　A. 接受参数　　　　　B. 返回一个值　　　　　C. 以上都可以
　　3. JavaScript 变量的用途是(　　)。
　　　A. 存储数字、日期或其他值　　　　　B. 随机变化
　　　C. 可以作用于所有语句
　　4. 如果语句 var fig=2 出现在函数中,那么它声明了(　　)类型的变量。
　　　A. 一个全局变量　　　B. 一个局部变量　　　C. 一个常量

二、问答和编程题
　　1.使用带参函数实现参数为输入的行数,打印菱形。
　　2.使用函数实现求最小值函数 min(a,b)。函数调用时,要求参数个数分别为 1 个、2 个、3 个,参数类型为数值型、非数值型。
　　3.使用函数实现求 1 到 n 奇数之和。
　　4.使用函数实现求 x^2+y^2。

第 4 章
对 象

本章工作任务
- 输出通讯录信息
- 省市二级级联特效
- 省市区三级级联特效
- 时钟特效
- 简易科学计算器

本章知识目标
- 掌握对象的属性、方法、分类
- 了解自定义对象的定义和操作
- 掌握 Array 数组对象
- 掌握 Date 日期对象
- 掌握 Math 数学对象

本章技能目标
- 使用自定义对象实现通讯录信息的输出
- 使用 Array 数组对象实现省市二级级联特效、省市区三级级联特效
- 使用 Date 日期对象实现时钟特效
- 使用 Math 数学对象实现简易科学计算器

本章重点难点
- Array 对象的属性和方法
- 省市二级级联特效、省市区三级级联特效
- 应用 Date 对象方法实现时钟特效
- 应用 Math 对象实现简易科学计算器

第3章主要讲述了JavaScript函数的定义、调用、参数、返回值,匿名函数,变量的作用域,并应用函数实现了简易计算器、多个图片轮换显示特效等。

本章主要讲述对象的属性、方法和分类,自定义对象和JavaScript内部对象。自定义对象包括对象的定义和操作。本章重点介绍JavaScript内部对象中的Array数组对象、Date日期对象、Math数学对象及其应用,应用包括:省市二级级联特效、省市区三级级联特效、时钟特效和简易科学计算器等。

4.1 输出通讯录信息

4.1.1 实例程序

【例 4-1】 输出通讯录信息。

1. 需求说明

使用对象实现通讯录信息在页面的输出显示。运行效果如图 4-1 所示。

图 4-1 例 4-1 运行效果图

2. 实例代码

(1) HTML 页面文件,ex4_1.html 代码

```
<!-- ex4_1.html -->
<!DOCTYPE html PUBLIC "-//W3C//DTD XHTML 1.0 Transitional//EN" "http://www.w3.org/TR/xhtml1/DTD/xhtml1-transitional.dtd">
<html xmlns="http://www.w3.org/1999/xhtml">
```

```
<head>
<meta http-equiv = "Content-Type" content = "text/html; charset = utf-8" />
<title>显示通讯录信息</title>
<script src = "ex4_1_1.js"></script>              //①
</head>
<body>
</body>
</html>
```
(2) JS 文件,ex4_1_1.js 代码
```
// JavaScript Document
// ex4_1_1.js
function showInfo(){                                                    //②
    document.write("<h4>姓名:" + this.name + "</h4>");                   //③
    document.write("<h4>性别:" + this.sex + "</h4>");
    document.write("<h4>电话:" + this.phone + "</h4>");
    document.write("<h4>QQ 号:" + this.qq + "</h4>");
}
var friend1 = new Object();                                             //④
friend1.name = "周伟";                                                  //⑤
friend1.sex = "男";
friend1.phone = "18656566790";
friend1.qq = "470259742";
friend1.show = showInfo;                                                //⑥
friend1.show();                                                         //⑦
document.write('- - - - - - - - - - - - - - - - - - - - - - - - -');

var friend2 = new Object();                                             //④
friend2.name = "张琪";                                                  //⑤
friend2.sex = "女";
friend2.phone = "15209834339";
friend2.qq = "1078198775";
friend2.show = showInfo;                                                //⑥
friend2.show();                                                         //⑦
document.write('- - - - - - - - - - - - - - - - - - - - - - - - -');
```
在浏览器中运行程序,效果如图 4-1 所示,实现通讯录信息的输出功能。

4.1.2 对象及其属性和方法

JavaScript 中的所有事物都是对象,如字符串、数字、数组、日期、函数等。对象是拥有属性和方法的数据。属性是与对象相关的性质,属性值可以是原始类型,也可以是引用类型。方法是能够在对象上执行的动作。

举例:汽车是现实生活中的对象。

汽车的属性包括名称、型号、重量、颜色等。所有汽车都有这些属性，但是每款车的属性值都不尽相同。

汽车的方法可以是启动、驾驶、刹车等。所有汽车都拥有这些方法，但是它们被执行的时间都不尽相同。

例 4-1 的 ex4_1_1.js 脚本中，朋友 friend1、friend2 对象，它们具有 name、sex、phone、qq 等属性，具有 show()方法。

4.1.3 对象的分类

JavaScript 中对象可以分为内部对象、宿主对象和自定义对象三种。

1. 内部对象

内部对象是 JavaScript 语言本身提供的、预先定义好的，可以供开发人员直接使用的对象。

内部对象包括 Object、Function、Array、String、Boolean、Number、Date、RegExp、Global、Math 以及各种出错处理对象 Error、EvalError、RangeError、ReferenceError、SyntaxError、TypeError、URIError 等。其中 Global、Math 对象又被称为内置对象，这两个对象不必进行实例化，可以直接使用。前面讲的 JavaScript 系统函数，如常用的全局函数 isNaN()、parseFloat()、parseInt()等，就是 Global 对象的全局函数。

2. 宿主对象

宿主对象是执行 JavaScript 脚本环境所提供的对象。对嵌入到网页中的 JavaScript 来说，宿主对象就是浏览器提供的对象，如 window、document、标签对象、图片对象、表单对象等。不同的浏览器提供的宿主对象可能不同，即使对象相同，其实现方式也可能不同，这就出现了浏览器兼容性问题。

3. 自定义对象

自定义对象是开发人员自己定义的对象。下面将重点讲述。

4.1.4 对象的定义

JavaScript 中没有正式"类"的概念，将用于描述对象的类称为对象的定义。

开发人员可以使用 JavaScript 预先已经定义好的内部对象，也可以根据需要，通过自己定义对象来实现特定功能。定义对象的方式有多种，主要有原始方式、工厂方式、构造函数方式、原型方式、混合方式等。这里主要讲述前三种，其他的根据需要请查阅参考资料进行自学。

1. 原始方式

先创建 Object 对象，再为对象设置属性和方法。

例 4-1 的 ex4_1_1.js 脚本中：

代码②处，定义函数对象 showInfo()，目的是使下面对象的方法能引用该对象。

代码③处，this.name 引用了当前对象的 name 属性。

代码④处，分别实例化了两个 Object 对象 friend1 和 friend2。

代码⑤处等，为对象增加属性 name、sex、phone、qq。

代码⑥处，为对象定义属性 show，实际上是指向函数 showInfo 的引用，意味着该属性是个方法,通常说定义了方法 show()。

代码⑦处,通过分别调用对象的 friend1.show()和 friend2.show()方法来显示通讯录信息。

2. 工厂方式

通过定义并返回特定类型的对象的工厂函数来实现。

例 4-1 的 ex4_1.html 中,代码①处引用 ex4_1_2.js 脚本,其代码如下:

```
// JavaScript Document
// ex4_1_2.js
function showInfo(){
    document.write("<h4>姓名:" + this.name + "</h4>");
    document.write("<h4>性别:" + this.sex + "</h4>");
    document.write("<h4>电话:" + this.phone + "</h4>");
    document.write("<h4>QQ 号:" + this.qq + "</h4>");
}
function createFriend(name,sex,phone,qq){                        //②
    var f = new Object();                                        //③
    f.name = name;                                               //④
    f.sex = sex;
    f.phone = phone;
    f.qq = qq;
    f.show = showInfo;                                           //⑤
    return f;                                                    //⑥
}
var friend1 = createFriend("周伟","男","18656566790","470259742");  //⑦
friend1.show();                                                  //⑧
document.write('- - - - - - - - - - - - - - - - - - - - - -');
var friend2 = createFriend("张琪","女","15209834339","1078198775"); //⑨
friend2.show();                                                  //⑩
document.write('- - - - - - - - - - - - - - - - - - - - - -');
```

在浏览器中运行该程序,效果如图 4-1 所示。

代码②处,通过函数来定义对象,并将外界信息通过参数传入函数。

代码③处,实例化一个 Object 对象 f。

代码④处及以下,为对象 f 添加属性。

代码⑤处,为对象 f 添加方法。

代码⑥处,通过 return 语句返回实例化的对象 f。

代码⑦和⑨处,分别实例化对象 friend1 和 friend2。

代码⑧和⑩处,分别调用对象的方法 friend1.show()和 friend2.show(),输出通讯录。

3. 构造函数方式

例 4-1 的 ex4_1.html 中,代码①处引用 ex4_1_3.js 脚本,其代码如下:

```
// JavaScript Document
```

```javascript
// ex4_1_3.js
function showInfo(){
    document.write("<h4>姓名:" + this.name + "</h4>");
    document.write("<h4>性别:" + this.sex + "</h4>");
    document.write("<h4>电话:" + this.phone + "</h4>");
    document.write("<h4>QQ号:" + this.qq + "</h4>");
}
function Friend(name,sex,phone,qq){                              //②
    this.name = name;                                            //③
    this.sex = sex;                                              //④
    this.phone = phone;
    this.qq = qq;
    this.show = showInfo;                                        //⑤
}
var friend1 = new Friend("周伟","男","18656566790","470259742"); //⑥
friend1.show();                                                  //⑦
document.write('- - - - - - - - - - - - - - - - - - - - - - -');
var friend2 = new Friend("张琪","女","15209834339","1078198775"); //⑧
friend2.show();                                                  //⑨
document.write('- - - - - - - - - - - - - - - - - - - - - - -');
```

在浏览器中运行该程序,效果如图 4-1 所示。

代码②处,定义构造函数 Friend(name,sex,phone,qq),通过 3 个参数将外部信息带入函数。按照规范,构造函数名称首字母大写,以区别于变量名(变量名通常首字母小写)。构造函数内只有用 this 才能访问当前对象,为 this 对象赋予属性和方法,并将 this 对象返回(默认情况下是构造函数的返回值,不必明确使用 return 语句)。

代码③处,this 为调用构造函数时刚刚实例化的对象。

代码③和④处等,为当前对象增加属性并赋值。

代码⑤处,为当前对象增加 show 方法。show 方法调用函数 showInfo(),并将当前对象传递给该函数。

代码⑥和⑧处,使用 new 关键词调用构造函数,实例化对象 friend1 和 friend2。

代码⑦和⑨处,调用方法 friend1.show()和 friend2.show(),实现通讯录信息输出。

4. 构造函数方式和工厂方式定义对象的差别

在构造函数内没有使用关键词 new 实例化对象,即没有创建对象,没有新对象产生,而是使用 this 关键字来引用当前对象,为当前对象增加属性和方法,例如代码③到⑤处。

在构造函数外使用 new 运算符,例如代码⑥处,var friend1 = new Friend(…),调用构造函数 Friend,这时创建一个对象,构造函数内只有用 this 才能访问该对象。

工厂方式定义对象时,先通过 new 运算符实例化对象,例如 var f = new Object(),然后为该对象(如 f)增加属性和方法,最后返回该对象。

4.1.5 对象的操作

1. 对象的创建或实例化

对象定义好以后,可以通过 new 运算符来创建和实例化对象,其基本格式为:
var instanceName=new ObjectName(参数列表);
其中,instanceName 为实例化对象的变量名;ObjectName 为定义的对象名,可以是构造函数名。

例 4-1 中,ex4_1_1.js 中代码④和 ex4_1_3.js 中代码⑥,分别实例化不同的对象。
　var friend1 = new Object();   //④
　var friend1 = new Friend("周伟","男","18656566790","470259742");   //⑥

2. 创建无类型的对象

对象的属性和属性值类似于键一值对的形式。JavaScript 中提过一种更简洁、直观的定义对象方式,其基本格式如下:

```
{
    属性 1:属性值 1,
    属性 2:属性值 2,
    …
    属性 n:属性值 n
}
```

说明:键一值对之间用逗号","分割,不用";"分割。

例如,例 4-1 的 ex4_1.html 中,代码①处引用 ex4_1_4.js 脚本,其代码如下:

```
// JavaScript Document
// ex4_1_4.js
function showInfo(){
    document.write("<h4>姓名:" + this.name + "</h4>");
    document.write("<h4>性别:" + this.sex + "</h4>");
    document.write("<h4>电话:" + this.phone + "</h4>");
    document.write("<h4>QQ 号:" + this.qq + "</h4>");
}
var friend1 = {                          //②
    name:"周伟",                          //③
    sex:"男",
    phone:"18656566790",
    qq:"470259742",
    show:showInfo                        //④
}
friend1.show();                          //⑤
```

在浏览器中运行,效果如图 4-1 的上半部分所示。

代码②处,实例化对象 friend1。

代码③处,为 friend1 对象定义其属性,并赋值。

代码④处，为friend1对象定义其方法show。

代码⑤处，调用对象的方法friend1.show()，输出通讯录信息。

3. 访问对象的属性和方法

（1）通过"."运算符可以访问实例化对象的属性和方法。基本格式为：

  instanceName.property；即对象名.属性名；

  instanceName.method()；即对象名.方法名()；

例4-1中，ex4_1_1.js中的friend1.name、friend1.sex、friend1.show()等。

（2）通过方括号"[ ]"运算符可以访问实例化对象的属性和方法。基本格式为：

  instanceName["property"]；即对象名["属性名"]；

  instanceName["method"]()；即对象名["方法名"]()；

注意：属性和方法名上要用引号""引起来。

例如，在例4-1的ex4_1.html中，代码①处引用ex4_1_5.js脚本，其代码如下：

```javascript
// JavaScript Document
// ex4_1_5.js
function showInfo(){
    document.write("<h4>姓名:" + this["name"] + "</h4>");      //②
    document.write("<h4>性别:" + this["sex"] + "</h4>");       //③
    document.write("<h4>电话:" + this["phone"] + "</h4>");
    document.write("<h4>QQ号:" + this["qq"] + "</h4>");
}
function Friend(name,sex,phone,qq){                              //④
    this.name = name;                                            //⑤
    this.sex = sex;
    this.phone = phone;
    this.qq = qq;
    this.show = showInfo;                                        //⑥
}
var friend1 = new Friend("周伟","男","18656566790","470259742");  //⑦
friend1["show"]();                                               //⑧
document.write('- - - - - - - - - - - - - - - - - - - - - - -');
var friend2 = new Friend("张琪","女","15209834339","1078198775");
friend2["show"]();
document.write('- - - - - - - - - - - - - - - - - - - - - - -');
```

在浏览器中运行该程序，效果如图4-1所示。

代码②和③处，通过this["name"]、this["sex"]访问对象的属性。

代码⑧处，通过friend1["show"]()访问对象的方法。

（3）建议使用"对象名.属性名(方法名)"来访问对象的属性和方法。

4. 添加和修改属性和方法

JavaScript中对象的操作非常灵活，属性和方法可以动态添加和修改，不像其他语言，对象创建后就不能修改。若JS对象需要添加属性和方法，可以直接通过"."运算符来添加。

若 JS 对象需要修改(或重定义)对象的属性和方法,只要将属性和方法赋予新的值即可。

例如,例 4-1 的 ex4_1_5.js 中的⑤和⑥分别添加了 name 属性和 showInfo 方法。

例如,修改属性:f.name="张三";改为 f.name="李四";

例如,重定义方法:ex4_1_5.js 中 showInfo 方法可重定义为:

```
f.showInfo = otherFunction();
function otherFunction (){
    语句块;
}
```

5. 删除属性和方法

通过将对象的属性和方法的值设置为"undefined"来删除实例对象的属性和方法。基本格式为:

实例对象.属性(或方法)="undefined";

通过 delete 语句来删除实例对象的属性和方法。基本语法格式为:

delete 实例对象.属性(或方法);

例如,例 4-1 的 ex4_1.html 中,代码①处引用 ex4_1_6.js 脚本,其代码如下:

```
// JavaScript Document
// ex4_1_6.js
function showInfo(){
    document.write("<h4>姓名:" + this.name + "</h4>");
    document.write("<h4>性别:" + this.sex + "</h4>");
    document.write("<h4>电话:" + this.phone + "</h4>");
    document.write("<h4>QQ 号:" + this.qq + "</h4>");
}
function Friend(name,sex,phone,qq){
    this.name = name;
    this.sex = sex;
    this.phone = phone;
    this.qq = qq;
    this.show = showInfo;
}
var friend1 = new Friend("周伟","男","18656566790","470259742");      //②
friend1.show();                                                         //③
document.write('- - - - - - - - - - - - - - - - - - - - - - - -');
friend1.sex = "undefined";                                              //④
delete friend1.phone;                                                   //⑤
friend1.show();                                                         //⑥
document.write('- - - - - - - - - - - - - - - - - - - - - - - -');
friend1.show = "undefined";                                             //⑦
friend1.show();                                                         //⑧
```

在浏览器中运行,效果如图 4-2 所示。

代码②处,通过构造函数实例化对象 friend1。

代码③处,调用对象方法 friend1.show(),显示通讯录信息,效果如图 4-2 上半部分所示。

代码④处,将 friend1 对象的 sex 属性值设为"undefined",从而删除了 friend1 对象的 sex 属性。

代码⑤处,使用 delete 语句,删除对象 friend1 对象的 phone 属性。

代码⑥处,调用对象方法 friend1.show(),显示对象的 sex 和 phone 是未定义,结果如图 4-2 下半部分所示。

代码⑦处,将 friend1 对象的 show 方法删除。

代码⑧处,调用对象方法 friend1.show()不能执行,没有结果。

图 4-2　对象的属性和方法删除前后结果对比

6. 对象的废除

通过将对象设置成 null 来删除实例对象。基本格式为:实例对象=null;

例如,例 4-1 的 ex4_1_6.js 的代码中,可以通过添加语句"friend1=null;"来删除对象 friend1。

4.1.6　技能训练 4-1

1. 需求说明

显示图书信息。要求:定义图书信息对象,通过调用其方法来显示图书信息。

2. 运行效果图

运行效果如图 4-3 所示。

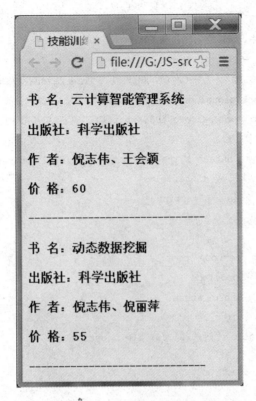

图 4-3　技能训练 4-1 运行效果图

4.2　省市二级级联特效

4.2.1　实例程序

【例 4-2】　省市二级级联特效。
1. 需求说明
省市二级级联特效。运行效果如图 4-4 所示。
要求：点击省下拉列表选择省份，并能根据选择的省份，在市下拉列表中显示该省份中的城市，实现省市二级级联特效。

图 4-4　例 4-2 运行效果图

2. 实例代码

(1) HTML 页面文件，ex4_2.html 代码

```html
<!-- ex4_2.html -->
<!DOCTYPE html PUBLIC "-//W3C//DTD XHTML 1.0 Transitional//EN" "http://www.w3.org/TR/xhtml1/DTD/xhtml1-transitional.dtd">
<html xmlns="http://www.w3.org/1999/xhtml">
<head>
<meta http-equiv="Content-Type" content="text/html; charset=utf-8" />
<title>省市二级级联特效</title>
<script src="ex4_2.js"></script>
</head>
<body>
<form action="#" method="post">
    省：<select id="province">
        </select>  
    市：<select id="city">
        <option value="请选择">请选择</option>
        </select>
</form>
</body>
</html>
```

(2) JS 文件，ex4_2.js 代码

```javascript
// JavaScript Document
// ex4_2.js
window.onload = initForm;
var province = new Array("请选择","安徽","江苏");              //①
var city = new Array();                                      //①
city[0] = new Array("请选择");
city[1] = new Array("合肥","芜湖","淮北","蚌埠");              //②
city[2] = new Array("南京","苏州","常州","无锡","徐州");
function initForm() {
    var provinceObj = document.getElementById("province");
    provinceObj.options.length = 0;                          //③
    for(var i = 0; i<province.length; i++) {
        provinceObj.options[i] = new Option(province[i]);    //④
        provinceObj.options[i].value = province[i];          //⑤
    }
    provinceObj.selectedIndex = 0;                           //⑥
    provinceObj.onchange = populateCitys;                    //⑦
}
function populateCitys() {
```

```
        var provinceIdx = this.selectedIndex;                    //⑧
        var cityObj = document.getElementById("city");
        cityObj.options.length = 0;                              //③
        for(var i = 0; i<city[provinceIdx].length; i ++ ) {      //⑨
            cityObj.options[i] = new Option(city[provinceIdx][i]); //⑩
            cityObj.options[i].value = city[provinceIdx][i];
        }
    }
```

4.2.2 代码解析

对例 4-2 的 ex4_2.js 文件中部分代码进行解析。

1. 函数 initForm()功能

获取省份下拉列表对象 provinceObj,通过 provinceObj.options.length＝0 操作将省份对象的下拉列表选项清空,通过 for 语句为省份对象添加下拉列表选项,通过 provinceObj.selectedIndex＝0 选中并显示第一个选项,通过 provinceObj.onchange = populateCitys 为该对象绑定下拉列表选项内容变化事件处理程序,去调用函数 populateCitys。

2. 函数 populateCitys()功能

通过 provinceIdx ＝ this.selectedIndex 取得省份对象被选中的下拉列表选项的索引号,取得市下拉列表对象 cityObj,通过 cityObj.options.length＝0 操作将市对象的下拉列表选项清空,通过 for 语句为市对象添加下拉列表选项。

4.2.3 数组的创建和访问

数组 Array 对象是 JavaScript 的内部对象,其作用是使用单独的变量名来存储一系列的值。

1. 创建数组

创建数组对象有多种方式,其分别为:

➢ 语法:new Array();

其返回长度为 0,元素为空的数组。

例如,例 4-2 的 ex4_2.js 中代码①处,var city＝new Array();生成一个长度为 0,元素为空的城市数组。

➢ 语法:new Array(size);

其返回长度为 size,元素值为 undefined 的数组。

例如,var fruit＝new Array(4);生成一个长度为 4,元素为 undefined 的水果数组。

➢ 语法:new Array(元素 1,元素 2,…,元素 n);

其返回长度为 n,数组元素分别为元素 1,元素 2,…,元素 n 的数组。

例如,例 4-2 的 ex4_2.js 中代码①处,var province＝new Array ("请选择","安徽","江苏");生成一个长度为 3,元素分别为"请选择"、"安徽"、"江苏"的省份列举数组。

2. 为数组元素赋值

➢ 先定义后赋值。

例如：
```
var fruit = new Array(4);
fruit[0] = "苹果";
fruit[1] = "葡萄";
fruit[2] = "桃子";
fruit[3] = "樱桃";
```
➢ 定义时赋值。

例如，例 4-2 的 ex4_2.js 中 var province = new Array("请选择","安徽","江苏")。

3. 数组元素的访问

通过数组名及索引来访问数组元素。例如：fruit[2]，province[0]。

4.2.4 数组常用的属性和方法

1. 数组常用的属性

表 4-1 数组常用的属性

属性	描述
length	设置或返回数组中元素的数目

2. 数组常用的方法

表 4-2 数组常用的方法

方法	描述
concat()	连接两个或更多的数组，并返回结果
join()	把数组的所有元素放入一个字符串，元素通过指定的分隔符进行分隔
pop()	删除并返回数组的最后一个元素
push()	向数组的末尾添加一个或更多元素，并返回新的长度
reverse()	颠倒数组中元素的顺序
shift()	删除并返回数组的第一个元素
sort()	对数组的元素进行排序
toString()	把数组转换为字符串，并返回结果

【例 4-3】 数组应用举例。

（1）实例代码

HTML 页面文件，ex4_3.html 代码如下：

```
<!-- ex4_3.html -->
<!DOCTYPE html PUBLIC "-//W3C//DTD XHTML 1.0 Transitional//EN" "http://www.w3.org/TR/xhtml1/DTD/xhtml1-transitional.dtd">
<html xmlns="http://www.w3.org/1999/xhtml">
<head>
<meta http-equiv="Content-Type" content="text/html; charset=utf-8" />
<title>数组应用举例</title>
```

```
<script>
    function listElements(array) {                                      //①
        for(var i = 0; i<array.length; i++) {
            document.write(array[i] + " ");
        }
        document.write("<hr/>");
    }
    var flower = new Array ("玫瑰","月季","蔷薇","牡丹","百合");
    document.write("原数组的长度为:" + flower.length + "<hr/>");         //②
    document.write("原数组为:" + flower.toString() + "<hr/>");           //③
    flower.length = 8;                                                  //②
    document.write("长度变为 8 后的数组为:");
    listElements(flower);
    var str = flower.join(" - ");                                       //④
    document.write("join 方法链接元素形成的字符串为:" + str + "<hr/>");
    flower.length = 3;                                                  //②
    document.write("长度变为 3 后的数组为:");
    listElements(flower);
    flower.push("牡丹");                                                //⑤
    flower.push("百合");
    document.write("push 方法添加元素后的数组为:");
    listElements(flower);
    flower.pop();                                                       //⑥
    document.write("pop 方法删除元素后的数组为:");
    listElements(flower);
    document.write("shift 方法删除的元素为:" + flower.shift() + "<hr/>"); //⑦
    document.write("shift 方法删除元素后的数组为:");
    listElements(flower);
    flower.reverse();                                                   //⑧
    document.write("reverse 方法颠倒元素后的数组为:");
    listElements(flower);
    flower.sort()                                                       //⑨
    document.write("sort 方法排序后的数组为:");
    listElements(flower);
    var color = new Array ("红色","绿色","蓝色","黄色");
    var newArray = flower.concat(color);                                //⑩
    document.write("concat 方法连接两个数组后形成的新数组为:");
    listElements(newArray);
</script>
</head>
<body>
```

```
</body>
</html>
```

(2)运行效果

运行效果如图 4-5 所示。

(3)代码解析

代码①处,自定义函数 listElements(array),用来显示数组中的元素。

多个代码②处,获取和设置了数组的长度属性 length,即数组元素的个数。当手动设置 length 属性为 8 时,则 flower 数组会自动添加 flower[5]到 flower[7]元素,这 3 个元素的值都为 undefined。当手动设置 length 属性为 3 时,则 flower[2]后的元素,flower[3]到 flower[7]会丢失,可以用其方法删除数组元素。

代码③处,调用 toString()方法,将数组转换为一个由逗号分隔的字符串。

代码④处,调用 join("-")方法,把数组的所有元素放入一个有"-"分隔的字符串。

代码⑤和⑥处,分别调用 push()方法和 pop()方法,在数组末尾添加或删除元素。

代码⑦处,调用 shift()方法,在数组前面删除一个元素,并返回这个被删除的元素。

代码⑧和⑨处,分别调用 reverse()方法和 sort()方法,将数组元素翻转和排序。

代码⑩处,调用 concat()方法,将数组 flower 和 color 连接,返回一个新数组。

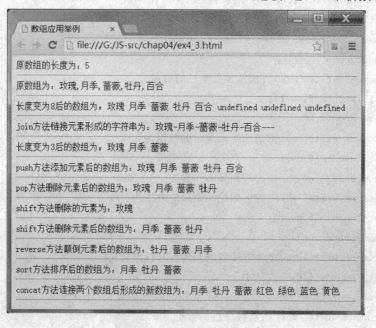

图 4-5 例 4-3 运行效果图

4.2.5 多维数组

JavaScript 语言没有提供创建多维数组的机制,可以通过数组元素的值又是数组来实现多维数组。

例如,例 4-2 的 ex4_2.js 文件中:

代码①处,var city=new Array(),定义一维数组 city;

代码②处,city[1]=new Array("合肥","芜湖","淮北","蚌埠"),数组元素 city[1]又定义为一维数组,数组 city 构成了二维数组;

代码⑨处,访问数组元素 city[provinceIdx],其值为一维数组;

代码⑩处,通过双下标访问二维数组元素 city[provinceIdx][i]。

4.2.6 Select 列表对象和 Option 列表选项对象

对 JavaScript 语言来说,下拉列表对象是浏览器提供的宿主对象。在 HTML 中,下拉列表由<select>和<option>两个标签共同创建,分别对应 Select 对象和 Option 对象。

1. Select 对象

表 4-3 Select 对象常用的属性、方法和事件

类别	名称	描述
属性	length	返回下拉列表中选项的数目
	options	返回包含下拉列表中的所有选项的一个数组
	selectedIndex	设置或返回下拉列表中被选项目的索引号
方法	add()	向下拉列表中添加一个选项
事件	onchange	当下拉列表中被选项目改变时调用该事件

Select 对象代表 HTML 表单元素中的一个下拉列表,标签<select>出现一次就会创建一个 Select 对象。Select 对象常用的属性、方法和事件如表 4-3 所示。

(1)options 属性

options 属性返回包含<select>元素中所有<option>的一个数组,数组中的每一个元素 options[i]对应一个<option>标签,索引值从 0 开始。

如果数组 options 的 length 属性设置为 0,则数组 options 中没有元素,即 Select 对象中所有选项都会被清除。

例如,例 4-2 的 ex4_2.js 文件中,代码③处,provinceObj.options.length=0 和 cityObj.options.length=0,则清除省份下拉列表对象 provinceObj 和城市下拉列表对象 cityObj 中的所有选项。

如果 options.length 属性设置比当前小,则在数组尾部的元素都会被丢弃。

(2)selectedIndex 属性

selectedIndex 属性设置或返回下拉列表中被选项目的索引号,如果允许选择多项,则仅会返回第一个被选选项的索引号。

例如,例 4-2 的 ex4_2.js 文件中,代码⑥处,provinceObj.selectedIndex = 0,则设置省份下拉列表对象中被选项目的索引号为 0,即选中第一个选项;代码⑧处,provinceIdx = this.selectedIndex,则获取省份下拉列表对象中被选项目的索引号。

2. Option 对象

Option 对象代表 HTML 表单元素中下拉列表中的一个选项。在 HTML 中<option>标签每出现一次,一个 Option 对象就会被创建。

Option 对象也可通过 new Option(text)来创建。

例如，例 4-2 的 ex4_2.js 文件中，代码④处，provinceObj.options[i] = new Option(province[i])，通过 new 关键词创建一个 Option 对象，作为省份下拉列表对象的第 i 个选项。

表 4-4　Option 对象常用的属性

属性	描述
index	返回下拉列表中某个选项的索引位置
selected	设置或返回 selected 属性的值，如果为 true，则该选项被选中
text	设置或返回某个选项的纯文本值
value	设置或返回被送往服务器的值

Option 对象常用的属性，如表 4-4 所示。

例如，例 4-2 的 ex4_2.js 中，代码⑤处，provinceObj.options[i].value = province[i]，设置省份对象的第 i 个选项的 value 值属性。

4.2.7　技能训练 4-2

1. 需求说明

实现专业班级二级级联特效。

要求：点击专业下拉列表选择专业，并能根据选择的专业，在班级下拉列表中显示该专业包含的班级，实现专业班级二级级联特效。

2. 运行效果图

运行效果如图 4-6 所示。

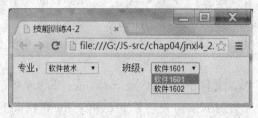

图 4-6　技能训练 4-2 运行效果图

4.3　升级省市二级级联特效

4.3.1　实例程序

【例 4-4】　升级省市二级级联特效。

1. 需求说明

同上节，省市二级级联特效。运行效果如图 4-4 所示。

2. 实例代码

（1）HTML 页面文件，ex4_4.html 代码

ex4_4.html 的代码基本同 ex4_2.html，改动为：<script src="ex4_4.js"></script>。

(2) JS 文件, ex4_4.js 代码

ex4_4.js 文件和上节 ex4_2.js 文件基本相同, 不同之处为 ex4_4.js 文件中的代码①、代码②……代码⑦处。代码如下:

```javascript
// JavaScript Document
// ex4_4.js
window.onload = initForm;
var province = new Array("请选择","安徽","江苏");
var city = new Array();
city["请选择"] = new Array("请选择");                                      //①
city["安徽"] = new Array("合肥","芜湖","淮北","蚌埠");                      //②
city["江苏"] = new Array("南京","苏州","常州","无锡","徐州");               //③
function initForm() {
    var provinceObj = document.getElementById("province");
    provinceObj.options.length = 0;
    for(var i = 0; i<province.length; i++) {
        provinceObj.options[i] = new Option(province[i]);
        provinceObj.options[i].value = province[i];
    }
    provinceObj.selectedIndex = 0;
    provinceObj.onchange = populateCitys;
}
function populateCitys() {
    var provinceValue = this.value;                                        //④
    var cityObj = document.getElementById("city");
    cityObj.options.length = 0;
    for(var i in city[provinceValue]) {                                    //⑤
        cityObj.options[i] = new Option(city[provinceValue][i]);           //⑥
        cityObj.options[i].value = city[provinceValue][i];                 //⑦
    }
}
```

4.3.2 字符串作为数组的索引

JavaScript 中数组的索引(或下标)可以是非负整数,也可以是字符串。

例如,例 4-4 的 ex4_4.js 文件中:

代码①至③处,city 数组的索引设置为字符串。优点在于:用省份作为城市数组的索引,用省份包含城市的集合作为数组元素 city[省份字符串]的值,这样将省份和其包含的城市建立直接的对应关系,关系清楚明了。而 ex4_2.js 中,通过省份选项的索引位置序号和城市数组的索引建立对应关系,若省份选项有变化,则可能会导致对应关系错位。

代码④处,取得省份下拉列表被选项目的 value 值字符串给变量 provinceValue,其将作为城市数组的索引。

代码⑤处，通过 city[provinceValue]访问索引为字符串的数组元素，其值为一维数组。
代码⑥和⑦处，通过 city[provinceValue][i]访问二维数组元素，其值为字符串。

4.3.3 for…in 循环

JavaScript 中 for…in 循环可以用于数组，也可以用于对象。

1. for…in 语句用于数组

使用 for…in 循环来遍历数组中的元素时，无需知道数组中元素的个数，每次迭代会自动确定每个元素的下标，自动移动到下一个元素上。其使用方法为：

```
for(i in array) {
    循环体
}
```

其中，i 表示数组中元素的索引，可以为非负整数或字符串，array 为数组名。

例如，例 4-4 的 ex4_4.js 文件中，代码⑤处，for(var i in city[provinceValue]){…}。

2. for…in 语句用于对象

可使用 for…in 循环遍历(或枚举)对象的属性。其语法如下：

```
for (property in expression){
    循环体
}
```

其中，property 为对象的属性，expression 为对象。应用举例为 ex4_4_for_in.html。

➤ 示例 ex4_4_for_in.html 中，代码段 1 如下：

```
var person = {fname:"John",lname:"Doe",age:25};
var txt = "";
for (x in person) {
    txt = txt + person[x] +" ";
}
alert(txt);
```

运行该代码，则 txt 的值为:"John Doe 25 "。

➤ 示例 ex4_4_for_in.html 中，代码段 2 如下：

```
var num = 0;
for (sProp in window) {
    num++;
    alert(sProp);
    if(num>4)  break;
}
```

这里，for…in 语句用于显示 window 对象的 5 个属性。

运行该代码，输出的 5 个 window 属性分别为 document、num、window、EvalError、RangeError。

4.3.4 技能训练 4-3

1. 需求说明

升级技能训练 4-2,实现专业班级二级级联特效。

要求:

(1)点击专业下拉列表选择专业,并能根据选择的专业,在班级下拉列表中显示该专业包含的班级,实现专业班级二级级联特效。

(2)数组元素的索引用字符串。

2. 运行效果图

运行效果如图 4-6 所示。

4.4 省市区三级级联特效

4.4.1 实例程序

【例 4-5】 省市区三级级联特效。

1. 需求说明

省市区三级级联特效。运行效果如图 4-7 所示。

要求:

(1)点击省下拉列表选择省份,能根据被选省份项目,在市下拉列表中显示该省份包含的城市,并且能根据市下拉列表的被选项目(被选城市),在区下拉列表中显示该市所包含的区,实现省市区三级级联特效。

(2)点击市下拉列表选择城市,能根据被选城市项目,在区下拉列表中显示该城市所包含的区,实现省市区三级级联特效。

图 4-7 例 4-5 运行效果图

2. 实例代码

(1)HTML 页面文件,ex4_5.html 代码

```
<!--ex4_5.html-->
<!DOCTYPE html PUBLIC "-//W3C//DTD XHTML 1.0 Transitional//EN" "http://www.w3.org/TR/xhtml1/DTD/xhtml1-transitional.dtd">
<html xmlns="http://www.w3.org/1999/xhtml">
```

```html
<head>
<meta http-equiv="Content-Type" content="text/html; charset=utf-8" />
<title>省市区三级级联特效</title>
<script src="ex4_5.js"></script>
</head>
<body>
<form action="#" method="post">
    省:<select id="province">
        </select>  
    市:<select id="city">
        <option value="请选择">请选择</option>
        </select>  
    区:<select id="district">
        <option value="请选择">请选择</option>
        </select>
</form>
</body>
</html>
```

(2) JS 文件,ex4_5.js 代码

```javascript
// JavaScript Document
// ex4_5.js
window.onload = initForm;
var province = new Array("请选择","安徽","江苏");
var city = new Array();
city["请选择"] = new Array("请选择");
city["安徽"] = new Array("合肥","芜湖","淮北");
city["江苏"] = new Array("南京","苏州","无锡");
var district = new Array();                                              //①
district["请选择"] = new Array("请选择");                                  //②
district["合肥"] = new Array("蜀山区","庐阳区","包河区","高新区","经开区");
district["芜湖"] = new Array("镜湖区","弋江区","鸠江区","高新区","经开区");
district["淮北"] = new Array("相山区","烈山区","濉溪县","高新区","经开区");
district["南京"] = new Array("鼓楼区","玄武区","白下区","秦淮区","浦口区");
district["苏州"] = new Array("相城区","金阊区","平江区","沧浪区","吴中区");
district["无锡"] = new Array("崇安区","南长区","北塘区","惠山区","锡山区");  //③
function initForm() {
    var provinceObj = document.getElementById("province");
    provinceObj.options.length = 0;
    for(var i = 0; i<province.length; i++) {
        provinceObj.options[i] = new Option(province[i]);
        provinceObj.options[i].value = province[i];
```

```
        }
        provinceObj.selectedIndex = 0;
        provinceObj.onchange = populateCitys;
    }
    function populateCitys() {
        var provinceValue = this.value;
        var cityObj = document.getElementById("city");
        cityObj.options.length = 0;
        for(var i in city[provinceValue]) {
            cityObj.options[i] = new Option(city[provinceValue][i]);
            cityObj.options[i].value = city[provinceValue][i];
        }
        cityObj.selectedIndex = 0;
        var cityValue = cityObj.value;                              //④
        changeDistricts(cityValue);                                 //⑤
        cityObj.onchange = populateDistricts;
    }
    function populateDistricts() {
        var cityValue = this.value;                                 //⑥
        changeDistricts(cityValue);                                 //⑦
    }
    function changeDistricts(cityValue) {                           //⑧
        var districtObj = document.getElementById("district");
        districtObj.options.length = 0;
        for(var i in district[cityValue]) {
            districtObj.options[i] = new Option(district[cityValue][i]);
            districtObj.options[i].value = district[cityValue][i];
        }
    }
```

4.4.2 代码解析

对例4-5的ex4_5.js文件中部分代码进行解析。

1. 全局变量

代码①处,定义区数组district,存储区信息。

代码②到③处,将区数组元素又定义为一维数组,区数组元素的索引为各个城市名称,区数组元素的值为城市所包含的区(值为一维数组),这样就建立了城市和其包含区的对应关系。

2. 函数 changeDistricts(cityValue) 功能

代码⑧处,定义带参函数changeDistricts(cityValue),参数cityValue为市下拉列表被选项目的value属性值,也是区数组元素的索引值。该函数实现根据市下拉列表被选项目的value属性值cityValue,对应到区数组的district[cityValue]元素,该元素也是一个数组,存储着市所包含的区。将 district[cityValue]数组中的元素添加到区下拉列表选项,即根据市下拉列表的被选项目来添加区下拉列表选项。

3. 函数 populateCitys( )功能

该函数实现:点击省份下拉列表时,添加市下拉列表选项,并选中市下拉列表的第一个项目,同时根据市下拉列表的被选项目,添加区下拉列表选项。相比较省市二级级联特效中的 populateCitys( )函数,增加代码④到⑤处。代码④处,获取市下拉列表被选项目的 value 值,代码⑤处将该值传给函数 changeDistricts(cityValue),完成根据市下拉列表的被选项目,添加区下拉列表选项的功能。

4.4.3 技能训练 4-4

1. 需求说明

实现专业班级学生三级级联特效。

要求:

(1)点击专业下拉列表选择专业,能根据被选专业项目,在班级下拉列表中显示该专业包含的班级,并且能根据班级下拉列表的被选项目,在学生下拉列表中显示被选班级项目所包含的学生,实现专业班级学生三级级联特效。

(2)点击班级下拉列表选择班级,能根据被选班级项目,在学生下拉列表中显示该班级所包含的学生,实现专业班级学生三级级联特效。

2. 运行效果图

运行效果如图 4-8 所示。

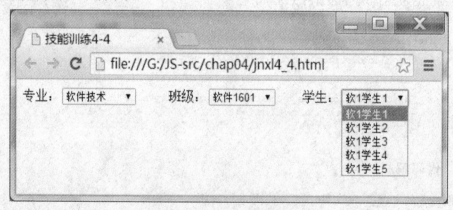

图 4-8 技能训练 4-4 运行效果图

4.5 时钟特效

4.5.1 实例程序

【例 4-6】 24 小时制时钟特效。

第4章 对象

1. 需求说明

制作在页面中显示当前时间的 24 小时制小时钟。运行效果如图 4-9 所示。

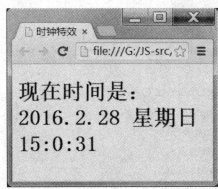

图 4-9 例 4-6 运行效果图

2. 实例代码

(1) HTML 页面文件,ex4_6.html 代码

```
<!-- ex4_6.html -->
<!DOCTYPE html PUBLIC "-//W3C//DTD XHTML 1.0 Transitional//EN" "http://www.w3.org/TR/xhtml1/DTD/xhtml1-transitional.dtd">
<html xmlns="http://www.w3.org/1999/xhtml">
<head>
<meta http-equiv="Content-Type" content="text/html; charset=utf-8" />
<title>时钟特效</title>
<script src="ex4_6.js"></script>
<style type="text/css">
h1 {
    text-align: center;
    width: 300px;
    margin: 0px auto;
    border: 1px solid #CCC;
    background-color: #CCC;
}
#myClock {
    background-color: #FFF;
}
</style>
</head>
<body>
    <h1>当前时间</h1>
    <h1 id="myClock"></h1>
</body>
</html>
```

(2)JS 文件,ex4_6.js 代码

```javascript
// JavaScript Document
// ex4_6.js
window.onload = initForm;
function initForm() {
    var myDate = new Date();                                    //①
    var year = myDate.getFullYear();                            //②
    var month = myDate.getMonth() + 1;
    var day = myDate.getDate();
    var week = myDate.getDay();
    var hour = myDate.getHours();
    var minute = myDate.getMinutes();
    var second = myDate.getSeconds();                           //③
    var str = year + "." + month + "." + day + "    ";          //④
    var weekArray = new Array("日","一","二","三","四","五","六");  //⑤
    str = str + "星期" + weekArray[week] + "<br/>";              //⑥
    str = str + hour + ":" + minute + ":" + second;             //⑦
    var obj = document.getElementById("myClock");
    obj.innerHTML = str;
}
window.setInterval(initForm,1000);                              //⑧
```

4.5.2 代码解析

对例 4-6 的 ex4_6.js 文件中部分代码进行解析。

代码①处,定义了日期对象 myDate。

代码②到③处,通过日期对象相关的 getXXX()方法,取到年、月、日、星期、时、分、秒。

代码④到⑦处,通过字符串连接运算,构建页面内容的显示格式。

代码⑤处,定义数组 weekArray,存储星期的中文表述。

代码⑥处,将从日期对象取到星期和数组 weekArray 关联,构建星期几的中文表述。

代码⑧处,window 对象的 setInterval(initForm,1000)方法,实现每隔 1000 毫秒(1 秒)调用函数 initForm 一次,从而实现每秒钟刷新时间一次,页面显示每秒刷新为当前时间。

4.5.3 Date 对象

日期对象 Date 是 JavaScript 的内部对象,用于处理日期和时间。

1. 创建 Date 对象

可以通过 new 关键词来定义和创建 Date 对象。其语法为:

```
var myDate = new Date();
```

注释:Date 对象会自动把当前日期和时间保存为其初始值。

2. Date 对象的方法

表 4-5　Date 对象常用的方法

方法	描述
Date()	返回当天日期和时间
getDate()	从 Date 对象返回一个月中的某一天(1～31)
getDay()	从 Date 对象返回一周中的某一天(0～6)
getMonth()	从 Date 对象返回月份(0～11)
getFullYear()	从 Date 对象以四位数字返回年份
getYear()	请使用 getFullYear()方法代替
getHours()	返回 Date 对象的小时(0～23)
getMinutes()	返回 Date 对象的分钟(0～59)
getSeconds()	返回 Date 对象的秒数(0～59)
getMilliseconds()	返回 Date 对象的毫秒(0～999)
getTime()	返回 1970 年 1 月 1 日至今的毫秒数
setDate()	设置 Date 对象中月的某一天(1～31)
setMonth()	设置 Date 对象中月份(0～11)
setFullYear()	设置 Date 对象中的年份(四位数字)
setYear()	请使用 setFullYear()方法代替
setHours()	设置 Date 对象中的小时(0～23)
setMinutes()	设置 Date 对象中的分钟(0～59)
setSeconds()	设置 Date 对象中的秒数(0～59)
setMilliseconds()	设置 Date 对象中的毫秒(0～999)
setTime()	以毫秒设置 Date 对象
toString()	把 Date 对象转换为字符串

4.5.4　技能训练 4-5

1. 需求说明

制作 12 小时制时钟特效。

要求:时间显示不大于 12 小时。时间在 12 时前,显示上午;在 18 时前,显示下午;在 24 时前显示晚上。

2. 运行效果图

运行效果如图 4-10 所示。

图 4-10 技能训练 4-5 运行效果图

4.6 简易科学计算器

4.6.1 实例程序

【例 4-7】 简易科学计算器。

1. 需求说明

制作简易科学计算器。运行效果如图 4-11 所示。

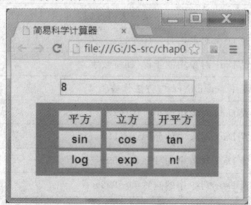

图 4-11 例 4-7 运行效果图

2. 实例代码

(1) HTML 页面文件,ex4_7.html 代码

```
<!-- ex4_7.html -->
<!DOCTYPE html PUBLIC "-//W3C//DTD XHTML 1.0 Transitional//EN" "http://www.w3.org/TR/xhtml1/DTD/xhtml1-transitional.dtd">
<html xmlns="http://www.w3.org/1999/xhtml">
<head>
<meta http-equiv="Content-Type" content="text/html; charset=utf-8" />
<title>简易科学计算器</title>
<link href="ex4_7.css" rel="stylesheet" type="text/css" />
<script src="ex4_7.js"></script>
</head>
```

```html
<body>
<form id="myForm" action="" method="get">
    <input id="num" type="text" />
    <div class="bg">
        <input class="bt" id="bt1" type="button" value="平方" />
        <input class="bt" id="bt2" type="button" value="立方" />
        <input class="bt" id="bt4" type="button" value="开平方" /><br />
        <input class="bt" id="bt5" type="button" value="sin" />
        <input class="bt" id="bt6" type="button" value="cos" />
        <input class="bt" id="bt7" type="button" value="tan" /><br />
        <input class="bt" id="bt8" type="button" value="log" />
        <input class="bt" id="bt9" type="button" value="exp" />
        <input class="bt" id="bt10" type="button" value="n!" />
    </div>
</form>
</body>
</html>
```

(2)CSS 样式表文件,ex4_7.css 代码

```css
@charset "utf-8";
/* CSS Document */
/* ex4_7.css */
#myForm{
    width:300px;
    text-align:center;
    margin:0 auto;
    padding-top:20px;
}
div{
    background-color:#666;
    padding:10px;
    margin-top:10px;
}
.bt{
    font-size:18px;
    font-weight:bold;
    width:70px;
    text-align:center;
}
#num{
    background:#FFF;
    font-size:18px;
```

```
        font-weight: bold;
        border: 1px solid #666;
}
```

(3) JS 文件，ex4_7.js 代码

```
// JavaScript Document
// ex4_7.js
window.onload = init;
function init(){
    var objBt = document.getElementsByTagName("input");
    for(var i = 0;i<objBt.length;i++){
        if(objBt[i].type = ="button"){                    //①
            objBt[i].onclick = clickBt;                   //②
        }
    }
}
function clickBt(){
    calculate(this);
}
function calculate(obj){
    var objNum = document.getElementById("num");
    var txt = parseFloat(objNum.value);
    if(!isNaN(txt)){
        var btVal = obj.value;
        switch(btVal){
            case "平方":
                objNum.value = Math.pow(txt,2);           //③
                break;
            case "立方":
                objNum.value = Math.pow(txt,3);           //④
                break;
            case "开平方":
                if(txt>0){
                    objNum.value = Math.sqrt(txt);        //⑤
                }else{
                    objNum.value = "error";
                }
                break;
            case "sin":
                objNum.value = Math.sin(txt);             //⑥
                break;
            case "cos":
```

```
                objNum.value = Math.cos(txt);           //⑦
                break;
            case "tan":
                objNum.value = Math.tan(txt);           //⑧
                break;
            case "log":
                if(txt>0){
                objNum.value = Math.log(txt);           //⑨
                }else{
                    objNum.value = "error";
                }
                break;
            case "exp":
                objNum.value = Math.exp(txt);           //⑩
                break;
            case "n!":
                txt = parseInt(objNum.value);
                if(!isNaN(txt) && txt>0){
                    var result = 1;
                    for(var i=1;i<=txt;i++){
                        result = result * i;
                    }
                    objNum.value = result;
                }else{
                    objNum.value = "error";
                }
                break;
            }
        }else{
            objNum.value = "error";
        }
    }
```

4.6.2 代码解析

对例 4-7 的 ex4_7.js 文件中部分代码进行解析。

1. 函数 init( )功能

该函数实现：找到页面中标签名为 input 的对象集合 objBt，对 objBt 中的元素进行遍历，若对象 objBt[i]的类型为按钮"button"，代码①处，则为按钮对象绑定鼠标点击事件处理程序，去调用 clickBt 函数。

2. 函数 clickBt( )功能

该函数实现：将当前点击的按钮对象作为参数，传给数学运算函数 calculate()，然后进行相应的科学计算。

3. 函数 calculate( )功能

函数 calculate(obj)实现：取得文本框输入的文本，若该文本不合法，则在文本框中输出"error"，否则，根据点击按钮的 value 值，调用 Math 对象不同的方法，进行相应的数学运算，将运算结果输出到文本框中，代码②到⑩处。

4.6.3 Math 对象

数学对象 Math 是 JavaScript 的内置对象，不需要实例对象，可以直接使用该对象的方法。Math 对象提供了大量的处理复杂数学运算的方法。

1. Math 对象的属性

Math 对象的属性如表 4-6 所示。

表 4-6　Math 对象的属性

属性	描述
E	返回算术常量 e，即自然对数的底数（约等于2.718）
LN2	返回 2 的自然对数（约等于0.693）
LN10	返回 10 的自然对数（约等于2.302）
LOG2E	返回以 2 为底的 e 的对数（约等于1.414）
LOG10E	返回以 10 为底的 e 的对数（约等于0.434）
PI	返回圆周率（约等于3.14159）
SQRT1_2	返回 2 的平方根的倒数（约等于0.707）
SQRT2	返回 2 的平方根（约等于1.414）

2. Math 对象常用的方法

Math 对象常用的方法如表 4-7 所示。

表 4-7　Math 对象常用的方法

方法	描述
abs(x)	返回数的绝对值
acos(x)	返回数的反余弦值
asin(x)	返回数的反正弦值
atan(x)	以介于-PI/2 与 PI/2 弧度之间的数值来返回 x 的反正切值
ceil(x)	对数进行上舍入
cos(x)	返回数的余弦
exp(x)	返回 e 的指数
floor(x)	对数进行下舍入
log(x)	返回数的自然对数（底为 e）
max(x,y)	返回 x 和 y 中的最高值

续表

方法	描述
min(x,y)	返回 x 和 y 中的最低值
pow(x,y)	返回 x 的 y 次幂
random()	返回 0~1 之间的随机数
round(x)	把数四舍五入为最接近的整数
sin(x)	返回数的正弦
sqrt(x)	返回数的平方根
tan(x)	返回角的正切

4.6.4 技能训练 4-6

1. 需求说明

实现例 4-7 的简易科学计算器。

2. 运行效果图

运行效果如图 4-11 所示。

本章小结

➢ 对象是拥有属性和方法的数据。属性是与对象相关的值，方法是能够在对象上执行的动作。

➢ JavaScript 中对象可以分为"内部对象"、"宿主对象"和"自定义对象"三种。

➢ 内部对象是 JavaScript 语言本身提过的、预先已经定义好的，可以供开发人员直接使用的对象，主要包括 Object、Function、Array、String、Boolean、Number、Date、RegExp、Global、Math 等。

➢ 宿主对象是执行 JavaScript 脚本环境所提供的对象。对嵌入到网页中的 JavaScript 来说，宿主对象就是浏览器提供的对象，如 window、document、标签对象、图片对象、表单对象等。

➢ 自定义对象是开发人员自己定义的对象。

➢ 开发人员可以通过自己定义对象来实现特定功能。定义对象的方式有多种，主要有原始方式、工厂方式、构造函数方式、原型方式、混合方式等。对象定义好以后，可以通过 new 运算符来创建和实例化对象。可以通过"."运算符来访问实例化对象的属性和方法。

➢ 数组 Array 对象是 JavaScript 的内部对象，其作用是使用单独的变量名来存储一系列的值，包括数组的创建和访问、数组的属性和方法、多维数组等。

➢ 日期对象 Date 是 JavaScript 的内部对象，用于处理日期和时间，包括 Date 对象的创建、常用的方法等。

➢ 数学对象 Math 是 JavaScript 的内置对象，不需要实例化对象，可以直接使用该对象的方法。Math 对象提供了大量的处理复杂数学运算的方法,包括 Math 对象的属性和方法等。

 习 题

一、单项选择题

1. 下列关于 Date 对象的 getMonth()方法的返回值描述,正确的是(　　)。
   A. 返回系统时间的当前月　　　　　　B. 返回值的范围介于 1~12 之间
   C. 返回系统时间的当前月+1　　　　　D. 返回值的范围介于 0~11 之间
2. (　　)JavaScript 关键字用来创建对象实例。
   A. object　　　　　　　　　　　　　B. new
   C. instance　　　　　　　　　　　　 D. create
3. 在 JavaScript 中,this 关键字的含义是(　　)。
   A. 当前对象　　　　　　　　　　　　B. 当前脚本
   C. 当前文档　　　　　　　　　　　　D. 没有意义
4. 下列对象中,(　　)不能使用 new 关键字。
   A. Date　　　　　　　　　　　　　　B. Math
   C. String　　　　　　　　　　　　　 D. Array
5. JavaScript(　　)把日期存入 Date 对象中。
   A. 从 1970 年 1 月 1 日起算的毫秒数　　B. 从 1900 年 1 月 1 日起算的天数
   C. 从 1900 年 1 月 1 日起算的毫秒数　　D. 从 Netscape 公司成立日起算的秒数
6. Math.random()函数生成随机数的范围是(　　)。
   A. 1 至 100　　　　　　　　　　　　 B. 1 至 1970 年 1 月 1 日起算的毫秒数
   C. 0 至 1
7. <body>标签的 onload 事件处理程序在(　　)运行。
   A. 图片加载完毕时　　　　　　　　　B. 整个页面加载完毕时
   C. 用户试图加载另一个页面时　　　　D. JavaScript 代码加载完毕时
8. 用户改变表单元素 Select 被选项目的值时,就会激发(　　)事件处理程序。
   A. onclick　　　　　　　　　　　　　B. onfocus
   C. onmouseover　　　　　　　　　　 D. onchange

二、问答和编程题

1. 让用户输入一个名字列表,并将名字保存在数组中。继续获取下一个名字,直到用户输入为空为止。然后按升序排列名字顺序,并输出在页面上,每个名字占一行。
2. 使用 Date 类型,计算距今 12 个月后的日期,并输出到网页上。

第 5 章
BOM

本章工作任务
- 弹出窗口特效
- 带数字的循环显示广告图片特效
- 页面跳转效果
- 阻止他人在框架中加载你的页面
- 窗口与内嵌框架互操作效果

本章知识目标
- 了解浏览器对象模型
- 掌握 Window 对象常用的属性和方法
- 了解 Screen 对象、History 对象和 Location 对象

本章技能目标
- 使用 Window 对象的方法实现窗口的弹出、移动和关闭等效果
- 使用 Window 对象的定时器方法实现带数字的循环显示广告图片特效
- 使用 History 对象和 Location 对象实现页面跳转效果和阻止页面被加载效果

本章重点难点
- 浏览器对象模型
- Window 对象的 open 方法
- Window 对象的定时器方法

第 4 章重点介绍了 JavaScript 内部对象中的 Array 数组对象、Date 日期对象、Math 数学对象，并将其应用于实现以下效果：省市二级级联特效、省市区三级级联特效、时钟特效和简易科学计算器等。

本章主要介绍浏览器对象模型以及浏览器对象模型中的 Window 对象、Screen 对象、History 对象和 Location 对象，并将这些对象的属性和方法应用于实现弹出窗口特效、带数字的循环显示广告图片特效、页面跳转效果和阻止页面被加载效果等。

5.1　弹出窗口特效

5.1.1　实例程序

【例 5-1】　弹出窗口特效。

图 5-1　例 5-1 的父窗口　　　　　　图 5-2　自动弹出的广告窗口

图 5-3　弹出固定大小子窗口　　　　　图 5-4　弹出子窗口

　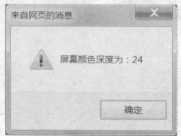

图 5-5　屏幕分辨率　　　　　　　　图 5-6　屏幕颜色深度

第5章 BOM

1. 需求说明

打开网页时,时常会自动弹出一个固定大小的广告窗口,并且涉及窗口的关闭和移动、屏幕的分辨率、颜色深度等操作。使用 Window 对象的方法实现相关效果。运行效果如图 5-1 至图 5-6 所示。本例建议在 IE 浏览器中运行。

2. 实例代码

(1) HTML 页面文件,ex5_1.html 代码

```html
<!-- ex5_1.html -->
<!DOCTYPE html PUBLIC "-//W3C//DTD XHTML 1.0 Transitional//EN" "http://www.w3.org/TR/xhtml1/DTD/xhtml1-transitional.dtd">
<html xmlns="http://www.w3.org/1999/xhtml">
<head>
<meta http-equiv="Content-Type" content="text/html; charset=utf-8" />
<title>弹出窗口特效</title>
<script src="ex5_1.js"></script>
<style type="text/css">
    #myForm {
        width: 450px;
        margin: 0 auto;
        text-align: center;
    }
</style>
</head>
<body>
    <form id="myForm">
        <h1>父窗口</h1>
        <p>
            <input id="bt1" type="button" value="弹出固定大小子窗口"/>
            <input id="bt2" type="button" value="弹出子窗口"/>
            <input id="bt3" type="button" value="父窗口位移(IE中运行)"/>
        </p>
        <input id="bt4" type="button" value="关闭子窗口"/>
        <input id="bt5" type="button" value="关闭当前窗口"/>
        <input id="bt6" type="button" value="屏幕分辨率"/>
        <input id="bt7" type="button" value="屏幕颜色深度"/>
    </form>
</body>
</html>
```

(2) JS 文件,ex5_1.js 代码

```javascript
// JavaScript Document
// ex5_1.js
window.onload = init;
```

```javascript
var win0,win1,win2;
function init() {
    document.getElementById("bt1").onclick = openWin1;
    document.getElementById("bt2").onclick = openWin2;
    document.getElementById("bt3").onclick = moveWin;
    document.getElementById("bt4").onclick = closeChildrenWin;
    document.getElementById("bt5").onclick = closeWin;
    document.getElementById("bt6").onclick = screenWidthHeight;
    document.getElementById("bt7").onclick = screenColorDepth;
    win0 = window.open("ex5_1_0.html","","width=650,height=450,toolbar=0,
     scrollbars=0,location=0,resizable=0");            //①
    win0.focus();                                       //②
}
function openWin1() {
    win1 = window.open("ex5_1_1.html","","width=700,height=500,toolbar=0,
     scrollbars=0,location=0,resizable=0");            //③
}
function openWin2() {
    win2 = window.open("ex5_1_1.html");                 //④
}
function moveWin() {
    window.moveBy(100,100);                             //⑤
}
function closeChildrenWin() {
    if(win0 && !win0.closed){                           //⑥
        win0.close();                                   //⑦
    }
    if(win1 && !win1.closed){
        win1.close();
    }
    if(win2 && !win2.closed){
        win2.close();
    }
}
function closeWin() {
    window.close();                                     //⑧
}
function screenWidthHeight() {
    window.alert("屏幕分辨率为:" + screen.width + "X" + screen.height);  //⑨
}
function screenColorDepth() {
```

```
        window.alert("屏幕颜色深度为:" + screen.colorDepth);              //⑩
    }
```

5.1.2 代码解析

对例 5-1 的 ex5_1.js 文件中部分代码进行解析。

1. 函数 init( )功能

函数 init()实现：为各个按钮绑定 onclick 事件处理程序,去调用相应的函数;弹出固定大小广告窗口,将焦点设置在该子窗口上(代码②处)。

2. 代码①处解析

代码①处,window 对象的 open()方法包含三个参数,第一个参数为要打开窗口的 URL;第二个参数为打开窗口的名称;第三个参数为打开窗口的特性。这里设置了窗口的长、宽、无工具栏、无滚动条、无地址栏、不能改变大小等特性。

代码①处,win0 变量引用该打开的子窗口。实现自动弹出固定大小广告窗口特效,效果如图 5-2 所示。

说明:窗口特性为 IE 浏览器所识别,建议在 IE 浏览器上运行。

代码①处,打开 URL 为 ex5_1_0.html 的子窗口,该子窗口实现图片自动翻转特效,效果如图 5-2 所示。

➢ 文件 ex5_1_0.html 代码为:

```
<!--ex5_1_0-->
<!DOCTYPE html PUBLIC "-//W3C//DTD XHTML 1.0 Transitional//EN"
"http://www.w3.org/TR/xhtml1/DTD/xhtml1-transitional.dtd">
<html xmlns="http://www.w3.org/1999/xhtml">
<head>
<meta http-equiv="Content-Type" content="text/html; charset=utf-8" />
<title>图片自动翻转特效</title>
<script src="ex5_1_0.js"></script>
<style type="text/css">
#container{
    width:600px;
    margin:0px auto;
    text-align:center;
}
</style>
</head>
<body>
<div id="container">
    <img id="myImg" src="images/ex5-1-0-1.jpg" width="600" height="400" />
</div>
</body>
</html>
```

➤ 文件 ex5_1_0.html 引用 ex5_1_0.js 文件,ex5_1_0.js 的代码为:

```javascript
// JavaScript Document
// ex5_1_0.js
var num = 0;
window.onload = init;
function init(){
    num++;
    if(num>4){
        num = 1;
    }
    var obj = document.getElementById("myImg");
    if(obj){
        obj.src = "images/ex5-1-0-" + num + ".jpg";
    }
    var myTimer = window.setTimeout(init,1500);
}
```

3. 函数 openWin1() 功能

代码③处同代码①处,实现打开 URL 为 ex5_1_1.html 的固定大小的子窗口,并设置窗口特性,win1 引用该子窗口。效果如图 5-3 所示。

```
win1 = window.open("ex5_1_1.html","","width=700,height=500,toolbar=0,scrollbars=0,location=0,resizable=0");        //③
```

4. 函数 openWin2() 功能

代码④处,win2 = window.open("ex5_1_1.html"),实现打开 URL 为 ex5_1_1.html 的子窗口,该子窗口没有设置窗口特性,效果如图 5-4 所示。比较图 5-3 和图 5-4,可以看到窗口特性的地址栏、工具条、滚动条的变化。

变量 win2 引用打开的 ex5_1_1.html 子窗口,在该子窗口中实现关闭当前窗口和关闭父窗口功能。代码如下。

➤ 文件 ex5_1_1.html 代码为:

```html
<!--ex5_1_1-->
<!DOCTYPE html PUBLIC "-//W3C//DTD XHTML 1.0 Transitional//EN" "http://www.w3.org/TR/xhtml1/DTD/xhtml1-transitional.dtd">
<html xmlns="http://www.w3.org/1999/xhtml">
<head>
<meta http-equiv="Content-Type" content="text/html; charset=utf-8" />
<title>子窗口</title>
<script src="ex5_1_1.js"></script>
<style type="text/css">
#container{
    width: 700px;
    margin:0px auto;
    text-align: center;
```

```
            }
        </style>
    </head>
    <body>
        <div id = "container">
            <img src = "images/ex5-1-1-1.jpg" width = "650" height = "433" />
            <p>
                <input id = "bt1" type = "button" value = "关闭当前窗口"/>  
                <input id = "bt2" type = "button" value = "关闭父窗口"/>
            </p>
        </div>
    </body>
</html>
```

➢ 文件 ex5_1_1.html 引用 ex5_1_1.js 文件,ex5_1_1.js 的代码为:

```
// JavaScript Document
// ex5_1_1.js
window.onload = init;
function init() {
    document.getElementById("bt1").onclick = closeWin;
    document.getElementById("bt2").onclick = closeParentWin;
}
function closeParentWin() {
    if(window.opener && ! window.opener.closed){      //①
        opener.close();                                //②
    }
}
function closeWin() {
    window.close();                                    //③
}
```

其中,代码①处,window.opener 为打开该窗口的窗口,即该窗口的父窗口。函数 closeParentWin()实现关闭其父窗口的功能。

5. 函数 moveWin( )功能

该函数实现将父窗口(当前窗口)的位置向下和向右移动 100 像素(代码⑤处)。

说明:在 IE 浏览器中运行该功能。

6. 函数 closeChildrenWin( )功能

该函数实现关闭打开的子窗口 win0、win1、win2 的功能。

代码⑥处,若子窗口 win0 对象存在,且没有被关闭,则代码⑦处关闭 win0 子窗口。

7. 函数 closeWin( )功能

代码⑧处,通过 Window 对象的 close()方法实现关闭当前窗口功能。

8. 函数 screenWidthHeight( )功能

代码⑨处,screen 为屏幕对象 Screen 的引用,通过 screen 对象的 width 和 height 属性

输出显示屏幕的分辨率。

9. 函数 screenColorDepth( )功能

代码⑩处,通过 screen 对象的 colorDepth 属性输出显示屏幕颜色深度。

5.1.3 浏览器对象模型(BOM)

浏览器作为 JavaScript 代码的执行环境,提供了大量用于操作浏览器窗口及网页内容等的对象。浏览器对象模型(Browser Object Model,BOM)将浏览器及页面元素对象化,提供了与这些对象进行交互的方法和接口,通过 JavaScript 对这些对象进行动态操作。例如,Window 对象对应浏览器窗口,Document 对象对应整个网页文档,Form 对象定义网页中一个表单。

浏览器对象模型是一个分层结构,各对象之间具有一定的层次关系,其层次关系如图 5-7 所示。

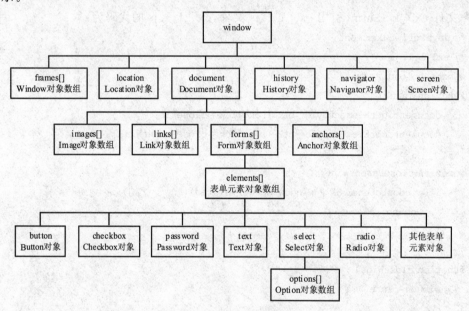

图 5-7 BOM 层次结构图

可以看出,Window 对象是整个 BOM 的核心,是所有浏览器对象的根对象,是一个全局对象,其他对象都是其子对象或间接子对象,都是作为其属性提供的。

在浏览器中打开页面后,首先看到的是浏览器窗口,即最顶层的 Window 对象,其次看到的是网页内容,即 document 文档。

5.1.4 Screen 对象

Screen 对象包含有关客户端显示屏幕的信息。每个 Window 对象的 screen 属性,即 screen,是 Screen 对象的一个引用。

JavaScript 程序将利用这些信息来优化它们的输出,以达到用户的显示要求。例如,一个程序可以根据显示器的尺寸选择使用大图像还是小图像,它还可以根据显示器的颜色深度选择使用 16 位色还是 8 位色的图形。另外,JavaScript 程序还能根据有关屏幕尺寸的信息将新的浏览器窗口定位在屏幕中间。

Screen 对象的常用属性如表 5-1 所示。

表 5-1 Screen 对象的常用属性

属性	描述
availHeight	返回显示屏幕的高度（除 Windows 任务栏之外）
availWidth	返回显示屏幕的宽度（除 Windows 任务栏之外）
colorDepth	返回目标设备或缓冲器上的调色板的比特深度
height	返回显示器屏幕的高度
width	返回显示器屏幕的宽度

例如，例 5-1 中 ex5_1.js 文件的代码⑨处的 screen.width、screen.height，代码⑩处的 screen.colorDepth，分别取得屏幕的宽度、高度和颜色深度。

5.1.5 Window 对象

Window 对象表示浏览器窗口。Window 对象的 window 属性和 self 属性引用的都是它自己。所有浏览器都支持 Window 对象。通过 Window 对象的属性和方法可以对窗口进行各种操作和控制。

所有 JavaScript 全局对象、函数以及变量均自动成为 Window 对象的成员。全局变量是 Window 对象的属性。全局函数是 Window 对象的方法。

Window 对象是其他浏览器对象（如 location 对象、history 对象）的根对象，其他浏览器对象都是作为 Window 对象的直接或间接属性。

作为全局对象的 Window 对象，访问其属性和方法时可以省略其引用。例如 Window.alert("Hello!")，可以省略 window 不写，直接写成 alert("Hello!")，它们的功效是一样的，都是弹出提示窗口。再如，引用 document 对象，可以只写 document，而不必写 window.document。

1. Window 对象的属性

Window 对象的常用属性如表 5-2 所示。

表 5-2 Window 对象的常用属性

属性	描述
closed	返回窗口是否已被关闭
document	对 Document 对象的只读引用
history	对 History 对象的只读引用
location	用于窗口或框架的 Location 对象
name	设置或返回窗口的名称
opener	返回对创建此窗口的窗口的引用
parent	返回父窗口

续表

属性	描述
screen	对 Screen 对象的只读引用
self	返回对当前窗口的引用等价于 Window 属性
top	返回最顶层的先辈窗口
window	window 属性等价于 self 属性,它包含了对窗口自身的引用
screenLeft screenTop screenX screenY	只读整数,声明了窗口的左上角在屏幕上的 x 坐标和 y 坐标,IE、Safari 和 Opera 支持 screenLeft 和 screenTop,而 Firefox 和 Safari 支持 screenX 和 screenY

2. Window 对象的方法

Window 对象的常用方法如表 5-3 所示。

表 5-3　Window 对象的常用方法

方法	描述
alert()	显示带有一段消息和一个确认按钮的警告框
blur()	把焦点从窗口移开
clearInterval()	取消由 setInterval() 设置的定时器
clearTimeout()	取消由 setTimeout() 方法设置的定时器
close()	关闭浏览器窗口
confirm()	显示带有一段消息以及确认按钮和取消按钮的对话框
focus()	把焦点给予一个窗口
moveBy()	相对窗口的当前坐标,移动指定的像素
moveTo()	把窗口的左上角移动到一个指定的坐标
open()	打开一个新的浏览器窗口或查找一个已命名的窗口
prompt()	显示可提示用户输入的对话框
resizeBy()	按照指定的像素调整窗口的大小
resizeTo()	把窗口的大小调整到指定的宽度和高度
scrollBy()	按照指定的像素值来滚动内容
scrollTo()	把内容滚动到指定的坐标
setInterval()	按照指定的周期(以毫秒计)来调用函数或计算表达式
setTimeout()	在指定的毫秒数后调用函数或计算表达式

5.1.6　窗口的打开与关闭

1. close() 方法

Window 对象的 close() 方法用于关闭浏览器窗口。该方法没有参数,其语法为:

　winObj.close();

其中,winObj 为 Window 对象实例的引用,如 window、win0 等。

2. open()方法

Window 对象的 open()方法用于打开一个新的浏览器窗口或查找一个已命名的窗口。其语法为：

  window.open(URL,name,features,replace)；

open()方法的参数描述如下：

➢ URL：一个可选的字符串，表示要在新窗口中显示的文档的 URL。如果省略了这个参数，或者它的值是空字符串，那么新窗口就不会显示任何文档。

➢ name：一个可选的字符串，表示新窗口的名称。这个名称可以用作标记＜a＞和＜form＞的属性 target 的值。如果该参数指定了一个已经存在的窗口，那么 open()方法就不再创建一个新窗口，而只是返回对指定窗口的引用。在这种情况下，features 将被忽略。

➢ replace：一个可选的布尔值，表明装载到窗口的 URL 是在窗口的浏览历史中创建一个新条目，还是替换浏览历史中的当前条目；其值为 true 时，URL 替换浏览历史中的当前条目；其值为 false 时，URL 在浏览历史中创建新的条目。

➢ features：一个可选的字符串，该字符串使用逗号(,)分割，声明新窗口要显示的标准浏览器的特征。如果省略该参数，新窗口将具有所有标准特征。不同的浏览器可以设置的窗口特征不尽相同。窗口特征属性如表 5-4 所示。

表 5-4 窗口特征属性

窗口特征属性	描述
channelmode＝yes|no|1|0	是否使用剧院模式显示窗口，默认为 no
directories＝yes|no|1|0	是否添加目录按钮，默认为 yes
fullscreen＝yes|no|1|0	是否使用全屏模式显示浏览器，默认是 no，处于全屏模式的窗口必须同时处于剧院模式
height＝pixels	窗口文档显示区的高度，以像素计
left＝pixels	窗口的 x 坐标，以像素计
location＝yes|no|1|0	是否显示地址字段，默认是 yes
menubar＝yes|no|1|0	是否显示菜单栏，默认是 yes
resizable＝yes|no|1|0	窗口是否可调节尺寸，默认是 yes
scrollbars＝yes|no|1|0	是否显示滚动条，默认是 yes
status＝yes|no|1|0	是否添加状态栏，默认是 yes
titlebar＝yes|no|1|0	是否显示标题栏，默认是 yes
toolbar＝yes|no|1|0	是否显示浏览器的工具栏，默认是 yes
top＝pixels	窗口的 y 坐标
width＝pixels	窗口的文档显示区的宽度，以像素计

open()方法返回新窗口的 Window 对象的实例，新窗口称为子窗口，这样父窗口就可以通过对子窗口的引用，来操作和控制子窗口。同样，子窗口也可以控制和操作父窗口，Window 对象的 opener 属性保存了对父窗口对象的引用。

注意：在父子窗口之间进行控制和操作的过程中，需要检查窗口是否已经关闭。Window 对象的 closed 属性的值表明了窗口的状态，若其值为 true，则窗口已关闭；若其值为 false，则窗口处于打开状态。

3. 示例代码

（1）【例 5-1】文件 ex5_1.js 中的代码

代码①处，在打开 URL 为 ex5_1_0.html 的窗口时，给定了窗口的特性，窗口宽 650px、高 450px、无工具栏、无滚动条、无地址字段、不能调节窗口尺寸。open()方法返回打开窗口，通过 win0 变量引用，win0 为子窗口。

```
win0 = window.open("ex5_1_0.html","","width = 650,height = 450,toolbar = 0,scrollbars = 0,location = 0,resizable = 0");        //①
```

代码④处，打开 URL 为 ex5_1_1.html 的窗口，没有设置窗口名称和特性，则新窗口将具有所有标准特征。

```
win2 = window.open("ex5_1_1.html");        //④
```

代码⑥处，判定子窗口 win0 对象是否存在，若 win0 对象存在，则判定子窗口 win0 是否关闭（代码 win0.closed），若 win0 子窗口没有关闭，则代码⑦处，关闭 win0 子窗口。这样在父窗口的 js 文件中对子窗口进行了控制和操作。

```
if(win0 && !win0.closed){        //⑥
    win0.close();        //⑦
}
```

代码⑧处，通过 window 引用当前窗口，实现关闭当前窗口的功能。

```
window.close();        //⑧
```

（2）【例 5-1】中文件 ex5_1_1.html 引用的 ex5_1_1.js 的代码

代码①处，通过 window.opener 引用父窗口，通过 window.opener.closed 判定父窗口的关闭状态，若父窗口存在且没有关闭，则代码②处，通过 opener.close()关闭父窗口。这里体现了子窗口对父窗口的操作和控制。

```
if(window.opener && ! window.opener.closed){        //①
    opener.close();        //②
}
```

代码处③实现关闭当前这个子窗口的功能。

```
window.close();        //③
```

5.1.7 技能训练 5-1

图 5-8　技能训练 5-1 父窗口运行效果图

· 118 ·

图 5-9　技能训练 5-1 子窗口运行效果图

1. 需求说明

弹出窗口特效练习。

要求：

(1)在父窗口中通过点击按钮操作实现下列功能：

➢ 打开一个标准窗口(用 win1 引用该窗口)。

➢ 打开一个固定大小且无菜单栏的窗口(用 win2 引用该窗口)。

➢ 父窗口位移到(100,100)位置。

➢ 父窗口大小变为 900×600。

➢ 子窗口(win2 窗口)大小变为 600×600。

➢ 关闭当前窗口(父窗口)。

➢ 关闭所有子窗口。

(2)在子窗口通过点击按钮操作实现下列功能：

➢ 关闭当前窗口。

➢ 父窗口大小变化为 500×500。

➢ 关闭父窗口。

2. 运行效果图

运行效果如图 5-8、图 5-9 所示。

5.2　带数字的循环显示广告图片特效

5.2.1　实例程序

【例 5-2】带数字的循环显示广告图片特效。

1. 需求说明

实现带数字的循环显示广告图片特效。运行效果如图 5-10 所示。

要求：

(1) 广告图片自动循环显示,并且显示到第几张图,其对应数字的样式和其他数字不同。
(2) 鼠标悬停在某个数字上,则显示对应图片,该数字的样式和其他数字不同。鼠标移开后,广告图片才又自动循环显示。

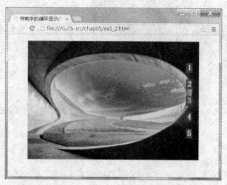 

图 5-10 例 5-2 运行效果图

2. 实例代码

(1) HTML 页面文件,ex5_2.html 代码

```
<!-- ex5_2.html -->
<!DOCTYPE html PUBLIC "-//W3C//DTD XHTML 1.0 Transitional//EN" "http://www.w3.org/TR/xhtml1/DTD/xhtml1-transitional.dtd">
<html xmlns="http://www.w3.org/1999/xhtml">
<head>
<meta http-equiv="Content-Type" content="text/html; charset=utf-8" />
<title>带数字的循环显示广告图片特效</title>
<link href="ex5_2.css" rel="stylesheet" type="text/css" />
<script src="ex5_2.js"></script>
</head>
<body>
<div id="container">
    <img id="myImg" src="images/ex5_2_1.jpg" width="540" height="360" />
    <ul>
        <li>1</li>
        <li>2</li>
        <li>3</li>
        <li>4</li>
        <li>5</li>
    </ul>
</div>
</body>
</html>
```

(2) CSS 样式表文件,ex5_2.css 代码

```
@charset "utf-8";
```

```css
/* CSS Document */
/* ex5_2.css */
#container {
    width: 540px;
    margin: 20px auto;
    text-align: center;
    position: relative;
}
ul {
    position: absolute;
    top: 20px;
    right: 20px;
    font-size: 24px;
    font-weight: bolder;
    list-style-type: none;
}
li {
    color: #FFF;
    width: 20px;
    height: 30px;
    background-color: #F00;
    margin-top: 20px;
    margin-bottom: 20px;
}
```

(3) JS 文件,ex5_2.js 代码

```javascript
// JavaScript Document
// ex5_2.js
window.onload = init;
var timer;                                              //①
var num = 0;
function init(){
    var objLi = document.getElementsByTagName("li");
    for(var i = 0; i < objLi.length; i++){
        objLi[i].onmouseover = onMouseOverEvent;
        objLi[i].onmouseout = onMouseOutEvent;
    }
    timeShowImg();                                      //②
}
function onMouseOverEvent(){
    window.clearTimeout(timer);                         //③
    showImg(this.innerHTML);                            //④
```

```
        }
        function onMouseOutEvent(){
            timeShowImg();
        }
        function timeShowImg(){
            showImg();                                          //⑤
            timer = window.setTimeout(timeShowImg,1500);        //⑥
        }
        function showImg(digit){
            if(digit){                                          //⑦
                num = digit;
            }else{
                num++;
                if(num>5){
                    num = 1;
                }
            }
            var myImg = document.getElementById("myImg");       //⑧
            if(myImg){
                myImg.src = "images/ex5_2_" + num + ".jpg";     //⑨
            }
            var objLi = document.getElementsByTagName("li");    //⑩
            for(var i = 0;i<objLi.length;i++){
                if(objLi[i].innerHTML == num){
                    objLi[i].style.color = "#0F0";
                }else{
                    objLi[i].style.color = "#FFF";
                }
            }
        }
```

5.2.2 代码解析

对例 5-2 的 ex5_2.js 文件中部分代码进行解析。

1. 函数 showImg(digit)功能

该函数实现显示第 num 张图片的功能。获取当前要显示图片的数字,即 num 的值,全程变量 num 表示当前要显示的图号(代码⑦处到⑧处)。然后显示第 num 张图片(代码⑧处到⑨处)。最后改变页面数字对象(li 对象)的显示样式。

参数 digit 表示鼠标悬停处的数字。若调用该函数时不传参数,即调用形式为 showImg(),则 digit 值为 undefined,如代码⑤处,表示没有发生鼠标悬停在数字上事件。若调用该函数时传参数,如代码④处,调用形式为 showImg(this.innerHTML),则 digit 值为鼠标悬停处的数字,表示有鼠标悬停在数字上事件发生。

代码⑦处，若 digit 有值（digit 值不为 undefined），则将 digit 的值（鼠标悬停在的数字）给 num，显示第 num 张图；否则 num 加 1，用于显示下一张图，若 num＞5，表示已为最后一张，则 num＝1，从第 1 张开始再循环。

代码⑧处到⑨处，将图片对象的 src 属性改变为第 num 张图片，实现换成第 num 张图显示的功能。

代码⑩处及后面的代码，遍历 li 对象（页面数字对象），将和 num 相同的数字对象的字体颜色设为绿色，其余设为白色。

2. 函数 timeShowImg( )功能

该函数实现设置定时器，定时自动轮换循环显示图片的功能。

代码⑤处，调用函数 showImg()，因没有参数传入，没有鼠标悬停在数字上事件发生，则按顺序显示第 num 张图片。

代码⑥处，window 对象的 setTimeout()方法设置定时器 timer，1500 毫秒后去调用 timeShowImg（该函数自身），通过函数的递归调用，实现图片定时自动轮换循环显示图片。

3. 函数 init( )功能

取得页面中的所有 li 标签对象（页面数字对象），为这些对象绑定鼠标悬停事件处理程序和鼠标移出事件处理程序。鼠标悬停事件调用函数 onMouseOverEvent。鼠标移出事件调用函数 onMouseOutEvent。最后调用 timeShowImg()函数实现定时自动轮换循环显示图片效果。

4. 函数 onMouseOverEvent( )功能

当鼠标悬停在页面数字对象时，通过 window.clearTimeout(timer)，代码③处，清除定时器 timer，去除定时自动轮换循环显示图片效果；再调用 showImg(this.innerHTML)，代码④处，将鼠标悬停在的数字对象的 innerHTML 值（图片序号）传给函数 showImg()，实现显示这张图的效果。

5. 函数 onMouseOutEvent( )功能

当鼠标移出页面数字对象时，调用 timeShowImg()函数实现定时自动轮换循环显示图片效果。

5.2.3 定时器

window 对象的 setTimeout()方法和 setInterval()方法具有设置定时器的功能。

1. setInterval( )方法

语法：

setInterval(code,millisec);

参数 code 为要调用的函数或要执行的代码串。参数 millisec 为定时周期，即调用 code 的时间间隔，以毫秒计。

setInterval()方法按照指定的周期 millisec（以毫秒计）调用函数或计算表达式 code。setInterval()方法按指定的周期不停地调用函数，直到 clearInterval()方法被调用或窗口被关闭。

2. clearInterval( )方法

语法：

clearInterval(timer);

参数 timer 为方法 setInterval()返回的对象。功能为取消由 setInterval()方法设置的定时器 timer。

3. setTimeout( )方法

语法：

setTimeout(code,millisec);

参数 code 为要调用的函数或要执行的代码串。参数 millisec 为时间,以毫秒为单位。

setTimeout()方法实现在指定的毫秒数后调用函数或计算表达式。

示例：例 5-2 的 ex5_2.js 中代码⑥处 timer = window.setTimeout(timeShowImg,1500)。

注意：setTimeout()方法在指定的毫秒后只执行 code 一次。如果需要调用多次,可使用 setInterval()方法或者在 code 自身内部再次调用 setTimeout()。

setInterval()方法为周期性地多次调用或执行 code,为多次重复调用或执行。

4. clearTimeout( )方法

语法：

clearTimeout(timer);

参数 timer 为方法 setTimeout()返回的对象。功能为取消由 setTimeout()方法设置的定时器 timer。

例如,例 5-2 的 ex5_2.js 文件中代码③处 window.clearTimeout(timer)。

5.2.4 技能训练 5-2

1. 需求说明

实现带数字的循环显示广告图片特效。

要求：

(1)广告图片自动循环显示,并且显示到第几张图,其对应数字的样式和其他数字不同。

(2)鼠标点击在某个数字上,则显示对应图片,该数字的样式和其他数字不同。间隔了一定时间后,广告图片从对应图片后又自动循环显示。

(3)用 setInterval()方法实现。

2. 运行效果图

运行效果如图 5-10 所示。

5.3 页面跳转效果

5.3.1 实例程序

【例 5-3】 页面跳转效果。

1. 需求说明

用超链接、地址对象和历史对象实现页面跳转。运行效果如图 5-11、图 5-12 所示。

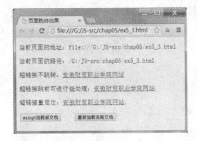

图 5-11　例 5-3 运行主页面

图 5-12　例 5-3 加载的新文档

2. 实例代码

（1）HTML 页面文件，ex5_3.html 代码

```
<!-- ex5_3.html -->
<!DOCTYPE html PUBLIC "-//W3C//DTD XHTML 1.0 Transitional//EN" "http://www.w3.org/TR/xhtml1/DTD/xhtml1-transitional.dtd">
<html xmlns="http://www.w3.org/1999/xhtml">
<head>
<meta http-equiv="Content-Type" content="text/html; charset=utf-8" />
<title>页面跳转效果</title>
<script src="ex5_3.js"></script>
<style type="text/css">
    body {
        font-size: 18px;
    }
</style>
</head>
<body>
    <p id="myLocation"></p>
    <p>
        超链接不跳转：<a href="http://www.aftvc.com/" id="noJump">安徽财贸职业学院网站</a>
    </p>
    <p>
        超链接跳前可进行些处理：<a href="http://www.aftvc.com/" id="doSomething">安徽财贸职业学院网站</a>.
    </p>
    <p>
        超链接重定位：<a href="http://www.aftvc.com/" id="redirect">安徽财贸职业学院网站</a>.
    </p>
    <p>
        <input type="button" value="assign加载新文档" onclick="assignDoc()">
          
```

```
            <input type = "button" value = "重新加载当前文档" onclick = "reloadPage()" /></p>
    </body>
</html>
```

(2) JS 文件,ex5_3.js 代码

```javascript
// JavaScript Document
// ex5_3.js
window.onload = init;
function init() {
    var loc = document.getElementById("myLocation");
    loc.innerHTML = "当前页面的地址:" + location.href;                              //①
    loc.innerHTML = loc.innerHTML + "<p>当前页面的路径:" + location.pathname + "</p>";  //②
    document.getElementById("noJump").onclick = noJump;
    document.getElementById("doSomething").onclick = doSomething;
    document.getElementById("redirect").onclick = redirect;
}
function noJump() {
    alert("点超链接也不跳转了!");
    return false;                                                                //③
}
function doSomething() {
    alert("页面跳转到:安徽财贸职业学院网站");                                        //④
    window.location = this;                                                      //⑤
    return false;                                                                //⑥
}
function redirect() {
    alert("重定位页面跳到:鲜花页面");                                                //⑦
    window.location = "ex5_3_1.html";                                            //⑧
    return false;
}
function assignDoc()  {
    window.location.assign("ex5_3_1.html");                                      //⑨
}
function reloadPage()  {
    window.location.reload();                                                    //⑩
}
```

5.3.2　代码解析

对例 5-3 的 ex5_3.js 文件中部分代码进行解析。

说明:ex5_3.js 文件中的 Window 对象作为顶级对象可以省略不写。

1. 函数 init()功能

用 loc 变量引用页面中 id 为"myLocation"的 div 对象,将 loc 的 innerHTML 属性值设置为当前页面的 URL 和路径,然后为超链接对象绑定事件处理程序。

代码①处,通过 location.href 取得当前页面的 URL。

代码②处,通过 location.pathname 取得当前页面的路径。

2. 函数 noJump()功能

超链接具有按照 href 属性值指向的路径跳转的作用,但有时希望阻止这种跳转。

代码③处,通过 return false 语句,函数返回 false,表示停止对用户单击事件的处理,这样就不会加载 href 指向的页面。因此,用户点击第一个超链接,调用该函数,实现超链接不跳转效果。

3. 函数 doSomething()功能

有时我们会希望在页面跳转前,能进行一些其他业务处理。这里,通过代码④处来模拟这一需求,实际开发时将业务处理的代码替换代码④即可。

代码⑤,window.location = this,将浏览器窗口设置为关键字 this 指定的位置。this 这里是一个链接对象。this 替我们完成的工作之一是从 HTML 链接获得 URL(也就是 a 标签的 href 属性值)。好处有:若多个超链接都希望进行不同的处理后,再跳转到其 href 指向的不同页面,可以通用代码⑤和代码⑥语句。

代码⑥阻止浏览器加载 href 指向的页面。

4. 函数 redirect()功能

实现对超链接进行重定位。代码⑦在页面跳转前进行相应业务处理。代码⑧将浏览器窗口跳转到 ex5_3_1.html 页面。通过函数返回 false,阻止浏览器加载 href 指向的页面。

5. 函数 assignDoc()功能

代码⑨处,通过 location 的 assign()方法加载 ex5_3_1.html 页面。

6. 函数 reloadPage()功能

代码⑩处,通过 location 的 reload()方法重新加载当前页面。

5.3.3 History 对象

表 5-5 History 对象的属性和方法

类别	名称	描述
属性	length	返回浏览器历史列表中的 URL 数量
方法	back()	加载 history 列表中的前一个 URL
	forward()	加载 history 列表中的下一个 URL
	go()	加载 history 列表中的某个具体页面

History 对象包含用户在浏览器窗口中访问过的 URL。它记录了自用户打开浏览器以来访问的所有页面。但有些页面不会记录下来,例如使用 Location 对象的 replace()方法导航时,就不会记录加载的页面。可以通过在浏览器的历史栈中向前向后移动,来查看用户访问过的页面。

History 对象是 Window 对象的一部分,可通过 window.history 属性对其进行访问。

1. History 对象的属性和方法

History 对象的属性和方法如表 5-5 所示。

2. 示例代码

例 5-3 的 ex5_3.js 文件中,代码⑧处和⑨处都转向 ex5_3_1.html 页面,其代码为:

```
<!-- ex5_3_1.html -->
<!DOCTYPE html PUBLIC "-//W3C//DTD XHTML 1.0 Transitional//EN" "http://www.w3.org/TR/xhtml1/DTD/xhtml1-transitional.dtd">
<html xmlns="http://www.w3.org/1999/xhtml">
<head>
<meta http-equiv="Content-Type" content="text/html; charset=gb2312" />
<title>鲜花页面</title>
<style type="text/css">
    body{
    margin:0px auto;
    text-align:center;
    }
</style>
</head>
<body>
    <img src="images/ex5_3_1.jpg" alt="鲜花" /><br />
    <a href="javascript:history.back()">返回主页面</a>        //①
</body>
</html>
```

其中,代码①处,在标签中嵌入 JavaScript 代码,调用 History 对象的 back()方法,实现页面后退到上一个页面的功能。

5.3.4 Location 对象

Location 对象包含有关当前页面 URL 信息,如页面使用的协议、服务器和文件名等。
Location 对象是 Window 对象的一个部分,可通过 window.location 属性来访问。

1. Location 对象的属性

Location 对象的常用属性如表 5-6 所示。

表 5-6　Location 对象的常用属性

属性	描述
host	设置或返回主机名和当前 URL 的端口号
hostname	设置或返回当前 URL 的主机名
href	设置或返回完整的 URL
pathname	设置或返回当前 URL 的路径部分
port	设置或返回当前 URL 的端口号
protocol	设置或返回当前 URL 的协议

2. Location 对象的方法

Location 对象的常用方法如表 5-7 所示。

表 5-7 Location 对象的常用方法

方法	描述
assign()	加载新的文档
reload()	重新加载当前文档
replace()	用新的文档替换当前文档

说明：

（1）replace()方法不会在 History 对象中生成一个新的记录，新的 URL 将覆盖 History 对象中的当前记录。即该方法可以装载一个新文档而无需为它创建一个新的历史记录。

（2）reload()可以有参数。如果参数为 false，或没参数，该方法会检测服务器上的文档是否已改变。如果文档已改变，该方法会再次下载该文档。如果文档未改变，则该方法将从缓存中装载文档。这与用户单击浏览器的"刷新"按钮的效果是完全一样的。

如果参数为 true，该方法会绕过缓存，从服务器上重新下载该文档。这与用户在单击浏览器的"刷新"按钮时按住 Shift 键的效果完全一样。

图 5-13 技能训练 5-3 主页面

5.3.5 技能训练 5-3

图 5-14 技能训练 5-3 春

图 5-15 技能训练 5-3 秋

1. 需求说明

用 History 对象和 Location 对象实现四季跳转效果。要求：

(1)主页面中点击春夏秋冬超链接分别跳转到相应的页面。

(2)在春夏秋冬页面中通过超链接可跳转到其他三个季节页面,并能进行页面的前进和后退。

2. 运行效果图

运行效果如图 5-13 至图 5-15 所示。

5.4 阻止他人在框架中加载你的页面

5.4.1 实例程序

【例 5-4】 阻止他人在框架中加载你的页面。

1. 需求说明

你设计了一个非常炫酷的页面,其他人都想把它加载到自己的页面中,声称是自己的。实现阻止他人在框架中加载你的页面效果。运行效果如图 5-16 所示。

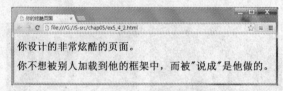

图 5-16 例 5-4 运行效果图

2. 实例代码

(1)HTML 页面文件,ex5_4.html 代码

```
<!-- ex5_4.html -->
<!DOCTYPE html PUBLIC "-//W3C//DTD XHTML 1.0 Transitional//EN" "http://www.w3.org/TR/xhtml1/DTD/xhtml1-transitional.dtd">
<html xmlns="http://www.w3.org/1999/xhtml">
<head>
<meta http-equiv="Content-Type" content="text/html; charset=utf-8" />
```

```
<title>阻止他人在框架中加载你的页面</title>
</head>
<frameset cols = "30%,70%">
    <frame src = "ex5_4_1.html" />
    <frame src = "ex5_4_2.html" />
</frameset><noframes></noframes>
</html>
```

(2) HTML 页面文件,关联的框架 ex5_4_1.html 代码

```
<!-- ex5_4_1.html -->
<!DOCTYPE html PUBLIC "-//W3C//DTD XHTML 1.0 Transitional//EN" "http://www.w3.org/TR/xhtml1/DTD/xhtml1-transitional.dtd">
<html xmlns = "http://www.w3.org/1999/xhtml">
<head>
<meta http-equiv = "Content-Type" content = "text/html; charset = utf-8" />
<title>框架集左侧页面</title>
</head>
<body>
    <h1>框架集左侧页面</h1>
</body>
</html>
```

(3) HTML 页面文件,关联的框架 ex5_4_2.html 代码

```
<!-- ex5_4_2.html -->
<!DOCTYPE html PUBLIC "-//W3C//DTD XHTML 1.0 Transitional//EN" "http://www.w3.org/TR/xhtml1/DTD/xhtml1-transitional.dtd">
<html xmlns = "http://www.w3.org/1999/xhtml">
<head>
<meta http-equiv = "Content-Type" content = "text/html; charset = utf-8" />
<title>你的炫酷页面</title>
<script src = "ex5_4_2.js"></script>
</head>
<body>
    <h1>你设计的非常炫酷的页面。</h1>
    <h1>你不想被别人加载到他的框架中,而被"说成"是他做的。</h1>
</body>
</html>
```

(4) JS 文件,框架 ex5_4_2.html 关联的 ex5_4_2.js 代码

```
// JavaScript Document
// ex5_4_2.js
if (top.location != self.location) {           //①
    top.location.replace(self.location);       //②
}
```

5.4.2 代码解析

对例 5-4 的 ex5_4_2.js 文件中代码进行解析。

代码①处,判定如果框架顶层窗口的地址和自身窗口的地址不同,则执行代码②。

Window 对象的 top 属性返回最顶层的先辈窗口,即返回对一个顶级窗口的只读引用。如果窗口本身就是一个顶级窗口,top 属性存放对窗口自身的引用。如果窗口是一个框架,那么 top 属性引用包含框架的顶层窗口。

Window 对象的 self 属性返回对窗口自身的只读引用。

代码②处实现:在框架顶层窗口中加载自身窗口,即将自身窗口的内容加载到顶层窗口。这样,实现了阻止他人在框架中加载你的页面的需求。

5.5 窗口与内嵌框架互操作效果

5.5.1 实例程序

【例 5-5】 窗口与内嵌框架互操作效果。

图 5-17 例 5-5 点击 link1 的运行效果图　　图 5-18 例 5-5 点击 link2 的运行效果图

1. 需求说明

通过主窗口页面中的超链接改变内嵌框架中的内容和自身页面的内容。运行效果如图 5-17、图 5-18 所示。

要求:

(1)通过主窗口页面关联的 JavaScript 代码,点击主窗口中的超链接 link1,改变内嵌框架中的内容。

(2)通过内嵌框架页面关联的 JavaScript 代码,点击主窗口中的超链接 link2,改变内嵌框架中的内容,并且改变主窗口页面中的图片。

2. 实例代码

(1) HTML 页面文件，ex5_5.html 代码

```html
<!-- ex5_5.html -->
<!DOCTYPE html PUBLIC "-//W3C//DTD XHTML 1.0 Transitional//EN" "http://www.w3.org/TR/xhtml1/DTD/xhtml1-transitional.dtd">
<html xmlns="http://www.w3.org/1999/xhtml">
<head>
<meta http-equiv="Content-Type" content="text/html; charset=utf-8" />
<title>窗口与内嵌框架</title>
    <style type="text/css">
    #icontent {
        width: 400px;
        height: 150px;
        border:1px dashed black;
    }
    div {
        width: 420px;
        margin: 0 auto;
        text-align: center;
        border: 1px dashed black ;
        padding-bottom:10px;
    }
    </style>
<script src="ex5_5.js"></script>
</head>
<body>
    <div>
        <h1>主窗口区</h1>
        <img src="images/ex5_5_1.gif" width="400" height="75" id="myImg">
        <h2>
            <a href="ex5_5_1.html">Link 1</a>    
            <a href="ex5_5_2.html">Link 2</a>
        </h2>
    </div>
    <div>
        <h1>内嵌框架区</h1>
        <iframe src="ex5_5_3.html" name="icontent" id="icontent"></iframe>
    </div>
</body>
</html>
```

(2) HTML 页面文件，关联的内嵌框架 ex5_5_3.html 代码

```html
<!-- ex5_5_3.html -->
```

```
<!DOCTYPE html PUBLIC "-//W3C//DTD XHTML 1.0 Transitional//EN" "http://www.w3.org/TR/xhtml1/DTD/xhtml1-transitional.dtd">
<html xmlns="http://www.w3.org/1999/xhtml">
<head>
<meta http-equiv="Content-Type" content="text/html; charset=utf-8" />
<title>实例5-5 包含的框架页面</title>
<script src="ex5_5_3.js"></script>
</head>
<body>
    <h2>内嵌框架页面的内容</h2>
</body>
</html>
```

(3) JS文件，主页面关联的ex5_5.js代码

```
// JavaScript Document
// ex5_5.js
window.onload = initLinks;
var pageCount = new Array(0,0);                          //①
function initLinks() {
    document.links[0].onclick = writeIframeContent;      //②
    document.links[0].thisPage = 1;                      //③
}
function writeIframeContent() {
    document.images[0].src = "images/ex5_5_1.gif";       //⑧
    writeContent(this.thisPage);
    return false;
}
function writeContent(thisPage) {                        //④
    pageCount[thisPage-1]++;                             //⑤
    var newText = "<h2>Link" + thisPage + "连接页面的内容</h2><h2>你已经点击该页面" + pageCount[thisPage-1] + "次。</h2>";  //⑥
    window.frames[0].document.body.innerHTML = newText;  //⑦
}
```

(4) JS文件，内嵌框架ex5_5_3.html页面关联的ex5_5_3.js代码

```
// JavaScript Document
// ex5_5_3.js
var ImgArray = new Array("images/ex5_5_2.gif", "images/ex5_5_3.gif", "images/ex5_5_4.gif");   //①
window.onload = init;
function init() {
    parent.document.links[1].onclick = setImage;         //②
    parent.document.links[1].thisPage = 2;               //③
```

```
    }
    function setImage() {
        var randomNum = Math.floor(Math.random() * ImgArray.length);      //④
        parent.document.images[0].src = ImgArray[randomNum];               //⑤
        parent.writeContent(parent.document.links[1].thisPage);            //⑥
        return false;                                                      //⑦
    }
```

5.5.2 代码解析

1. 对例 5-5 的 ex5_5.js 文件中代码进行解析

该文件实现需求中的要求(1)，主窗口中的 JavaScript 代码改变内嵌框架页面的内容。

代码①处，声明数组 pageCount，用于存储页面被点击的次数。

(1) 函数 initLinks() 功能

页面内容加载完毕，运行该函数。该函数实现为超链接 link1 绑定点击事件处理程序 writeIframeContent，并为该对象添加属性 thisPage 来标记页面号（代码③处）。

代码②处，通过 document.links[0] 来获取 Document 对象的超链接集合中的第一个超链接元素对象（页面超链接对象的另一种获取方式，详见 6.2.3 节）。

(2) 函数 writeContent() 功能

代码④处，参数为要显示的页面号 thisPage。该函数实现：页面点击次数加一（代码⑤处）；用字符串 newText 存储页面内容和点击次数（代码⑥处）；代码⑦处，通过 window.frames[0] 访问 Window 对象的框架集合中的第一个框架窗口对象（内嵌框架窗口对象），将内嵌框架窗口的内容设置为 newText 的内容。

(3) 函数 writeIframeContent() 功能

代码⑧处，实现将文档的图片设置为图"images/ex5_5_1.gif"。document.images[0] 为 Document 对象的图片集合中的第一张图片对象，即页面中 id 为"myImg"的图片对象（页面图片对象的另一种获取方式，详见 6.2.3 节）。

然后，调用 writeContent 函数，传入点击的超链接所对应页面的页面号（this.thisPage），来实现改变内嵌框架窗口中的内容。通过 return false 语句使超链接不再加载其 href 属性指向的页面。

2. 对例 5-5 的 ex5_5_3.js 文件中代码进行解析

该文件中的代码实现需求中的要求(2)，通过内嵌框架页面的 JavaScript 代码去操作其父窗口页面和改变自身页面的内容。

代码①处，声明数组 ImgArray，用于存储图片资源。

(1) 函数 init() 功能

该函数实现为其父窗口（主窗口）页面的 link2 超链接绑定鼠标点击事件处理程序，调用函数 setImage，并为该对象增加属性 thisPage 来标记页面号（代码③处）。

代码②处，parent.document.links[1].onclick = setImage，parent 为内嵌框架页面的父对象，即主窗口对象，parent.document.links[1] 获取主窗口文档中第二个超链接对象，即主窗口页面中的 link2 超链接元素。

(2)函数 setImage()功能

代码④处,根据图片数组 ImgArray 的长度,利用 Math 对象的方法生成 0 到 2 的随机正整数给变量 randomNum。

代码⑤处,parent.document.images[0]获取主窗口文档中的图片对象,然后改变图片为数组元素 ImgArray[randomNum]对应的图片。

代码⑥处,调用父窗口中的函数 writeContent,实现改变自身内嵌框架窗口的内容。

代码⑦处,阻止超链接加载其 href 属性指向的页面。

3. 说明

由于 iframe 经常涉及跨域,本地测试(即未发布)环境中,有的浏览器对 window.frames[0].document、contentWindow.document 和 contentDocument 属性是 deny 状态的,该程序的运行效果可能不正常。这主要是出于安全的考虑。例如,chrome/360 极速/IE6/IE9 对于 contentWindow.document 属性是 deny 状态,IE9 本地环境下对于 contentDocument 也是 deny 状态的。

上述效果图为页面发布后浏览器运行的效果图。该效果在 Adobe Dreamweaver CS6 的实时视图环境中也能体现。

5.5.3 Window 对象集合

Window 对象表示一个浏览器窗口或一个框架。如果 HTML 文档包含框架(frame 或 iframe 标签),浏览器会为 HTML 文档创建一个 Window 对象,并为每个框架创建一个额外的 Window 对象。Window 对象集合如表 5-8 所示。

表 5-8 Window 对象集合

集合	描述
frames[]	返回窗口中所有命名的框架,该集合是 Window 对象的数组 每个 Window 对象在窗口中含有一个框架或<iframe> frames[]数组中引用的框架可能还包括框架,它们自己也具有 frames[]数组

Window 对象的 window 属性和 self 属性引用的都是它自己。除了这两个属性之外,parent 属性、top 属性以及 frame[]数组都引用了与当前 Window 对象相关的其他 Window 对象。

说明:没有应用于 Window 对象的公开标准,不过所有浏览器都支持该对象。

5.5.4 技能训练 5-4

自己动手实现例 5-5 的需求和效果。

本章小结

➢ 浏览器对象模型(Browser Object Model,BOM)将浏览器及页面元素对象化,提供了与这些对象进行交互的方法和接口。

- 浏览器对象模型是一个分层结构,各对象之间具有一定的层次关系。
- Screen 对象包含有关客户端显示屏幕的信息。JavaScript 程序将利用这些信息来优化它们的输出,以达到用户的显示要求。
- Window 对象表示浏览器窗口。Window 对象的 window 属性和 self 属性引用的都是它自己。通过 Window 对象的属性和方法可以对窗口进行各种操作和控制。
- Window 对象是其他浏览器对象的根对象,其他浏览器对象都是作为 Window 对象的直接或间接属性。
- 作为全局对象的 Window 对象,访问其属性和方法时可以省略其引用。
- Window 对象常用的属性和方法。
- Window 对象的 open()方法用于打开一个新的浏览器窗口或查找一个已命名的窗口。其语法为:window.open(URL,name,features,replace)。
- Window 对象的 setTimeout()方法和 setInterval()方法具有设置定时器的功能。
- Window 对象的 clearTimeout()和 clearInterval()方法具有取消定时器的功能。
- History 对象包含用户(在浏览器窗口中)访问过的 URL。
- Location 对象包含有关当前 URL 的信息。
- Location 对象常用的属性和方法。
- Window 对象的 top 属性返回最顶层的先辈窗口。
- Window 对象的 self 属性可返回对窗口自身的只读引用。
- Window 对象的 parent 属性引用一个框架的父窗口(或父框架)。
- Window 对象集合 frames[]是 Window 对象的数组,每个 Window 对象在窗口中含有一个框架或<iframe>。

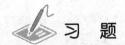

习 题

一、单项选择题

1. 下列选项中,( )可以打开一个无状态栏的页面。
   A. window.open("advert.html");
   B. window.open("advert.html","广告","toolbars=1,scrollbars=0,status=1");
   C. window.open("advert.html","","scrollbars=1,location=0,resizable=1");
   D. window.open("advert.html",""," toolbars=0,scrollbars=1,location=1,status=0");

2. 在一个注册页面中,如果填完注册信息后单击"注册"按钮,则使用 Window 对象的( )方法会弹出一个如图 5-19 所示的确认对话框,并且根据单击"确定"或"取消"按钮的不同,实现不同的页面程序。
   A. confirm()   B. prompt()
   C. alert()   D. open()

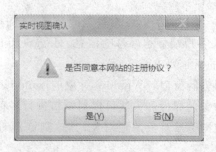

图 5-19　单选第 2 题运行效果图

3. setTimeout("adv()", 20)表示的意思是（　　）。

　　A. 间隔 20 秒后，adv()函数就会被调用

　　B. 间隔 20 分钟后，adv()函数就会被调用

　　C. 间隔 20 毫秒后，adv()函数就会被调用

　　D. adv()函数被持续调用 20 次

4. 下列（　　）可以使窗口显示前一个页面。

　　A. back()　　　　　　　　　　B. forward()

　　C. go(1)　　　　　　　　　　　D. go(0)

5. 下面（　　）可实现刷新当前页面。

　　A. reload()　　　　　　　　　　B. replace()

　　C. href　　　　　　　　　　　　D. referrer

6. 下面（　　）对象可用来在浏览器窗口中载入一个新网址。

　　A. document.url　　　　　　　　B. window.location

　　C. window.url

二、问答和编程题

图 5-20　编程第 2 题运行效果图

1. 当脚本在另一脚本创建的窗口中运行时，它如何引用原始窗口？

2. 模拟电脑病毒效果，当打开一个页面时，会不停的弹出窗口，如图 5-20 所示。说明：图片见本章资源 lx5_2_2.jpg。

第 6 章
Document 对象和 CSS 样式特效

本章工作任务
- 制作树形菜单
- Tab 切换效果
- 页面元素的显示和隐藏
- 复选框的全选和全不选特效
- 图片和文字循环无缝垂直向上滚动特效
- 漂浮广告特效

本章知识目标
- 掌握 Document 对象常用的属性和方法
- 掌握 Style 对象常用的属性
- 掌握对象的 className 属性的用法
- 掌握样式属性 display 和 visibility 常用的值
- 掌握复选框 Checkbox 对象常用的属性和方法
- 了解 Element 对象的位置属性

本章技能目标
- 使用 Document 对象的集合和方法访问页面元素
- 使用样式属性 display 和 visibility 实现树形菜单和 Tab 切换效果
- 使用对象的 className 属性动态改变菜单样式
- 使用复选框 Checkbox 对象常用的属性和方法实现全选和全不选特效
- 使用对象的位置属性实现图片和文字循环无缝垂直向上滚动特效
- 使用对象的位置属性实现漂浮广告特效

本章重点难点
- Document 对象集合和 Document 对象常用属性和方法
- 样式属性 display 和 visibility 的值
- 对象的 className 属性
- 复选框 Checkbox 对象常用的属性和方法
- 对象的位置属性

第 5 章主要讲述了浏览器对象模型，Window 对象、Screen 对象、History 对象和 Location 对象，并应用这些对象的属性和方法实现弹出窗口特效、带数字的循环显示广告图片特效、页面跳转效果和阻止页面被加载效果等。

本章主要介绍 Document 对象常用的属性和方法，样式属性 display 和 visibility 的常用值，复选框 Checkbox 对象常用的属性和方法，并将它们应用于实现树形菜单效果、Tab 切换效果、页面元素的显示和隐藏效果、复选框的全选和全不选特效、图片和文字循环无缝垂直向上滚动特效、漂浮广告特效等。

6.1 制作树形菜单

6.1.1 实例程序

【例 6-1】 制作树形菜单。

1. 需求说明

制作树形菜单，通过点击一级菜单来显示或隐藏二级菜单。点击一级菜单时，若其对应的二级菜单是隐藏的，则将其显示；若二级菜单是显示的，则将其隐藏。运行效果如图 6-1 所示。

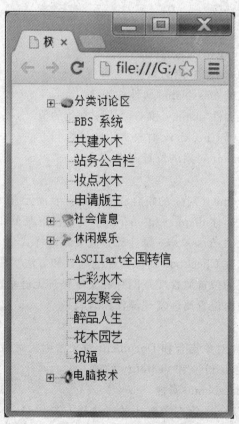

图 6-1 例 6-1 运行效果图

第6章 Document对象和CSS样式特效

2. 实例代码

(1) HTML 页面文件，ex6_1.html 代码

```
<!-- ex6_1.html -->
<!DOCTYPE html PUBLIC "-//W3C//DTD XHTML 1.0 Transitional//EN" "http://www.w3.org/TR/xhtml1/DTD/xhtml1-transitional.dtd">
<html xmlns="http://www.w3.org/1999/xhtml">
<head>
<meta http-equiv="Content-Type" content="text/html; charset=utf-8" />
<title>树形菜单</title>
<link href="ex6_1.css" rel="stylesheet" type="text/css" />
<script src="ex6_1.js"></script>
</head>
<body>
    <div id="main">
        <div><a href="#"><img src="images/ex6-1-1.jpg">分类讨论区</a></div>
        <div id="0" class="level2">
            <img src="images/ex6-1-top.gif">BBS系统<BR>
            <img src="images/ex6-1-top.gif">共建水木<BR>
            <img src="images/ex6-1-top.gif">站务公告栏<BR>
            <img src="images/ex6-1-top.gif">妆点水木<BR>
            <img src="images/ex6-1-end.gif">申请版主</div>
        <div><a href="#"><img src="images/ex6-1-2.jpg">社会信息</a></div>
        <div id="1" class="level2">
            <img src="images/ex6-1-top.gif">美容品与饰品代理<BR>
            <img src="images/ex6-1-top.gif">考研资料市场<BR>
            <img src="images/ex6-1-top.gif">商海纵横<BR>
            <img src="images/ex6-1-top.gif">动物保护者<BR>
            <img src="images/ex6-1-top.gif">动物世界<BR>
            <img src="images/ex6-1-end.gif">中国风·神州各地</div>
        <div><a href="#"><img src="images/ex6-1-3.jpg">休闲娱乐</a></div>
        <div id="2" class="level2">
            <img src="images/ex6-1-top.gif">ASCIIart 全国转信<BR>
            <img src="images/ex6-1-top.gif">七彩水木<BR>
            <img src="images/ex6-1-top.gif">网友聚会<BR>
            <img src="images/ex6-1-top.gif">醉品人生<BR>
            <img src="images/ex6-1-top.gif">花木园艺<BR>
            <img src="images/ex6-1-end.gif">祝福</div>
        <div><a href="#"><img src="images/ex6-1-4.jpg">电脑技术</a>
```

```
        </div>
            <div id="3" class="level2">
                <img src="images/ex6-1-top.gif">BBS 安装管理<BR>
                <img src="images/ex6-1-top.gif">CAD 技术<BR>
                <img src="images/ex6-1-top.gif">数字图像设计<BR>
                <img src="images/ex6-1-top.gif">电脑音乐制作<BR>
                <img src="images/ex6-1-top.gif">软件加密与解密<BR>
                <img src="images/ex6-1-end.gif">计算机体系结构</div>
        </div>
    </body>
</html>
```

(2)CSS 样式表文件,ex6_1.css 代码

```
@charset "utf-8";
/* CSS Document */
/* ex6_1.css */
#main {
    width: 200px;
    margin: 0 auto;
    padding-left: 30px;
    font-size: 14px;
    color: #000000;
    line-height: 22px;
}
img {
    vertical-align: middle;
    border: 0px;
}
a {
    font-size: 13px;
    color: #000000;
    text-decoration: none;
}
a:hover {
    font-size: 13px;
    color: #FF0000;
}
.level2 {
    padding-left: 15px;
    display: none;
}
```

(3)JS 文件,ex6_1.js 代码

```
// JavaScript Document
```

```
// ex6_1.js
window.onload = init;
function init(){
    for(var i = 0;i<document.links.length;i++){      //①
        document.links[i].onclick = toggle;           //②
        document.links[i].num = i;                    //③
    }
}
function toggle(){
    var obj = document.getElementById(this.num);     //④
    if(obj.style.display = ="block"){                //⑤
        obj.style.display = "none";
    }else{
        obj.style.display = "block";                 //⑥
    }
    return false;                                    //⑦
}
```

6.1.2 代码解析

对例 6-1 的 ex6_1.js 文件中部分代码进行解析。

1. 函数 init( )功能

代码①处,document.links[]是页面文档所有的超链接对象集合,document.links.length 为这个集合(数组)中元素的个数,即集合的长度。

代码②处,为第 i 个超链接对象 document.links[i]绑定点击事件处理程序,去调用 toggle 函数。

代码③处,为第 i 个超链接对象添加属性 num,标识是第几个超链接。

函数 init()实现为页面文档中的超链接绑定事件和添加属性。

2. 函数 toggle( )功能

代码④处,this.num 为当前点击的超链接对象的 num 属性,通过它关联超链接对应的二级菜单对象,即获取 id 为 this.num 的 div 对象 obj(二级菜单对象)。

代码⑤处,obj.style 为对象的样式属性,obj.style.display 为对象样式属性中的 display 显示属性,若 display 属性的值为"block",则对象显示;若 display 属性的值为"none",则对象隐藏。

代码⑤处到⑥处实现:若二级菜单对象是显示的,则将其隐藏;若二级菜单对象是隐藏的,则将其显示。

代码⑦处,阻止超链接跳转。

函数 toggle()实现点击一级菜单时显示或隐藏其对应的二级菜单。

6.1.3 CSS 样式回顾

1. 样式表的基本语法

CSS 样式表的语法由三部分构成:选择器、属性和属性值。

例如,例 6-1 的 ex6_1.css 文件中的 img 标签样式,img 是选择器,属性是 vertical-align 和 border,属性值分别为 middle 和 0px。

```
img {
    vertical-align: middle;
    border:0px;
}
```

2. 选择器类型

CSS 样式表的选择器分为三种:标签选择器、id 选择器和类选择器。

(1) 标签选择器

与标签名相同的选择器是标签选择器,其作用于 HTML 页面中与标签选择器同名的标签元素。

例如,例 6-1 的 ex6_1.css 文件中的 img 为标签选择器,对页面中所有的 img 标签起作用,按该样式显示图片。

(2) id 选择器

以"#"号开头的选择器是 id 选择器,其作用于 HTML 页面元素的 id 属性值与该选择器同名的元素。

例如,例 6-1 的 ex6_1.css 文件中的 #main 为 id 选择器,对页面中 id 属性值为 main 的元素起作用。

```
#main {
    width: 200px;
    margin:0 auto;
    padding-left: 30px;
    font-size: 14px;
    color: #000000;
    line-height: 22px;
}
```

(3) 类选择器

以"."号开头的选择器是类选择器,其作用于 HTML 页面元素的 class 属性值与该选择器同名的元素。

例如,例 6-1 的 ex6_1.css 文件中的 .level2 为类选择器,对页面中所有的 class 属性值为 level2 的元素都起作用。

```
.level2 {
    padding-left:15px;
    display:none;
}
```

3. 常用样式

CSS 的属性非常多,组合出的样式也十分庞大。常用的样式属性有文本、背景、边框等,列举如表 6-1 所示。

表 6-1　CSS 常用样式属性列举

类别	属性	描述
文本属性	font	在一个声明中设置所有字体属性
	font-family	规定文本的字体系列
	font-size	规定文本的字体尺寸
	font-style	规定文本的字体样式
	color	设置文本的颜色
	line-height	设置行高
	text-align	规定文本的水平对齐方式
背景属性	background	在一个声明中设置所有的背景属性
	background-color	设置元素的背景颜色
	background-image	设置元素的背景图像
	background-repeat	设置是否及如何重复背景图像
边框属性	border	在一个声明中设置所有的边框属性
	border-color	设置四条边框的颜色
	border-style	设置四条边框的样式
	border-width	设置四条边框的宽度

6.1.4　技能训练 6-1

图 6-2　技能训练 6-1 运行效果图

1. 需求说明

树形菜单特效练习。

要求：制作树形菜单，通过点击一级菜单来显示或隐藏二级菜单。点击一级菜单时，若其对应的二级菜单是隐藏的，则将其显示；若二级菜单是显示的，则将其隐藏。

2. 运行效果图

运行效果如图 6-2 所示。

6.2 Tab 切换效果

6.2.1 实例程序

【例 6-2】 Tab 切换效果。

1. 需求说明

制作 Tab 切换效果。运行效果如图 6-3、图 6-4 所示。

要求：

(1) 点击"手机充值"，其下面内容显示"手机充值"相关信息。效果如图 6-3 所示。

(2) 点击"彩票"，其下面内容显示"彩票"相关信息。效果如图 6-4 所示。

图 6-3 例 6-2 点击"手机充值"效果图　　图 6-4 例 6-2 点击"彩票"效果图

2. 实例代码

(1) HTML 页面文件，ex6_2.html 代码

```
<!-- ex6_2.html -->
<!DOCTYPE html PUBLIC "-//W3C//DTD XHTML 1.0 Transitional//EN" "http://www.w3.org/TR/xhtml1/DTD/xhtml1-transitional.dtd">
<html xmlns="http://www.w3.org/1999/xhtml">
<head>
<meta http-equiv="Content-Type" content="text/html; charset=utf-8" />
<title>tab 切换特效</title>
<link href="ex6_2.css" rel="stylesheet" type="text/css" />
<script src="ex6_2.js"></script>
</head>
<body>
```

```html
        <div id="container">
            <div class="top">
                <ul>
                    <li class="over">手机充值</li>
                    <li>彩票</li>
                </ul>
            </div>
            <div class="bottom">
                <img src="images/ex6-2-1.gif"></img>
                <img src="images/ex6-2-2.gif" style="display:none;"></img>
            </div>
        </div>
    </body>
</html>
```

(2) CSS样式表文件，ex6_2.css 代码

```css
@charset "utf-8";
/* CSS Document */
/* ex6_2.css */
*{
    margin: 0px;
    padding: 0px;
}
#container{
    width: 290px;
    height: 194px;
    border: 1px solid #E7E5E4;
    margin:0 auto;
}
.top{
    height: 33px;
    background-color: #F7F5F4;
    border: 1px solid #E4E4E4;
}
.top ul{
    list-style: none;
}
.top ul li{
    display: block;
    float: left;
    height: 22px;
    line-height: 22px;
```

```css
    margin-top: 8px;
    padding-left: 15px;
    padding-right: 15px;
    color: #666666;
    cursor: pointer;
}
.top ul li.over{
    border: 1px solid #E4E4E4;
    border-top: 2px solid #ff0000;
    color: #000000;
}
.top ul li.out{
    border: 0;
    color: #666666;
}
.bottom{
    padding: 5px;
}
```

(3) JS 文件,ex6_2.js 代码

```javascript
// JavaScript Document
// ex6_2.js
window.onload = init;
function init(){
    var objLi = document.getElementsByTagName("li");          //①
    for(var i = 0; i<objLi.length; i++){
        objLi[i].onclick = onClickEvent;
        objLi[i].num = i;
    }
}
function onClickEvent(){
    var objLi = document.getElementsByTagName("li");
    for(var i = 0; i<objLi.length; i++){
        if(i == this.num){                                    //②
            this.className = "over";                          //③
            document.images[i].style.display = "block";       //④
        }else{
            objLi[i].className = "out";
            document.images[i].style.display = "none";
        }
    }
}
```

6.2.2 代码解析

对例 6-2 的 ex6_2.js 文件中部分代码进行解析。

1. 函数 init( )功能

代码①处,通过 Document 对象的 getElementsByTagName("li")方法,取得 HTML 文档中所有的标签名为"li"的列表对象集合。

该函数实现:为页面中的"手机充值"元素和"彩票"元素(文档中的"li"标签列表对象)绑定鼠标点击事件处理程序,调用 onClickEvent 函数;并通过添加属性 num 来标识元素的序号。

2. 函数 onClickEvent( )功能

代码③处,this.className="over",使当前点击的列表对象(页面中的"手机充值"或"彩票"元素)使用"over"样式表效果。

代码④处,document.images[]为图片对象集合;该语句实现将文档中的第 i 张图片显示出来。

该函数实现:遍历文档中的列表对象,将当前点击的列表对象对应的图片显示,其他图片对象隐藏,并改变列表对象的样式表效果。

6.2.3 Document 对象

Document 对象是浏览器对象模型(BOM)中非常重要且常用的一个对象,Window 对象的 document 属性引用当前窗口中的 Document 对象的实例,Document 对象是 Window 对象的一部分,可通过 window.document 属性对其进行访问。

Document 对象同时也是文档对象模型(DOM)中非常重要的对象。每个载入浏览器的 HTML 文档都会成为 Document 对象,Document 对象代表一个 HTML 文档,通过 Document 对象可以访问 HTML 文档中的元素并对其进行处理。

1. 常用的 Document 对象集合

表 6-2 常用的 Document 对象集合

集合	描述
all[]	提供对文档中所有 HTML 元素的访问
forms[]	返回对文档中所有 Form 对象引用
images[]	返回对文档中所有 Image 对象引用
links[]	返回对文档中所有 Area 和 Link 对象引用

Document 对象集合属性,如 images[]、links[],保存了当前文档中图片、超链接等对象。常用的 Document 对象集合如表 6-2 所示。

2. 常用的 Document 对象的属性

常用的 Document 对象属性如表 6-3 所示。

表 6-3 常用的 Document 对象的属性

属性	描述
lastModified	返回文档被最后修改的日期和时间
referrer	返回载入当前文档的 URL
title	返回当前文档的标题
URL	返回当前文档的 URL
documentElement	返回对文档最外层元素的引用,即根元素,如<html/>

表中,documentElement 属性的应用将在 6.7 节进行讲述。

3. 常用的 Document 对象的方法

常用的 Document 对象的方法如表 6-4 所示。

表 6-4 常用的 Document 对象的方法

方法	描述
getElementById()	返回对拥有指定 id 的第一个对象的引用
getElementsByName()	返回具有指定名称的对象集合
getElementsByTagName()	返回具有指定标签名的对象集合
write()	向文档写 HTML 表达式或 JavaScript 代码
writeln()	向文档写 HTML 表达式或 JavaScript 代码,写后再写一个换行符
createElement()	按照指定标签名创建一个新的元素节点,返回该节点
createTextNode()	创建并返回一个指定文本内容的新文本节点

表中,createElement()方法和 createTextNode()方法是创建节点的方法,将在 8.2.4 节进行讲述。

4. Document 对象应用示例代码

(1) 例 6-1 的 ex6_1.js 中的代码

代码①处到③处,使用 Document 对象集合的 links[]集合,document.links.length 获取该集合的长度,document.links[i]获取该集合中的第 i 个超链接对象。

代码④处,使用 Document 对象的 getElementById(this.num)方法,根据 id 获取 id 值为 this.num 的一个对象。

(2) 例 6-2 的 ex6_2.js 中的代码

代码①处,使用 Document 对象的 document.getElementsByTagName("li")方法,根据标签名获取文档中标签名为"li"的所有对象集合。

代码④处,使用 Document 对象集合的 images[]集合,document.images[i] 获取该集合中的第 i 个图片对象。

6.2.4 Style 对象

页面中使用 CSS 非常频繁,相同的页面内容应用不同的样式,效果大不相同,产生不同的样式特效。但这些样式特效都是静态的,不能随用户操作(如鼠标移动、键盘操作等)而动态改变。

JavaScript 可以动态改变样式属性，从而改变元素的外观，实现样式的动态效果。JavaScript 动态改变样式属性有两种方式，通过 Style 对象和通过元素的 className 属性。

Style 对象代表一个单独的样式声明。可通过应用样式的文档或元素来访问 Style 对象。Style 对象的属性和 CSS 的样式属性基本相对应，常用的是文本、背景、边框、边距、列表、定位、滚动条等属性。使用 Style 对象属性的语法基本格式为：

obj.style.property = "值"；

例如，例 6-1 的 ex6_1.js 中的代码：

代码⑥处，obj.style.display = "block"，通过对象 obj 的 Style 对象的 display 属性设置为"block"，将 obj 对象显示出来。

Style 对象常用属性列举如表 6-5 所示。

表 6-5　Style 对象常用属性列举

	属性	描述	属性	描述
文本	color	设置文本的颜色	fontStyle	设置元素的字体样式
	font	在一行中设置所有的字体属性	lineHeight	设置行间距
	fontFamily	设置元素的字体系列	textAlign	排列文本
	fontSize	设置元素的字体大小	textDecoration	设置文本的修饰
背景	background	在一行中设置所有的背景属性	background-Repeat	设置是否及如何重复背景图像
	background-Image	设置元素的背景图像	background-Color	设置元素的背景颜色
边框	border	在一行设置四个边框所有属性	borderStyle	设置所有四个边框的样式（可设置四种样式）
	borderColor	设置所有四个边框的颜色（可设置四种颜色）	borderWidth	设置所有四条边框的宽度（可设置四种宽度）
布局	display	设置元素如何被显示	visibility	设置元素是否可见
	height	设置元素的高度	width	设置元素的宽度
	overflow	设置如何处理不适合元素框的内容	cursor	设置显示的指针类型
位置	top	设置元素顶边缘到父元素顶边缘的上下距离	left	设置元素左边缘到父元素左边缘的左右距离

6.2.5　技能训练 6-2

1. 需求说明

制作图 6-5 至图 6-7 所示的 Tab 切换效果。

要求：当鼠标悬停在"小说"、"非小说"、"少儿"上时，其背景改变为另一图片，鼠标指针变为手状，并且其下面的内容变为相应图书列表。

2. 运行效果图

运行效果如图 6-5 至图 6-7 所示。

图 6-5 "小说"效果图

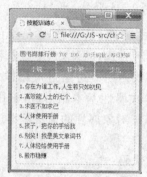
图 6-6 "非小说"效果图

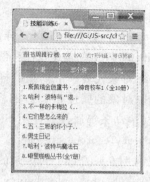
图 6-7 "少儿"效果图

6.3 页面元素的显示和隐藏

6.3.1 实例程序

【例 6-3】 样式属性 display 和 visibility 比较。

1. 需求说明

实现图 6-8 所示效果，比较样式属性 display 和 visibility 效果的异同。

图 6-8 例 6-3 运行效果图

2. 实例代码

（1）HTML 页面文件，ex6_3.html 代码

```
<!-- ex6_3.html -->
<!DOCTYPE html PUBLIC "-//W3C//DTD XHTML 1.0 Transitional//EN" "http://www.w3.org/TR/xhtml1/DTD/xhtml1-transitional.dtd">
<html xmlns="http://www.w3.org/1999/xhtml">
<head>
<meta http-equiv="Content-Type" content="text/html; charset=utf-8" />
<title>visibility 与 display 显示和隐藏图片比较</title>
<script src="ex6_3.js"></script>
<style type="text/css">
```

```
input {
    margin: 10px 50px;
}
</style>
</head>
<body>
    <img src="images/ex6-3-1.jpg" alt="img1" />
    <img src="images/ex6-3-2.jpg" alt="img2" />
    <img src="images/ex6-3-3.jpg" alt="img3" /><br />
    <input name="btn1" type="button" value="visibility隐藏图2" />
    <input name="btn2" type="button" value="display隐藏图2" />
    <input name="btn3" type="button" value="显示图2" />
</body>
</html>
```

(2) JS 文件，ex6_3.js 代码

```
// JavaScript Document
// ex6_3.js
window.onload = init;
function init(){
    var objInput = document.getElementsByTagName("input");
    objInput[0].onclick = visibility_img2;
    objInput[1].onclick = display_img2;
    objInput[2].onclick = show_img2;
}
function visibility_img2(){
    document.images[1].style.visibility = "hidden";          //①
}
function display_img2(){
    document.images[1].style.display = "none";               //②
}
function show_img2(){
    document.images[1].style.display = "inline";             //③
    document.images[1].style.visibility = "visible";         //④
}
```

6.3.2 代码解析

对例 6-3 的 ex6_3.js 文件中部分代码进行解析。

1. 函数 visibility_img2( )功能

代码①处，将第 2 张图片对象（document.images[1]）的样式属性 style 的 display 属性设置为"hidden"，用于隐藏第 2 张图。

该函数实现隐藏第 2 张图，但第 2 张图的位置仍然被占用。

2. 函数 display_img2()功能

代码②处,将第2张图片对象的样式属性 style 的 display 属性设置为"none",用于隐藏第2张图。

该函数实现隐藏第2张图,并且第2张图不再占位。

3. 函数 show_img2()功能

代码③处,将第2张图片对象的样式属性 style 的 display 属性设置为"inline",用于在行内显示第2张图。

代码④处,将第2张图片对象的样式属性 style 的 visibility 属性设置为"visible",用于显示第2张图。

该函数实现将第2张图显示出来。

6.3.3 display 样式属性

浏览网页时,经常会遇到上述实例中的树形菜单效果和 Tab 切换效果,来显示和隐藏页面元素,它可以通过控制样式表 CSS 中的两个属性 display 和 visibility 的值来实现。

样式属性 display 可设置元素的可见性。其常用的值如表6-6所示。

表6-6 常用的 display 属性的值

值	描述
none	元素不会被显示,且元素不再占用页面空间
block	元素将显示为块级元素,此元素前后会带有换行符
inline	元素会被显示为内联元素,元素前后没有换行符,为默认值

CSS 属性可通过 JavaScript 代码来改变,display 使用的语法格式为:

object.style.display="值";

6.3.4 visibility 样式属性

样式属性 visibility 可设置元素的可见性。其常用值如表6-7所示。

表6-7 常用的 visibility 属性的值

值	描述
visible	元素是可见的,为默认值
hidden	元素不会被显示,但元素占用页面空间

visibility 使用的语法格式为:

object.style.visibility="值";

6.4 动态改变菜单样式

6.4.1 实例程序

【例6-4】 动态改变菜单样式。

1. 需求说明

使用对象的 className 属性实现动态改变菜单样式。运行效果如图 6-9 所示。

（1）初始情况下，菜单栏的文本（如："首页"、"家用电器"等）字体为 14px、白色、加粗，背景图为 bg1.jpg。

（2）当鼠标悬停在菜单栏的文本区域上时，文本字体为 15px、黑色、加粗，背景图为 bg2.jpg。

（3）当鼠标移出菜单栏文本区域时，文本显示样式为初始情况下的效果。

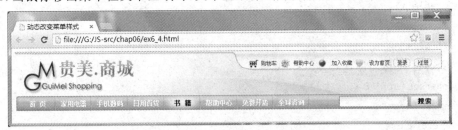

图 6-9　例 6-4 运行效果图

2. 实例代码

（1）HTML 页面文件，ex6_4.html 代码

```
<!-- ex6_4.html -->
<!DOCTYPE html PUBLIC "-//W3C//DTD XHTML 1.0 Transitional//EN" "http://www.w3.org/TR/xhtml1/DTD/xhtml1-transitional.dtd">
<html xmlns="http://www.w3.org/1999/xhtml">
<head>
<meta http-equiv="Content-Type" content="text/html; charset=utf-8" />
<title>动态改变菜单样式</title>
<link href="ex6_4.css" rel="stylesheet" type="text/css" />
<script src="ex6_4.js"></script>
</head>
<body>
<table width="100%" border="0" cellspacing="0" cellpadding="0">
    <tr>
        <td colspan="3"><img src="images/ex6-4-top.jpg" alt="logo"/></td>
    </tr>
    <tr>
        <td id="left"></td>
        <td style="width:664px;">
            <ul>
            <li>首 页</li>
            <li>家用电器</li>
            <li>手机数码</li>
            <li>日用百货</li>
            <li>书 籍</li>
```

```html
            <li>帮助中心</li>
            <li>免费开店</li>
            <li>全球咨询</li>
          </ul>
        </td>
        <td><img src="images/ex6-4-search.jpg" alt="搜索" /></td>
      </tr>
    </table>
  </body>
</html>
```

(2) CSS 样式表文件，ex6_4.css 代码

```css
@charset "utf-8";
/* CSS Document */
/* ex6_4.css */
#left{
    background-image: url(images/ex6-4-left.jpg);
    background-repeat: no-repeat;
    height:32px;
    width:10px;
}
ul{
    margin: 0px;
    padding: 0px;
    float: left;
}
li{ background-image: url(images/ex6-4-bg1.jpg);
    background-repeat: no-repeat;
    height:32px;
    width:83px;
    text-align:center;
    line-height:35px;
    font-size:14px;
    color:#ffffff;
    font-weight:bold;
    list-style:none;
    float:left;
}
.bg{
    background-image: url(images/ex6-4-bg1.jpg);
}
.change{
```

```
            background-image:url(images/ex6-4-bg2.jpg);
            font-size:15px;
            color:#000000;
            font-weight:bold;
    }
```

(3) JS 文件, ex6_4.js 代码

```
// JavaScript Document
// ex6_4.js
window.onload = init;
function init(){
    var objLi = document.getElementsByTagName("li");        //①
    for(var i = 0; i<objLi.length; i++){
        objLi[i].onmouseover = function(){                  //②
            this.className = "change";                      //③
        }
        objLi[i].onmouseout = function(){                   //④
            this.className = "bg";                          //⑤
        }
    }
}
```

6.4.2 代码解析

对例 6-4 的 ex6_4.js 文件中部分代码进行解析。

1. 函数 init( )功能

代码①处，取得页面中标签为"li"的对象（菜单栏的文本）的集合。对该集合进行遍历，为每个"li"对象绑定鼠标悬停事件处理程序和鼠标移出事件处理程序。

(1) 鼠标悬停事件处理程序，定义为匿名函数（代码②处），该函数中，将当前鼠标悬停对象的 className 属性设置为 change 类样式（代码③处），这样菜单栏的该文本变为：字体为 15px、黑色、加粗，背景图为 bg2.jpg。实现需求(2)。

(2) 鼠标移出事件处理程序，定义为匿名函数（代码④处），该函数中，当鼠标移出文本对象时，className 属性设置为 bg 类样式，这样菜单栏的该文本变为：字体为 14px、白色、加粗，背景图为 bg1.jpg。实现需求(1)和(3)。

6.4.3 className 属性

className 属性设置或返回元素的 class 属性值。主流浏览器都支持 className 属性。其基本语法格式为：

    HTMLElementObject.className = classname;

其中，HTMLElementObject 为页面元素对象，classname 为样式表中定义好的类样式。

例如，例 6-2 的 ex6_2.js 中的代码，代码③处，this.className="over"，将当前点击对象的样式改为 over 类样式。

再如,例6-4的ex6_4.js中的代码,代码③处,this.className="change",将当前鼠标悬停对象的样式改为change类样式。

6.5 复选框的全选和全不选特效

6.5.1 实例程序

【例6-5】 复选框的全选和全不选特效。

1. 需求说明

实现如图6-10所示的全选和全不选效果。

(1)点击"全选"前的复选框(称为全选复选框),若其为选中状态,则其下面的复选框(称为子复选框)都被选中;若其为未选中状态,则"子复选框"都为未选中状态。

(2)点击"子复选框",若所有"子复选框"都为选中状态,则"全选复选框"被选中;若所有"子复选框"中只要有一个处于未选中状态,则"全选复选框"处于未选中状态。

2. 实例代码

(1)HTML页面文件,ex6_5.html代码

```
<!-- ex6_5.html -->
<!DOCTYPE html PUBLIC "-//W3C//DTD XHTML 1.0 Transitional//EN" "http://www.w3.org/TR/xhtml1/DTD/xhtml1-transitional.dtd">
<html xmlns="http://www.w3.org/1999/xhtml">
```

图6-10 例6-5运行效果图

```html
<head>
<meta http-equiv="Content-Type" content="text/html; charset=utf-8" />
<title>复选框的全选和全不选效果</title>
<link href="ex6_5.css" rel="stylesheet" type="text/css" />
<script src="ex6_5.js"></script>
</head>
<body>
<table class="bg">
    <tr>
        <td style="height:40px;"> </td>
        <td> </td>
        <td> </td>
        <td> </td>
    </tr>
    <tr style="font-weight:bold;">
        <td><input id="all" type="checkbox" value="全选" />全选</td>
        <td>商品图片</td>
        <td>商品名称/出售者/联系方式</td>
        <td>价格</td>
    </tr>
    <tr>
        <td colspan="4"><hr/></td>
    </tr>
    <tr>
        <td><input name="product" type="checkbox" /></td>
        <td><img src="images/ex6-5-list0.jpg" /></td>
        <td>杜比环绕,家庭影院必备,超真实享受<br />
            出售者:ling112233<br />
            <img src="images/ex6-5-online.gif" />  
            <img src="images/ex6-5-favl.gif" />收藏</td>
        <td>一口价<br />2833.0 </td>
    </tr>
    <tr>
        <td colspan="4"><hr/></td>
    </tr>
    <tr>
        <td><input name="product" type="checkbox" /></td>
        <td><img src="images/ex6-5-list1.jpg" /></td>
        <td>NVDIA 9999GT 512MB 256bit 极品显卡,不容错过<br />
            出售者:aipiaopiao110<br />
            <img src="images/ex6-5-online.gif" />  
```

```
                <img src="images/ex6-5-favl.gif" />收藏</td>
                <td>一口价<br />6464.0 </td>
        </tr>
        <tr>
                <td colspan="4"><hr/></td>
        </tr>
        <tr>
                <td><input name="product" type="checkbox" /></td>
                <td><img src="images/ex6-5-list2.jpg" /></td>
                <td>精品热卖:高清晰,30寸等离子电视<br />
                    出售者:阳光的挣扎 <br />
                    <img src="images/ex6-5-online.gif" />   
                    <img src="images/ex6-5-favl.gif" />收藏</td>
                <td>一口价<br />18888.0 </td>
        </tr>
        <tr>
                <td colspan="4"><hr/></td>
        </tr>
        <tr>
                <td><input name="product" type="checkbox" /></td>
                <td><img src="images/ex6-5-list3.jpg" /></td>
                <td>Sony索尼家用最新款笔记本 <br />
                    出售者:疯狂的镜无<br />
                    <img src="images/ex6-5-online.gif" />   
                    <img src="images/ex6-5-favl.gif" />收藏</td>
                <td>一口价<br />5889.0 </td>
        </tr>
        <tr>
                <td colspan="4"><hr/></td>
        </tr>
    </table>
</body>
</html>
```

(2)CSS样式表文件,ex6_5.css代码

```
@charset "utf-8";
/* CSS Document */
/* ex6_5.css */
.bg {
    background-image: url(images/ex6-4-bg.gif);
    background-repeat: no-repeat;
    width: 730px;
```

```
        margin:0 auto;
        border:0;
    }
    td {
        text-align:center;
        font-size:13px;
        line-height:25px;
        padding:0px;
        margin:0px;
    }
    hr {
        border:1px  #CCCCCC dashed;
    }
```

(3)JS 文件,ex6_5.js 代码

```
// JavaScript Document
// ex6_5.js
window.onload = init;
function init(){
    document.getElementById("all").onclick = changeProductObj;
    var objInput = document.getElementsByName("product");        //①
    for(var i = 0;i<objInput.length;i + +){
        objInput[i].onclick = changeAllObj;
    }
}
function changeProductObj(){
    var objInput = document.getElementsByName("product");
    for (var i = 0;i<objInput.length;i + +){
        objInput[i].checked = this.checked;                       //②
    }
}
function changeAllObj(){
    var flag = true;                                              //③
    var objInput = document.getElementsByName("product");
    for (var i = 0;i<objInput.length;i + +){
        if (objInput[i].checked! = true){                         //④
            flag = false;
            break;
        }
    }
    if(flag){
        document.getElementById("all").checked = true;
```

```
    }else{
        document.getElementById("all").checked = false;
    }
}
```

6.5.2 代码解析

对例 6-5 的 ex6_5.js 文件中部分代码进行解析。

1. 函数 init()功能

为"全选复选框"对象绑定点击事件处理程序,去调用函数 changeProductObj;获得 name 属性为"product"的所有标签元素(代码①处),为这些"子复选框"对象绑定点击事件处理程序,去调用函数 changeAllObj。

2. 函数 changeProductObj()功能

"全选复选框"点击时调用该函数,实现需求(1)的要求。

实现获取所有的"子复选框"对象,并将它们的选择状态设置为和"全选复选框"相同的状态(代码②处)。

3. 函数 changeAllObj()功能

"子复选框"点击时调用该函数,实现需求(2)的要求。

变量 flag 用于标记所有的"子复选框"对象是否都处于选中状态,初始值为 true(代码③处);获取所有的"子复选框"对象,检查它们的状态,若有处于未选中状态的,则 flag 设置为 false(代码④处);然后根据 flag 的值设置"全选复选框"对象的状态。

6.5.3 Checkbox 对象

复选框 Checkbox 对象代表 HTML 表单元素中的一个选择框。在 HTML 文档中,标签<input type="checkbox">每出现一次,就会创建一个 Checkbox 对象。

Checkbox 对象常用的属性和方法如表 6-8 所示。

表 6-8 Checkbox 对象常用属性和方法

属性/方法	描述
checked	设置或返回 checkbox 是否被选中,值为 true 表示选中,否则为未选中
blur()	从 checkbox 上移开焦点
click()	鼠标点击
focus()	为 checkbox 赋予焦点

6.5.4 技能训练 6-3

1. 需求说明

实现效果如图 6-11 和图 6-12 所示的复选框的全选和不全选特效。

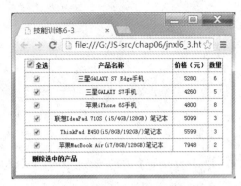 

图 6-11　技能训练 6-3 全选效果图　　　图 6-12　技能训练 6-3 不全选效果图

要求：

（1）点击"全选"前的复选框（称为全选复选框），若其为选中状态，则其下面的复选框（称为子复选框）都被选中；若其为未选中状态，则"子复选框"都为未选中状态。

（2）点击"子复选框"，若所有"子复选框"都为选中状态，则"全选复选框"被选中；若所有"子复选框"中只要有一个处于未选中状态，则"全选复选框"处于未选中状态。

2. 运行效果图

运行效果如图 6-11、图 6-12 所示。

6.6　图片和文字循环无缝垂直向上滚动特效

6.6.1　实例程序

【例 6-6】　图片和文字循环无缝垂直向上滚动特效。

1. 需求说明

实现如图 6-13 所示的图片和文字循环无缝垂直向上滚动特效。

（1）初始情况下，图片和文字循环无缝垂直向上滚动。

（2）鼠标悬停在图片和文字上时，图片和文字停止滚动。

（3）鼠标移出到图片和文字外时，图片和文字继续循环无缝垂直向上滚动。

图 6-13　例 6-6 运行效果图

2. 实现思路

(1) 建立三个层 dome、dome1、dome2。

(2) 垂直滚动的文字在 dome1 上。

(3) 通过层的滚动来实现文字滚动。

3. 实例代码

(1) HTML 页面文件，ex6_6.html 代码

```html
<!-- ex6_6.html -->
<!DOCTYPE html PUBLIC "-//W3C//DTD XHTML 1.0 Transitional//EN" "http://www.w3.org/TR/xhtml1/DTD/xhtml1-transitional.dtd">
<html xmlns="http://www.w3.org/1999/xhtml">
<head>
<meta http-equiv="Content-Type" content="text/html; charset=utf-8" />
<title>循环向上滚动的图片文字特效</title>
<link href="ex6_6.css" rel="stylesheet" type="text/css" />
<script src="ex6_6.js"></script>
</head>
<body>
<div class="domes">
    <div class="dome_top">近7日畅销榜</div>
    <div id="dome">
        <div id="dome1">
            <table width="100%" border="0" cellspacing="0" cellpadding="0">
                <tr>
                    <td><img src="images/ex6-6-1.jpg" alt="scroll" /></td>
                    <td><div class="title">社交疯狂英语</div>
                    <font class="price">￥57.00</font> 折扣:52折</td>
                </tr>
                <tr>
                    <td><img src="images/ex6-6-2.jpg" width="90" height="79"/>
                    </td>
                    <td><div class="title">傲慢与偏见</div>
                    <font class="price">￥20.00</font> 折扣:25折</td>
                </tr>
                <tr>
                    <td><img src="images/ex6-6-3.jpg" alt="scroll" /></td>
                    <td><div class="title">玻璃鞋全集(50集 34VCD)</div>
                    主演:金贤珠 金芝荷
                    <font class="price">￥300.00</font> 折扣:52折</td>
                </tr>
                <tr>
                    <td><img src="images/ex6-6-4.jpg" alt="scroll" /></td>
```

```html
                <td><div class="title">澳大利亚:假日之旅</div></td>
                <font class="price">¥53.00</font>折扣:51折</td>
            </tr>
            <tr>
                <td><img src="images/ex6-6-5.jpg" alt="scroll" /></td>
                <td><div class="title">浪漫地中海:假日之旅</div></td>
                <font class="price">&yen;80.00</font>折扣:52折</td>
            </tr>
            <tr>
                <td><img src="images/ex6-6-6.jpg" alt="scroll" /></td>
                <td><div class="title">老人与海</div></td>
                <font class="price">&yen;57.00</font>折扣:52折</td>
            </tr>
            <tr>
                <td><img src="images/ex6-6-7.jpg" alt="scroll" /></td>
                <td><div class="title">欧陆风情:假日之旅</div></td>
                <font class="price">&yen;53.00</font>折扣:52折</td>
            </tr>
        </table>
      </div>
      <div id="dome2"></div>
    </div>
  </div>
 </body>
</html>
```

(2) CSS样式表文件,ex6_6.css代码

```css
@charset "utf-8";
/* CSS Document */
/* ex6_6.css */
body{
    margin:0;
    margin-top:3px;
    padding:0;
    font-size:12px;
    line-height:20px;
    color:#333;
}
.domes{
    overflow:hidden;
    border:solid 1px #666;
    width:220px;
```

```css
        margin-left:auto;
        margin-right:auto;
}
    .dome_top{
        background-color:#E7C89E;
        font-size:14px;
        font-weight:bold;
        line-height:30px;
        padding-left:10px;
        height:28px;
        color:#810B07;
        border:solid 1px #FFF;
}
#dome{
    overflow:hidden;  /* 溢出的部分不显示 */
    height:220px;
    padding:5px;
    }
#dome img{
    width:60px;
    margin-top:5px;
    margin-right:5px;
}
    .title{
    font-size:14px;
    color:#0051A2;
    font-weight:bold;
}
    .price{
    color:#BB3D00;
    font-size:18px;
    font-weight:bold;
    line-height:35px;
}
```

(3)JS 文件，ex6_6.js 代码

```javascript
// JavaScript Document
// ex6_6.js
var dome;                                                  //①
var dome1;
var dome2;
var speed = 50;
```

```
varmyTimer;                                                    //②
function moveTop(){
    if(dome2.offsetTop – dome.scrollTop< = 0)                  //③
    dome.scrollTop = dome.scrollTop – dome1.offsetHeight;      //④
    else{
        dome.scrollTop + + ;                                   //⑤
    }
}
window.onload = init;
function init(){
    dome = document.getElementById("dome");
    dome1 = document.getElementById("dome1");
    dome2 = document.getElementById("dome2");
    dome2.innerHTML = dome1.innerHTML;                         //⑥
    myTimer = setInterval(moveTop,speed);                      //⑦
    dome.onmouseover = function(){clearInterval(myTimer);};    //⑧
    dome.onmouseout = function() {myTimer = setInterval(moveTop,speed)};  //⑨
}
```

6.6.2 代码解析

对例 6-6 的 ex6_6.js 文件中部分代码进行解析。

代码①处到代码②处,定义全程变量。

dome、dome1、dome2 分别表示页面的三个层对象,垂直滚动的图片和文字在 dome1 中,通过层的滚动来实现图片和文字滚动。

speed 表示向上滚动的速度。myTimer 表示定时器。

1. 函数 moveTop( )功能

该函数实现:当滚动至 dome1 与 dome2 交界时,则从 dome1 最顶端的图片和文字开始,进行下一循环向上滚动,否则图片和文字继续上滚。

代码③处,在本例中,dome2.offsetTop 为 dome2 层相对于视图上边沿的垂直偏移位置,即 dome2 上边缘到视图上边沿的垂直距离。图片和文字滚动时该值不变。

代码③处,在本例中,dome.scrollTop 为 dome 元素上边缘与视图之间的距离,即 dome 内容"卷"起来的高度值。通过该值的变化,图片和文字向上滚动。

代码③处,if 语句的条件为:当 dome 向上滚动("卷"起来)的高度大于 dome2 上边缘到视图上边沿的距离时,即当滚动至 dome1 与 dome2 交界,dome1 都被卷起来时。

代码④处,dome1.offsetHeight 为 dome1 元素的高度。

代码④处,整句代码表示,dome 滚动的高度重新赋值,从 dome1 的最上端开始向上滚动,即从初始态开始下一循环滚动。

代码⑤处,dome 的滚动高度加 1,图片和文字继续上滚。

2. 函数 init( )功能

获取三个层对象 dome、dome1、dome2。

代码⑥处，将dome1元素的内容复制给dome2，使他们内容相同。

代码⑦处，设置定时器，每隔50毫秒调用一次函数moveTop，使图片和文字向上滚动。

代码⑧处，当鼠标悬停在dome对象上时，清除定时器，使图片和文字不再滚动。

代码⑨处，当鼠标移出dome对象时，设置定时器，使图片和文字继续向上滚动。

6.6.3 技能训练6-4

需求说明：实现例6-6的图片和文字循环无缝垂直向上滚动特效。

6.7 漂浮广告特效

6.7.1 实例程序

【例6-7】 漂浮广告特效。

1. 需求说明

实现如图6-14所示漂浮广告特效。

(1)在浏览器中漂浮广告图片，当广告漂浮至浏览器边界时，自动向相反方向继续漂浮。

(2)点击"关闭"文本，关闭漂浮广告。

图6-14 例6-7漂浮广告效果图

2. 实例代码

(1)HTML页面文件，ex6_7.html代码

```
<!-- ex6_7.html -->
<!DOCTYPE html PUBLIC "-//W3C//DTD XHTML 1.0 Transitional//EN" "http://www.w3.org/TR/xhtml1/DTD/xhtml1-transitional.dtd">
<html xmlns="http://www.w3.org/1999/xhtml">
<head>
<meta http-equiv="Content-Type" content="text/html; charset=utf-8" />
<title>漂浮广告特效</title>
```

```html
<script src="ex6_7.js"></script>
<link href="ex6_7.css" rel="stylesheet" type="text/css" />
</head>
<body>
<div id="float">
    <img src="images/ex6-7-advpic.jpg" id="floatImg" alt="漂浮广告">
    <div id="close">关闭</div>
</div>
<div id="main"><img src="images/ex6-7-contentpic.jpg"></div>
</body>
</html>
```

(2) CSS 样式表文件，ex6_7.css 代码

```css
@charset "utf-8";
/* CSS Document */
/* ex6_7.css */
#main{ text-align:center;}
#float{
    position:absolute;
    left:30px;
    top:60px;
    z-index:1;
}
#close{
    font-size: 18px;
    font-weight: bold;
    color: #F00;
    text-align: center;
}
```

(3) JS 文件，ex6_7.js 代码

```javascript
// JavaScript Document
// ex6_7.js
var moveX = 30;                                                    //①
var moveY = 60;
var step = 1;
var directionY = "down";
var directionX = "right";                                          //②
window.onload = init;
function init() {
    setInterval("changePos()",50);
    var closeObj = document.getElementById("close");
    closeObj.onclick = function () {
```

```
            document.getElementById("float").style.display = "none";
        }
    }
    function changePos(){
        var float = document.getElementById("float");
        var width = document.documentElement.clientWidth;              //③
        var height = document.documentElement.clientHeight;
        var floatHeight = document.getElementById("floatImg").height;  //④
        var floatWidth = document.getElementById("floatImg").width;
        float.style.left = parseInt(moveX + document.documentElement.scrollLeft) + "px";
                                                                        //⑤
        float.style.top = parseInt(moveY + document.documentElement.scrollTop) + "px";
        if (directionY = = "down"){                                     //⑥
            moveY = moveY + step;
        }else{
            moveY = moveY - step;
        }
        if (moveY < 0) {                                                //⑦
            directionY = "down";
            moveY = 0;
        }
        if (moveY >= (height - floatHeight)) {                          //⑧
            directionY = "up";
            moveY = (height - floatHeight);
        }
        if (directionX = = "right"){                                    //⑨
            moveX = moveX + step;
        }else{
            moveX = moveX - step;
        }
        if (moveX < 0) {
            directionX = "right";
            moveX = 0;
        }
        if (moveX >= (width - floatWidth)) {
            directionX = "left";
            moveX = (width - floatWidth);                               //⑩
        }
    }
```

6.7.2 代码解析

对例6-7的ex6_7.js文件中部分代码进行解析:

代码①处到代码②处,定义全程变量。

moveX、moveY 分别表示漂浮广告在 X 轴方向和 Y 轴方向移动的距离。

step 表示漂浮广告移动的步长(或速度)。

directionX 表示漂浮广告在 X 轴的移动方向,值为"right"时表示向右移动,值为"left"时表示向左移动。

directionY 表示漂浮广告在 Y 轴的移动方向,值为"down"时表示向下移动,值为"up"时表示向上移动。

1. 函数 changePos( )功能

该函数实现:计算并设置漂浮广告最左上角的位置坐标,然后判定其是否到达浏览器的边界。若已到达,则改变漂浮方向,向相反方向继续漂浮。

代码③处及下一行,使用 clientWidth 和 clientHeight 给出浏览器的宽度和高度。

document.documentElement 为整个文档对象,变量 width 表示整个文档(浏览器)的宽度,值为 document.documentElement.clientWidth。同样,变量 height 表示整个文档(浏览器)的高度。

代码④处及下一行,变量 floatHeight、floatWidth 分别表示漂浮广告的高度、宽度。

代码⑤处,float 为漂浮广告层对象,document.documentElement.scrollLeft 为浏览器左边缘与视图之间的距离,float.style.left、float.style.top 分别为漂浮广告到浏览器左侧和上部的距离,即 left 和 top 属性设置漂浮广告在页面中的坐标。

代码⑥处,计算漂浮广告在 Y 轴方向移动的距离 moveY,若其移动方向向下,则其值加上 step(moveY = moveY + step);否则,其值减去 step(moveY = moveY－step)。

代码⑦处,if 条件表示漂浮广告漂到浏览器顶端,这时,设置其漂浮方向为向下(directionY = "down"),设置其在 Y 轴方向移动的距离为 0(moveY = 0)。

代码⑧处,if 条件表示漂浮广告漂到浏览器底端,这时,设置其漂浮方向为向上,设置其在 Y 轴方向移动的距离为浏览器高度 height 减去漂浮广告的高度 floatHeight(moveY = height － floatHeigh)。

代码⑥处到代码⑧处完成:漂浮广告在上下移动过程中,(1)判断其当前移动方向,如果是在 Y 轴的正方向(向下)移动,则其在 Y 轴移动的距离要加上移动步长;否则,要减去移动步长。(2)判断其是否移动到浏览器的边界,若到达浏览器的上下边界,则改变其移动方向和在 Y 轴方向移动的距离。

同样,代码⑨处到代码⑩完成:漂浮广告在左右移动过程中,(1)判断其当前移动方向,如果是在 X 轴的正方向(向右)移动,则其在 X 轴移动的距离要加上移动步长;否则,要减去移动步长。(2)判断其是否移动到浏览器的边界,若到达浏览器的左右边界,则改变其移动方向和在 X 轴方向移动的距离。

2. 函数 init( )功能

该函数实现:

(1)设置定时器,定时调用函数 changePos( )去改变漂浮广告对象的坐标,实现漂浮效果。

(2)获取"关闭"文本对象,绑定其鼠标点击事件处理程序,该处理程序定义为匿名函数,实现隐藏漂浮广告对象。

6.7.3 Element 对象的部分属性

文档对象模型(DOM)中定义了 Element 对象,在 HTML DOM 中,Element 对象表示 HTML 元素。Element 对象可以是类型为元素节点、文本节点、注释节点的节点。该对象将在第 8 章进一步讲述,本章用到的 Element 对象的属性(例如定位和移动属性等)如表 6-9 所示。

表 6-9 Element 对象的部分属性(本章用)

属性	描述
element.className	设置或返回元素的 class 属性
element.style	设置或返回元素的 style 属性
element.clientHeight	返回元素的可见高度
element.clientWidth	返回元素的可见宽度
element.offsetHeight	返回元素的高度
element.offsetWidth	返回元素的宽度
element.offsetLeft	返回元素的水平偏移位置
element.offsetTop	返回元素的垂直偏移位置
element.scrollLeft	返回元素左边缘与视图之间的距离
element.scrollTop	返回元素上边缘与视图之间的距离
element.scrollWidth	返回元素的整体宽度

6.7.4 技能训练 6-5

需求说明:实现例 6-7 的漂浮广告特效。

本章小结

➢ Document 对象是浏览器对象模型(BOM)中的一个对象。

➢ Document 对象同时也是文档对象模型(DOM)中的对象。Document 对象代表一个 HTML 文档,通过 Document 对象可以访问 HTML 文档中的元素并对其进行处理。

➢ 样式属性 display 可设置元素的可见性,其值为"none"时元素不会被显示,且不占用页面空间;其值为"block"时元素将显示为块级元素;其值为"inline"时元素会被显示为内联元素。语法格式为:object.style.display="值"。

➢ 样式属性 visibility 可设置元素的可见性,其值为"hidden"时元素不会被显示,但元素会占用页面空间;其值为"visible"时元素是可见的。语法格式为:object.style.visibility="值"。

➢ className 属性设置或返回元素的 class 属性,使用对象的 className 属性可以动态改变元素的类样式。

➢ Checkbox 对象代表 HTML 表单元素中的一个选择框。

➢ HTML 文档中，标签＜input type＝"checkbox"＞每出现一次，就会创建一个 Checkbox 对象。

➢ Checkbox 对象常用属性 checked，用于设置或返回选择框是否被选中，其值为 true 表示被选中，其值为 false 表示未被选中。

➢ Checkbox 对象常用方法有 blur()、click()、focus() 等。

➢ 在 HTML DOM 中，Element 对象表示 HTML 元素，通过其位置属性，如 clientHeight、offsetTop、scrollTop 等，可以实现特定的 CSS 样式特效。

 习　题

一、单项选择题

1. 下面(　　)标签是 CSS 样式表的正确开头。
   A. ＜style type＝"text/css"＞
   B. ＜style src＝"css"＞
   C. ＜style rel＝"css"＞

2. 浏览器的(　　)功能允许使用 JavaScript 语句改变样式。
   A. HTML 4.0　　　　B. DOM　　　　C. CSS 2.0　　　　D. BOM

3. (　　)属性控制元素的左右移动。
   A. left　　　　　　B. width　　　　C. top　　　　　　D. float

4. 下列(　　)CSS 规则将创建一个当前在页面中不可见的标题。
   A. h1{visibility：invisible}　　　　B. h1{display：none}
   C. h1{style：invisible}　　　　　　D. h1{visibility：none}

5. 某页面中有两个 id 分别为 mobile 和 telephone 的图片，下面(　　)能够正确地隐藏 id 为 mobile 的图片。
   A. document.getElementsByName("mobile").style.display＝"none"；
   B. document.getElementById("mobile").style.display＝"none"；
   C. document.getElementsByTagName("mobile").style.display＝"none"；
   D. document.getElementsByTagName("img").style.display＝"none"；

6. 关于下面的 JavaScript 代码，说法正确的是(　　)。
   ```
   var s = document.getElementsByTagName("p");
   for (var i = 0; i<s.length; i++){
       s[i].style.display = "none";
   }
   ```
   A. 隐藏了页面中所有 id 为 p 的对象
   B. 隐藏了页面中所有 name 为 p 的对象
   C. 隐藏了页面中所有标签为＜p＞的对象

D. 隐藏了页面中标签为<p>的第一个对象

7. 下面（　　）不是 document 对象的方法。

A. getElementsByTagName()　　　B. getElementByld()

C. write()　　　D. reload()

二、问答和编程题

1. 制作横向菜单，当鼠标指针移到菜单上时显示二级菜单，当鼠标指针移出时，二级菜单不显示，如图 6-15 所示。

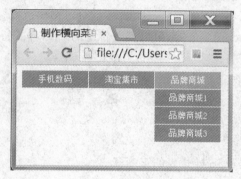

图 6-15　编程第 1 题效果图

2. 制作一个带有关闭按钮的广告图片，要求如下所示。

(1) 在网页的左侧有一个图片，图片下方有一个"关闭"超链接，如图 6-16 所示。

(2) 当单击"关闭"超链接时，图片不显示。

说明：图片见本章资源 lx6_2_2_top.jpg 和 lx6_2_2_close.jpg。

图 6-16　编程第 2 题运行效果图

3. 创建一个表单，以获取用户的生日。然后根据用户的生日，计算他生日那天是星期几。

第7章
阶段项目
——当当网上书店特效1

本章工作任务
- 完成当当网上书店特效1阶段项目的设计、编码、测试和调试等工作任务

本章知识目标
- 掌握JavaScript项目开发流程
- 巩固JS的核心语法、函数、对象、BOM、Document对象和CSS样式特效等相关的知识点

本章技能目标
- 掌握JavaScript项目开发过程
- 巩固JS的核心语法、函数、对象、BOM、Document对象和CSS样式特效等相关的技能点
- 总结项目开发过程中所遇到的问题和解决方法,增强项目开发经验

本章重点难点
- 实际项目的开发过程
- JavaScript项目的编码、调试和测试过程

7.1 阶段项目需求描述

当当网上书店是一个较常用的网上图书购买商城,可以进行用户的注册、登录,图书的分类浏览,便捷地查看到最畅销图书、最新上架的图书等,并且能够在线购买图书等。本阶段项目要求实现图 7-1 所示的当当网首页效果和图 7-2 所示的用户注册页面效果。要求页面效果有一定的浏览器兼容性。

图 7-1 当当网首页运行效果图

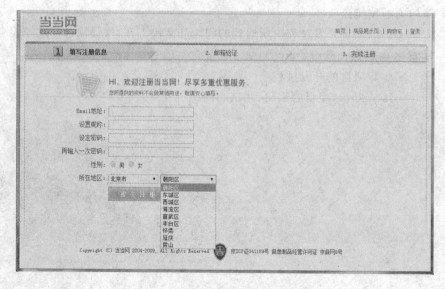

图 7-2 当当网用户注册页面运行效果图

7.2 阶段项目分析与设计

7.2.1 阶段项目分析

本阶段项目要求在静态页面和样式表的基础上,通过编写 JavaScript 代码来实现改变页面元素样式、用户与页面的交互效果和页面特效等。

通过本阶段项目练习,要求进一步梳理和巩固 JavaScript 的核心语法、函数、对象、浏览器对象模型 BOM、Document 对象和 CSS 样式特效等相关知识点和技能点,掌握 JavaScript 的编码方法和调试方法,实现常见的客户端页面特效。

完成本阶段项目后,要总结项目开发过程中所遇到的问题和解决方法,增强项目开发经验,提高项目开发和调试能力。

7.2.2 阶段项目开发环境

开发工具采用 Adobe Dreamweaver CS6。

测试工具使用 IE Collection。

7.2.3 阶段项目设计

根据本阶段项目需求,可将项目分解成 7 个阶段子任务。分别为:网站导航部分的下拉菜单、打开首页时弹出固定大小的广告页面窗口、首页中带数字按钮的循环显示的图片广告、首页中新书上架内容的 Tab 切换特效、首页中书讯快递内容无缝循环垂直向上滚动特效、用户注册页面中的省市级联特效、用户注册页面中的鼠标悬停改变提交按钮图片特效。

7.3 阶段项目编码与测试

7.3.1 任务 1——网站导航部分的下拉菜单

1. 需求说明

"我的当当"下拉菜单的自动显示与隐藏。当鼠标悬停在"我的当当"上时,下拉菜单自动显示;当鼠标离开"我的当当"或下拉菜单时,下拉菜单隐藏。效果如图 7-3 所示。

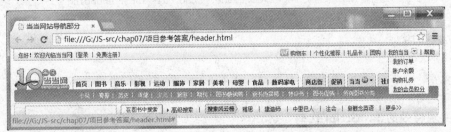

图 7-3 网站导航部分的下拉菜单效果图

2. 任务准备

获取页面素材 header.html 并阅读页面代码和样式表代码。

HTML 页面文件, header.html, 相关部分代码如下:

……

```html
<body>
<!-- 顶部开始 -->
<div class="header_top">
    <div class="header_top_left">您好！欢迎光临当当网 [<a href="login.html" target="_parent">登录</a> | <a href="register.html" target="_parent">免费注册</a>]</div>
    <div class="header_top_right">
    <ul>
        <li><a href="#" target="_self">帮助</a></li>
        <li>|</li>
        <li id="myDangDang"><a href="#" target="_self">我的当当</a> <img src="images/dd_arrow_down.gif" alt="arrow" />
            <div id="dd_menu_top_down">
                <a href="#" target="_self">我的订单</a><br />
                <a href="#" target="_self">账户余额</a><br />
                <a href="#" target="_self">购物礼券</a><br />
                <a href="#" target="_self">我的会员积分</a><br />
            </div>
        </li>
        <li>|</li>
        <li><a href="#" target="_self">团购</a></li>
        <li>|</li>
        <li><a href="#" target="_self">礼品卡</a></li>
        <li>|</li>
        <li><a href="#" target="_self">个性化推荐</a></li>
        <li>|</li>
        <li><a href="shopping.html" target="_parent">购物车</a></li>
        <li><img src="images/dd_header_shop.gif" alt="shopping"/></li>
    </ul>
    </div>
</div>
……
</body>
```

3. 实现特效的 JavaScript 代码

JS 文件, header.js 代码

```javascript
/* 导航部分(我的当当)下拉菜单 */
window.onload = init;
```

```
function init(){
    document.getElementById("myDangDang").onmouseover = myDangDang_show;
    document.getElementById("myDangDang").onmouseout = myDangDang_hidden;
}
function myDangDang_show(){
    document.getElementById('dd_menu_top_down').style.display = "block";
}
function myDangDang_hidden(){
    document.getElementById('dd_menu_top_down').style.display = "none";
}
```

4．JavaScript 代码解析

对 header.js 文件中的代码进行解析。

（1）函数 init()功能

用 getElementById()方法获取页面元素"我的当当"对象（li 标签，其 id 为"myDangDang"），为其绑定鼠标悬停事件处理程序和鼠标移出事件处理程序，分别调用函数 myDangDang_show 和函数 myDangDang_hidden。

（2）函数 myDangDang_show()功能

获取"下拉菜单"页面元素对象（div 标签，其 id 为"dd_menu_top_down"），设置其样式属性 style 的显示属性 display 的值为"block"，显示下拉菜单对象。

（3）函数 myDangDang_hidden()功能

获取"下拉菜单"页面元素对象，设置其样式属性 style 的显示属性 display 的值为"none"，来隐藏下拉菜单对象。

5．代码调试

使用 IE 的开发人员工具调试代码。

6．测试代码的运行效果

在 IE 和 Chrome 浏览器中分别测试代码的运行效果。

图 7-4　弹出固定大小的广告页面窗口效果图

7.3.2 任务 2——弹出固定大小的广告页面窗口

1. 需求说明

打开首页 index.html 时弹出固定大小的广告页面窗口。效果如图 7-4 所示。

2. 任务准备

获取首页素材 index.html 并阅读页面代码和样式表代码。

3. 实现特效的 JavaScript 代码

JS 文件，index.js，实现该特效的关键代码如下：

```
// JavaScript Document
//index.js
window.onload = init;
function init() {
    /*首页弹出广告窗口*/
    window.open('open.html','','top = 20,left = 150,width = 500,height = 327,scrollbars = 0,resizable = 0');
    ……
}
```

4. 代码解析

在页面加载完毕时调用函数 init()(window.onload = init;)。

函数 init()中相关部分代码实现用 window 对象的 open()方法打开一个新窗口，并设置相关的窗口特性。

5. 代码调试

使用 IE 的开发人员工具调试代码。

6. 测试代码的运行效果

在 IE 和 Chrome 浏览器中分别测试代码的运行效果。

7.3.3 任务 3——带数字按钮的循环显示的图片广告

1. 需求说明

首页中带数字按钮的循环显示的图片广告，效果如图 7-5 所示。

图 7-5　带数字按钮的循环显示的图片广告效果图

要求：

(1) 6张图片和右侧6个数字列表（命名为数字按钮），按规定的时间间隔循环显示，显示的图片和数字按钮一一对应。例如，当显示第3张图片时，数字按钮3的背景变为橙色，数字3变为白色，其余数字按钮背景为白色，数字为黑色。

(2) 当鼠标悬停在某个数字按钮时，则左侧显示其对应的第几张图，并且该数字按钮背景变为橙色，数字变为白色，其余数字按钮背景为白色，数字为黑色，直到鼠标离开该数字按钮时，图片和数字按钮才发生变化。

(3) 当鼠标离开数字按钮时，从当前数字按钮的下一个数字开始，按照要求(1)循环显示图片。

2. 任务准备

阅读页面 index.html 相关代码和其对应的样式表代码。

HTML 页面文件，index.html，相关部分代码如下：

```
……
<body>
……
<!-- 轮换显示的横幅广告图片 -->
<div class="scroll_top"></div>
<div class="scroll_mid"><img src="images/dd_scroll_2.jpg" alt="轮换显示的图片广告" id="dd_scroll"/>
    <div id="scroll_number">
        <ul>
            <li name="scroll_number_li">1</li>
            <li name="scroll_number_li">2</li>
            <li name="scroll_number_li">3</li>
            <li name="scroll_number_li">4</li>
            <li name="scroll_number_li">5</li>
            <li name="scroll_number_li">6</li>
        </ul>
    </div>
</div>
<div class="scroll_end"></div>
<!-- 最新上架开始 -->      ……
```

3. 实现特效的 JavaScript 代码

JS 文件，index.js，相关代码如下：

```
// JavaScript Document
// index.js
/* 通用函数，$是一个函数名，实现根据页面元素的 id 属性值获取对象的功能 */
function $(id){
    return document.getElementById(id);
}
```

```javascript
/*带数字按钮的循环显示的图片广告*/
/*循环显示的图片地址*/
var scorll_img = new Array();
scorll_img[0] = "images/dd_scroll_1.jpg";
scorll_img[1] = "images/dd_scroll_2.jpg";
scorll_img[2] = "images/dd_scroll_3.jpg";
scorll_img[3] = "images/dd_scroll_4.jpg";
scorll_img[4] = "images/dd_scroll_5.jpg";
scorll_img[5] = "images/dd_scroll_6.jpg";
var nowFrame = 1;            //当前显示的图片的序号,最先显示第一张图片
var maxFrame = 6;            //一共六张图片
var theTimer;                //定时器
function showImg(d1){        //实现显示某个图片和改变数字按钮效果
    if(Number(d1)){
        nowFrame = d1;       //设置当前显示图片的序号
    }
    var objs = document.getElementsByName("scroll_number_li");
    for(var i = 1;i<(maxFrame + 1);i++){
        if(i == nowFrame){
            $("dd_scroll").src = scorll_img[i-1];         //显示当前图片
            objs[i-1].className = "scroll_number_over";   //设置当前按钮的CSS样式
        }else{
            objs[i-1].className = "scroll_number_out";
        }
    }
    if(nowFrame == maxFrame){                             //设置下一个显示的图片
        nowFrame = 1;
    }else{
        nowFrame++;
    }
}
/*鼠标悬停在数字按钮时调用的函数 overLoopShow*/
function overLoopShow(){
    window.clearTimeout(theTimer);                        //清除定时器
    showImg(this.innerHTML);
}
/*实现循环显示图片广告和改变数字按钮样式效果*/
function outLoopShow(){
    showImg();
    theTimer = window.setTimeout(outLoopShow,3000);       //设置定时器
}
```

```
window.onload = init;
function init() {
    ……
    /*带数字按钮的循环显示的图片广告特效*/
    var objLi = document.getElementsByName("scroll_number_li");
    for(var i = 0;i<objLi.length;i++){
        objLi[i].onmouseover = overLoopShow;              //鼠标悬停事件
        objLi[i].onmouseout = outLoopShow;                //鼠标离开事件
    }
    outLoopShow();
        ……
}
```

4. JavaScript 代码解析

对 index.js 文件中相关部分代码进行解析。

(1) 全局变量

数组 scorll_img 用于存储要循环显示图片的地址,maxFrame 表示要循环显示的图片的总个数,nowFrame 表示正在显示的图片的序号,theTimer 表示定时器。

(2) 函数 showImg(d1) 功能

该函数实现显示第 nowFrame 张图片,并将数字按钮 nowFrame 设置成背景为橙色、数字为白色的样式。

参数 d1 表示鼠标悬停在某个数字按钮上的数字。

if 语句,if(Number(d1)){…},判定 d1 若为数值,即鼠标悬停在某个数字按钮上事件发生,则设置当前要显示图片的序号为 d1。

变量 objs 表示获取的数字按钮对象的数组。

for 语句,for(var i=1;i<(maxFrame+1);i++){…},若 i 等于 nowFrame(当前要显示的图片的序号),则改变图片对象的 src 属性为数组元素 scorll_img[i−1]对应的图片(代码为 $("dd_scroll").src = scorll_img[i−1]),实现显示第 nowFrame 图片,同时,通过代码 objs[i−1].className="scroll_number_over",将对应的数字按钮的样式改变为背景橙色,数字白色;若 i 不等于 nowFrame,则将其对应的数字按钮对象样式改变为 scroll_number_out,背景白色,数字黑色。

if 语句,if(nowFrame == maxFrame){…},实现改变要显示的图片的序号,若下一张为最后一张图片,则改为第一张图的序号。

(3) 函数 overLoopShow() 功能

清除定时器(window.clearTimeout(theTimer)),调用函数 showImg(this.innerHTML),参数为鼠标悬停上的数字按钮的数字,实现改变该数字按钮样式和显示对应的图片效果。

(4) 函数 outLoopShow() 功能

调用函数 showImg(),参数为空,实现显示第 nowFrame 张图片,并改变对应数字按钮样式。

设置定时器,theTimer=window.setTimeout(outLoopShow,3000),3秒后递归调用函数本身,实现循环显示。

(5)函数init()相关部分功能

获取数字按钮对象的数组objLi;对该数组遍历,为每个数字按钮对象绑定鼠标悬停事件处理程序(去调用函数overLoopShow)和鼠标离开事件处理程序(去调用outLoopShow);最后再通过调用函数outLoopShow()来循环显示图片广告和改变数字按钮样式效果。

5. 代码调试

使用IE的开发人员工具调试代码。

6. 测试代码的运行效果

在IE和Chrome浏览器中测试代码的运行效果。

7.3.4 任务4——新书上架内容的Tab切换特效

1. 需求说明

首页中新书上架内容的Tab切换特效。当鼠标悬停在某一图书类别上时,在下方显示该类别图书对应的内容,并且图书类别的文字颜色和背景发生变化。效果如图7-6所示。例如,当鼠标悬停在"历史"图书类别上时,"历史"的文字颜色和背景发生变化,且下方显示对应"历史"类别的图书。

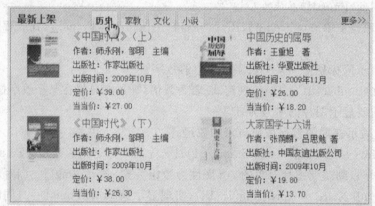

图7-6 新书上架内容的Tab切换效果图

2. 任务准备

阅读页面index.html相关代码和其对应的样式表代码。

HTML页面文件,index.html,相关部分代码如下:

```
……
  <body>
……
    <!--最新上架开始-->
    <div class="book_sort">
      <div class="book_new">
        <div class="book_left">最新上架</div>
        <div class="book_type" name="bookCate">历史</div>
```

```html
        <div class="book_type" name="bookCate">家教</div>
        <div class="book_type" name="bookCate">文化</div>
        <div class="book_type" name="bookCate">小说</div>
        <div class="book_right"><a href="#">更多>></a></div>
</div>
<div class="book_class" style="height:250px;">
    <!--历史-->
        <dl id="book_history">
        <dt><img src="images/dd_history_1.jpg" alt="history"/></dt>
        <dd><font class="book_title">《中国时代》(上)</font><br />
            作者:师永刚,邹明　主编<br />
            出版社:作家出版社<br />
            <font class="book_publish">出版时间:2009年10月
            </font><br />
            定价:￥39.00<br />
            当当价:￥27.00　</dd>
        <dt><img src="images/dd_history_2.jpg" alt="history"/></dt>
        <dd><font class="book_title">中国历史的屈辱</font><br />
            作者:王重旭　著<br />
            出版社:华夏出版社<br />
            <font class="book_publish">出版时间:2009年11月
            </font><br />
            定价:￥26.00<br />
            当当价:￥18.20　</dd>
        <dt><img src="images/dd_history_3.jpg" alt="history"/></dt>
        <dd><font class="book_title">《中国时代》(下)</font><br />
            作者:师永刚,邹明　主编<br />
            出版社:作家出版社<br />
            <font class="book_publish">出版时间:2009年10月
            </font><br />
            定价:￥38.00<br />
            当当价:￥26.30　</dd>
        <dt><img src="images/dd_history_4.jpg" alt="history"/></dt>
        <dd><font class="book_title">大家国学十六讲</font><br />
            作者:张荫麟,吕思勉 著<br />
            出版社:中国友谊出版公司<br />
            <font class="book_publish">出版时间:2009年10月
            </font><br />
            定价:￥19.80<br />
            当当价:￥13.70　</dd>
        </dl>
```

```html
            <!--家教-->
            <dl id="book_family" class="book_none">
            ……
            </dl>
            <!--文化-->
            <dl id="book_culture" class="book_none">
            ……
            </dl>
            <!--小说-->
            <dl id="book_novel" class="book_none">
            ……
            </dl>
        </div>
    </div>
……
```

3. 实现特效的 JavaScript 代码

JS 文件，index.js，实现该特效的关键代码如下：

```javascript
// JavaScript Document
//index.js
/*最新上架版块 Tab 切换效果*/
var bookClass = new Array();   //bookClass 存储各个图书类别对应内容的 id 值
bookClass[0] = "book_history";
bookClass[1] = "book_family";
bookClass[2] = "book_culture";
bookClass[3] = "book_novel";
function tabSwitch() {
        var objTab = document.getElementsByName("bookCate");
        for(var i = 0;i<objTab.length;i++){
            if(this.num == i){
                objTab[i].className = "book_type_out";
                $(bookClass[i]).className = "book_show";
            }else{
                objTab[i].className = "book_type";
                $(bookClass[i]).className = "book_none";
            }
        }
}
window.onload = init;
function init() {
    ……
    /*Tab 切换效果特效*/
```

```
        var objTab = document.getElementsByName("bookCate");
        for(var i = 0;i<objTab.length;i + + ){
            objTab[i].onmouseover = tabSwitch ;    //鼠标悬停事件
            objTab[i].num = i;
        }
    }
```

4. 代码解析

对 index.js 文件中相关部分代码进行解析。

(1) 全局变量

数组 bookClass 用于存储各个图书类别对应内容的 id 值(d1 标签的 id 属性的值)。如，历史类图书，其对应内容是 id 值为"book_history"的 d1 标签，用 bookClass[0]存储。

(2) 函数 tabSwitch()功能

获取图书类别对象数组 objTab；遍历该数组，若鼠标悬停在某个图书类别上(代码 this.num==i)，则该图书类别设置样式为"book_type_out"，并且下方显示该图书类别对应内容(代码 $(bookClass[i]).className="book_show";)；否则，图书类别设置样式为"book_type"，并且将该图书类别对应的内容隐藏。

(3) 函数 init()相关部分功能

获取 name 属性值为"bookCate"的图书类别对象数组 objTab；遍历该数组，为每个图书类别对象绑定鼠标悬停事件处理程序，去调用函数 tabSwitch，并添加属性 num 存储其类别序号，目的是通过 num 属性和数组 bookClass 关联，找到图书类别对应的内容对象。

5. 代码调试

使用 IE 的开发人员工具调试代码。

6. 测试代码的运行效果

在 IE 和 Chrome 浏览器中分别测试代码的运行效果。

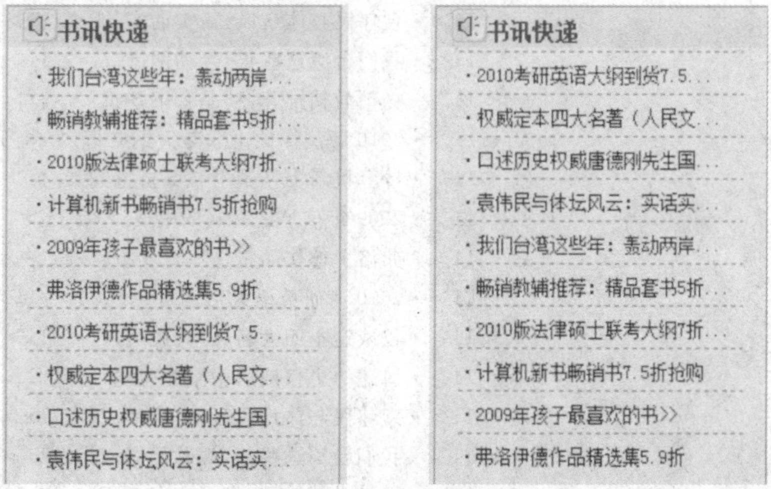

图 7-7 首页中书讯快递内容无缝循环垂直向上滚动效果图

7.3.5 任务5——首页中循环垂直向上滚动的内容特效

1. 需求说明

实现首页中书讯快递内容无缝循环垂直向上滚动特效。打开页面时，书讯快递内容循环无缝垂直向上滚动。鼠标悬停在内容上时，停止滚动。当鼠标移出到书讯快递内容外时，从当前位置开始无缝循环垂直向上滚动。

效果如图7-7所示。

2. 任务准备

阅读页面index.html相关代码和其对应的样式表代码。

HTML页面文件，index.html，相关部分代码如下：

```
……
<body>
……
<!-- 书讯快递 -->
        <div class="book_sort">
            <div class="book_sort_bg"><img src="images/dd_book_mess.gif"
                alt="mess" style="vertical-align:text-bottom;"/>书讯快递</div>
            <div class="book_class">
                <div id="dome">
                    <div id="dome1">
                        <ul id="express">
                            <li>·2010考研英语大纲到货7.5...</li>
                            <li>·权威定本四大名著(人民文...</li>
                            <li>·口述历史权威唐德刚先生国...</li>
                            <li>·袁伟民与体坛风云:实话实...</li>
                            <li>·我们台湾这些年:轰动两岸...</li>
                            <li>·畅销教辅推荐:精品套书5折...</li>
                            <li>·2010版法律硕士联考大纲7折...</li>
                            <li>·计算机新书畅销书7.5折抢购</li>
                            <li>·2009年孩子最喜欢的书>></li>
                            <li>·弗洛伊德作品精选集5.9折</li>
                            <li>·2010考研英语大纲到货7.5...</li>
                            <li>·权威定本四大名著(人民文...</li>
                            <li>·口述历史权威唐德刚先生国...</li>
                            <li>·袁伟民与体坛风云:实话实...</li>
                            <li>·我们台湾这些年:轰动两岸...</li>
                            <li>·畅销教辅推荐:精品套书5折...</li>
                            <li>·2010版法律硕士联考大纲7折...</li>
                            <li>·计算机新书畅销书7.5折抢购</li>
                            <li>·2009年孩子最喜欢的书>></li>
```

```
            <li>•弗洛伊德作品精选集 5.9 折</li>
            <li>•2010 考研英语大纲到货 7.5...</li>
            <li>•权威定本四大名著(人民文...</li>
            <li>•口述历史权威唐德刚先生国...</li>
            <li>•袁伟民与体坛风云:实话实...</li>
            <li>•我们台湾这些年:轰动两岸...</li>
            <li>•畅销教辅推荐:精品套书 5 折...</li>
            <li>•2010 版法律硕士联考大纲 7 折...</li>
            <li>•计算机新书畅销书 7.5 折抢购</li>
            <li>•2009 年孩子最喜欢的书>></li>
            <li>•弗洛伊德作品精选集 5.9 折</li>
            <li>•2010 考研英语大纲到货 7.5...</li>
            <li>•权威定本四大名著(人民文...</li>
            <li>•口述历史权威唐德刚先生国...</li>
            <li>•袁伟民与体坛风云:实话实...</li>
            <li>•我们台湾这些年:轰动两岸...</li>
            <li>•畅销教辅推荐:精品套书 5 折...</li>
            <li>•2010 版法律硕士联考大纲 7 折...</li>
            <li>•计算机新书畅销书 7.5 折抢购</li>
            <li>•2009 年孩子最喜欢的书>></li>
            <li>•弗洛伊德作品精选集 5.9 折</li>
        </ul>
      </div>
      <div id = "dome2"></div>
    </div>
  </div>
  <div class = "book_express_avder">
      <img src = "images/dd_book_right_adver1.jpg" alt = "adver"
          style = "margin-bottom:5px;" />
      <img src = "images/dd_book_right_adver2.gif" alt = "adver" />
  </div>
</div>
……
```

3. 实现特效的 JavaScript 代码

JS 文件,index.js,实现该特效的关键代码如下:

```
// JavaScript Document
//index.js
/*书讯快递内容循环垂直向上滚动特效*/
var dome;    //id 为"dome"的对象
var dome1;   //id 为"dome1"的对象
var dome2;   //id 为"dome2"的对象
```

```
var speed = 50;      //设置向上滚动速度
var myTimer;         //定时器
function moveTop(){
if(dome2.offsetTop - dome.scrollTop <= 0){   //当滚动至 dome1 与 dome2 交界时
    dome.scrollTop -= dome1.offsetHeight;     //dome 跳到最顶端
}else{
    dome.scrollTop++;
    }
}
function init() {
    ……
    /*书讯快递内容循环垂直向上滚动特效*/
    dome = $("dome");
    dome1 = $("dome1");
    dome2 = $("dome2");
    dome2.innerHTML = dome1.innerHTML;   //复制 dome1 为 dome2
    myTimer = setInterval(moveTop,speed);  //设置定时器
    //当鼠标悬停在内容上时,清除定时器,内容停止滚动
    dome.onmouseover = function() {clearInterval(myTimer);}
    //当鼠标移出到内容外时,重新设置定时器,内容继续滚动
    dome.onmouseout = function() {myTimer = setInterval(moveTop,speed);}
}
```

4. 代码解析

对 index.js 文件中相关部分代码进行解析。

(1) 全局变量

全局变量 dome、dome1、dome2 分别表示 id 值为"dome"、"dome1"、"dome2"的对象。speed 表示向上滚动速度,单位为毫秒。myTimer 表示定时器。

(2) 函数 moveTop() 功能

当 dome2 到视图上边沿的高度小于 dome 上卷的高度时,即内容上滚到 dome1 与 dome2 交界、dome1 都被卷进去时(代码 dome2.offsetTop－dome.scrollTop<=0),则 dome 滚动的高度重新赋值,从 dome1 的最上端开始向上滚动,即 dome 跳到最上端,从初始态开始下一循环滚动(代码 dome.scrollTop－=dome1.offsetHeight;);否则,dome 滚动的高度加 1,继续上卷(代码 dome.scrollTop++;)。

该函数实现书讯快递内容垂直向上滚动一次,若上滚到 dome1 与 dome2 交界时,从 dome1 最上端开始下一循环滚动。

(3) 函数 init() 相关部分功能

获得实现滚动的三个层对象 dome、dome1、dome2。

将 dome1 对象的内容拷贝给 dome2 对象,使其内容完全相同。

设置定时器,每隔 50 毫秒(speed 的值)调用函数 moveTop,实现内容不停上滚。

当鼠标悬停在内容上时,清除定时器,内容停止滚动。

当鼠标移出到内容外时,重新设置定时器,内容继续滚动。

5. 代码调试

使用 IE 的开发人员工具调试代码。

6. 测试代码的运行效果

在 IE 和 Chrome 浏览器中分别测试代码的运行效果。

7.3.6 任务6——注册页面的省市级联特效

1. 需求说明

加载用户注册页面register.html时,将省份和直辖市名称添加到省份下拉列表框(第一个下拉列表框)。当省份下拉列表框的内容发生变化时,在市下拉列表框(第二个下拉列表框)中显示该省份中的城市(或直辖市中的区)名称,实现省市二级级联特效。效果如图7-8所示。

图 7-8 注册页面的省市级联特效效果图

2. 任务准备

阅读页面 register.html 相关代码和其对应的样式表代码。

HTML 页面文件,register.html,相关部分代码如下:

```
……
    <body>
    ……
            <dl class="register_row">
                <dt>所在地区:</dt>
                <dd><select id="province" style="width:120px;">
                    <option>请选择省/城市</option>
                </select></dd>
```

```
            <dd><select id="city"  style="width:130px;">
                <option>请选择城市/地区</option>
            </select></dd>
    </dl>
……
```

3. 实现特效的 JavaScript 代码

JS 文件,register.js,实现该特效的关键代码如下:

```
// JavaScript Document
//register.js
/*所在地的省、城市、地区级联选择*/
var cityList = new Array();
cityList['北京市'] = ['朝阳区','东城区','西城区','海淀区','宣武区','丰台区','怀柔','延庆','房山'];
cityList['上海市'] = ['宝山区','长宁区','奉贤区','虹口区','黄浦区','青浦区','南汇区','徐汇区','卢湾区'];
cityList['广东省'] = ['广州市','惠州市','汕头市','珠海市','佛山市','中山市','东莞市'];
cityList['深圳市'] = ['福田区','罗湖区','盐田区','宝安区','龙岗区','南山区','深圳周边'];
cityList['重庆市'] = ['俞中区','南岸区','江北区','沙坪坝区','九龙坡区','渝北区','大渡口区','北碚区'];
cityList['天津市'] = ['和平区','河西区','南开区','河北区','河东区','红桥区','塘沽区','开发区'];
cityList['江苏省'] = ['南京市','苏州市','无锡市'];
cityList['浙江省'] = ['杭州市','宁波市','温州市'];
cityList['四川省'] = ['成都市','绵阳市'];
cityList['海南省'] = ['海口市'];
cityList['福建省'] = ['福州市','厦门市','泉州市','漳州市'];
cityList['山东省'] = ['济南市','青岛市','烟台市'];
cityList['江西省'] = ['南昌市','九江市'];
cityList['广西区'] = ['柳州市','南宁市'];
cityList['安徽省'] = ['合肥市','芜湖市','蚌埠市','宿州市','淮北市'];
cityList['河北省'] = ['邯郸市','石家庄市'];
cityList['河南省'] = ['郑州市','洛阳市'];
cityList['湖北省'] = ['武汉市','宜昌市'];
cityList['湖南省'] = ['长沙市','张家界市'];
cityList['陕西省'] = ['西安市','延安市'];
cityList['山西省'] = ['太原市','大同市'];
cityList['黑龙江省'] = ['哈尔滨市','齐齐哈尔市'];
cityList['其他'] = ['其他'];
function changeCity(){
    var province = document.getElementById("province").value;
```

```
            var city = document.getElementById("city");
            city.options.length = 0;  //清除当前 city 中的选项
            for (var i in cityList){
                if (i = = province){
                    for (var j in cityList[i]){
                        city.options[j] = new Option(cityList[i][j]);
                        city.options[j].value = cityList[i][j];
                    }
                }
            }
        }
        function allProvince(){
            var province = document.getElementById("province");
            var idx = 0;
            for (var i in cityList){
                province.options[idx] = new Option(i);
                province.options[idx].value = i;
                idx + + ;
            }
        }
        window.onload = init;
        function init(){
            allProvince();
            changeCity();
            var province = document.getElementById("province");
            province.onchange = changeCity;
            ……
        }
```

4. 代码解析

对 register.js 文件中相关部分代码进行解析。

(1) 全局变量

数组 cityList 是一个二维数组,一维值为省份和直辖市名称,二维值是各省份或直辖市包含的城市或地区名称。

(2) 函数 allProvince() 功能

获取省份下拉列表框(第一个下拉列表框)对象;for (var i in cityList)语句遍历数组 cityList 一维的值(变量 i 为省份和直辖市名称);province.options[idx] = new Option(i) 创建一个选项,并将其添加为省份下拉列表选项;province.options[idx].value = i 为省份下拉列表选项添加 value 属性值。

该函数实现将数组 cityList 的一维值(省份和直辖市名称)添加为省份下拉列表框的列表选项。

（3）函数 changeCity()功能

获取省份下拉列表对象被选中选项的 value 值赋给变量 province。

获取市下拉列表对象 city，并将其列表选项清空（代码 city.options.length=0;）。

遍历数组 cityList 一维的值（代码 for(var i in cityList)，变量 i 为省份和直辖市名称），若循环变量 i 等于省份下拉列表被选中的选项值（代码 if(i == province)），则遍历数组 cityList[i]（代码 for(var j in cityList[i])，cityList[i]为被选中省份包含的市或地区名称），根据 cityList[i][j]的值创建新选项（代码 new Option(cityList[i][j])），作为市下拉列表的选项，并赋 value 值。

该函数实现根据省份下拉列表选中的值，在市下拉列表框中显示该省份（或直辖市）中包含的城市（或区）名称，实现省市二级级联特效。

（4）函数 init()相关部分功能

调用 allProvince() 函数实现将省份和直辖市名称添加到省份下拉列表框。调用 changeCity()函数实现根据省份下拉列表框的内容（value 值），添加其包含的城市名称到市下拉列表框，实现省市的二级级联特效。获取省份下拉列表框对象，当该下拉列表中被选项目改变时，调用函数 changeCity 进行事件处理，实现省市二级级联特效。

5.代码调试

使用 IE 的开发人员工具调试代码。

6.测试代码的运行效果

在 IE 和 Chrome 浏览器中分别测试代码的运行效果。

7.3.7 任务 7——注册页面的鼠标悬停改变提交按钮图片特效

1.需求说明

用户注册页面中的提交注册按钮，当鼠标悬停在其上时按钮图片变为浅绿色（图 7-9 的第一图效果），当鼠标离开时按钮图片变为深绿色（图 7-9 的第二图效果）。效果如图 7-9 所示。

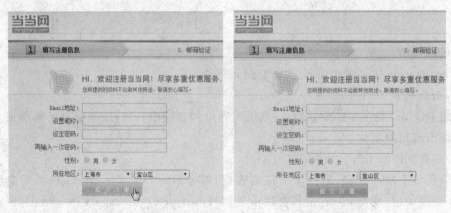

图 7-9 注册页面的鼠标悬停改变提交按钮图片效果图

2.任务准备

阅读页面 register.html 相关代码和其对应的样式表代码。

HTML 页面文件,register.html,相关部分代码如下：
……
　　<body>
……
　　　　　　<div class = "registerBtn"><input id = "registerBtn" type = "image"
　　　　　　　　src = "images/register_btn_out.gif" ></div>
　　　　</form>
……

3. 实现特效的 JavaScript 代码

JS 文件,register.js,实现该特效的关键代码如下：

```javascript
// JavaScript Document
// register.js
/* 当鼠标放在提交注册按钮上时,按钮样式 */
function btn_over(){
    document.getElementById("registerBtn").src = "images/register_btn_over.gif";
}
/* 当鼠标离开提交注册按钮上时,按钮样式 */
function btn_out(){
    document.getElementById("registerBtn").src = "images/register_btn_out.gif";
}
window.onload = init;
function init(){
    ……
    var registerBtn1 = document.getElementById("registerBtn");
    registerBtn1.onmouseover = btn_over;
    registerBtn1.onmouseout = btn_out;
}
```

4. 代码解析

对 register.js 文件中相关部分代码进行解析。

(1) 函数 btn_over() 功能

获取提交注册按钮对象,将其图片资源属性 src 设为图"images/register_btn_over.gif"。

(2) 函数 btn_out() 功能

获取提交注册按钮对象,将其图片资源属性 src 设为图"images/register_btn_out.gif"。

(3) 函数 init() 相关部分功能

获取提交注册按钮对象。为该对象绑定鼠标悬停 onmouseover 事件处理程序,去调用 btn_over 函数,实现鼠标悬停在其上时按钮图片变为浅绿色效果;为该对象绑定鼠标离开 onmouseout 事件处理程序,去调用 btn_out 函数,实现鼠标离开时按钮图片变为深绿色效果。

5. 代码调试

使用 IE 的开发人员工具调试代码。

6. 测试代码的运行效果

在 IE 和 Chrome 浏览器中测试代码的运行效果。

本章小结

➢ 项目开发过程包括需求分析、项目分析、设计、编码和测试等阶段。
➢ 通过项目开发巩固 JavaScript 的核心语法、函数、对象等知识点和技能点。
➢ 通过项目开发巩固 BOM、Document 对象和 CSS 样式特效相关知识点和技能点。
➢ 总结项目开发过程中所遇到的问题和解决方法,增强项目开发经验。

第8章 DOM

本章工作任务
- 目录操作
- 订单处理
- 淘宝购物车

本章知识目标
- 了解 DOM 概念、级别、分类
- 理解 DOM 树,掌握节点类型以及节点间的关系(如父子、兄弟等)
- 掌握核心 DOM 中 HTML 元素的查找、属性操作
- 掌握核心 DOM 中节点的遍历、创建、添加、替换、删除等
- 了解 HTML DOM 相关概念、对象
- 掌握 HTML DOM 的 Table 对象、TableRow 对象、TableCell 对象
- 了解 HTML DOM 中 Element 对象常用的属性和方法

本章技能目标
- 应用核心 DOM,进行 HTML 元素的查找、属性操作
- 应用核心 DOM,进行目录操作(包括遍历、创建、添加、替换和删除)
- 应用 HTML DOM 进行订单处理
- 应用 HTML DOM 实现淘宝购物车功能

本章重点难点
- DOM 树、节点类型以及节点间的关系
- 核心 DOM 中节点的查找、遍历、创建、添加、替换、删除以及属性操作
- HTML DOM 的 Table 对象、TableRow 对象、TableCell 对象
- 应用 HTML DOM 进行订单处理和实现淘宝购物车功能

第7章完成了"当当网上书店特效1"阶段项目,进一步复习和巩固了JavaScript的核心语法、函数、对象、BOM、Document对象和CSS样式特效等相关的知识和技能;了解了实际项目的开发过程,JavaScript项目的编码、调试和测试过程;总结项目开发过程中所遇到的问题和解决方法,增强项目开发经验。

本章主要介绍DOM的相关概念、DOM树、节点类型,核心DOM中节点的查找、遍历、创建、添加、替换、删除以及属性操作,HTML DOM中Table对象、TableRow对象、TableCell对象等。应用这些知识和技能点实现目录操作、订单处理、淘宝购物车等页面效果。

8.1 目录被点击时变色

8.1.1 实例程序

【例8-1】 目录被点击时变色。

1. 需求说明

制作目录树形菜单,点击某个目录,则其对应的父目录到子目录的文字都变为红色,其余目录文字为黑色。运行效果如图8-1所示。

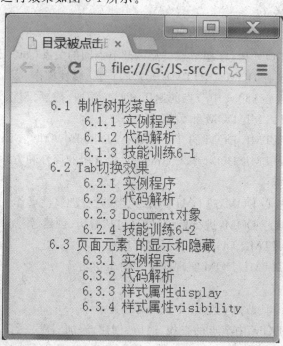

图8-1 例8-1运行效果图

2. 实例代码

(1) HTML页面文件,ex8_1.html代码

```
<!-- ex8_1.html -->
<!DOCTYPE html PUBLIC "-//W3C//DTD XHTML 1.0 Transitional//EN" "http://www.w3.org/TR/
```

```
xhtml1/DTD/xhtml1-transitional.dtd">
    <html xmlns="http://www.w3.org/1999/xhtml">
    <head>
    <meta http-equiv="Content-Type" content="text/html; charset=utf-8" />
    <title>目录被点击时变色</title>
    <script src="ex8_1.js"></script>
    <link href="ex8_1.css" rel="stylesheet" type="text/css" />
    </head>
    <body>
    <ul id="list">
        <li>6.1 制作树形菜单
            <ul>
                <li>6.1.1  实例程序</li>
                <li>6.1.2  代码解析</li>
                <li>6.1.3  技能训练 6-1</li>
            </ul>
        </li>
        <li>6.2 Tab 切换效果
            <ul>
                <li>6.2.1  实例程序</li>
                <li>6.2.2  代码解析</li>
                <li>6.2.3  Document 对象</li>
                <li>6.2.4  技能训练 6-2</li>
            </ul>
        </li>
        <li>6.3 页面元素的显示和隐藏
            <ul>
                <li>6.3.1  实例程序</li>
                <li>6.3.2  代码解析</li>
                <li>6.3.3  样式属性 display</li>
                <li>6.3.4  样式属性 visibility</li>
            </ul>
        </li>
    </ul>
    </body>
    </html>
```

(2)CSS 样式表文件,ex8_1.css 代码

```
@charset "utf-8";
/* CSS Document */
/* ex8_1.css */
li {
```

```css
        list-style-type: none;
}
body {
        font-size: 16px;
}
.colorBlack {
        color: #333;
}
    .colorRed {
color: #F00;
}
```

(3) JS 文件，ex8_1.js 代码

```javascript
// JavaScript Document
// ex8_1.js
window.onload = init;
function init() {
    var node = document.getElementById("list");
    var nodeListLi1 = node.childNodes;              //①
    for(var i = 0; i < nodeListLi1.length; i++){    //②
        if(nodeListLi1[i].nodeType == 1){           //③
            nodeListLi1[i].onclick = go;            //④
        }
    }
}
function go() {
    var node = document.getElementById("list");
    var nodeListLi1 = node.childNodes;
    for(var i = 0; i < nodeListLi1.length; i++){
        if(nodeListLi1[i].nodeType == 1){
            nodeListLi1[i].setAttribute("class","colorBlack");   //⑤
        }
    }
    this.setAttribute("class","colorRed");          //⑥
}
```

8.1.2 代码解析

对例 8-1 的 ex8_1.js 文件中部分代码进行解析。

1. 函数 init()功能

代码①处，node 为第一层 ul 标签元素对象，node.childNodes 为 node 对象的所有子节点对象的集合(第一层 li 标签及空白符等)，用 nodeListLi1 引用该集合。

代码②处，对 nodeListLi1 中的节点进行遍历。

代码③处，如果节点 nodeListLi1[i]的节点类型 nodeType 为 1，即为元素节点，则代码④处，为该节点绑定鼠标点击事件处理程序，去调用函数 go。if 语句的目的是去掉第一层 ul 标签元素的子节点中的非元素节点对象，如空白符（tab 制表符、换行符等），仅对第一层 li 标签对象绑定事件。

函数 init()实现为页面中的第一层 li 标签绑定鼠标点击事件处理程序 go。

2. 函数 go( )功能

代码⑤处，通过节点的 setAttribute()方法，将该节点（页面中的所有第一层的 li 标签）对象的 class 属性设置为 colorBlack 类样式（字体颜色为黑色）。

代码⑥处，将当前点击对象的 class 属性设置为 colorRed 类样式（字体颜色为红色）。

函数 go()实现将页面文档中所有目录的字体颜色设置为黑色，然后将当前点击的目录对象所对应的父目录到子目录的文字颜色设置为红色。

8.1.3 DOM 概述

文档对象模型（Document Object Model，简称 DOM），是将结构化文档进行模型化处理并提供一种可以访问、导航和处理文档的应用程序编程接口（Application Programming interface，API）的技术。借助 DOM 技术可以操作 XML、HTML 等结构化文档，DOM 是一种独立于特定语言的技术。

W3C 发布了标准来规定浏览器应该如何处理文档对象模型 DOM。

W3C 文档对象模型（DOM）是独立于平台和语言的接口，它允许程序和脚本动态访问和更新文档的内容、结构和样式。

DOM 由各大浏览器来实现，大部分主流的浏览器都执行这个标准，因此 DOM 的兼容性问题也几乎难觅踪影了。

目前 W3C 推荐标准 DOM 可以分为 3 个级别：
- DOM Level 1（1 级 DOM）
- DOM Level 2（2 级 DOM）
- DOM Level 3（3 级 DOM）

W3C DOM 标准被分为 3 个不同的部分：
- 核心 DOM——针对任何结构化文档的标准模型
- XML DOM——针对 XML 文档的标准模型
- HTML DOM——针对 HTML 文档的标准模型

HTML DOM 的 API 通过一定的继承关系与核心 DOM 的 API 紧密联系，部分核心 DOM 接口与部分 HTML DOM 接口之间的继承关系如图 8-2 所示，图中以 HTML 开头的接口为 HTML DOM 接口。

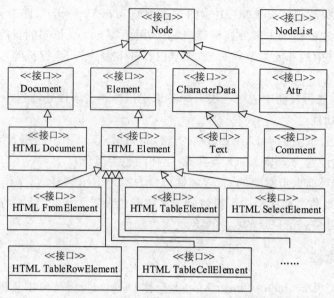

图 8-2 部分核心 DOM 接口与部分 HTML DOM 接口之间的继承关系图

8.1.4 DOM 树和节点类型

DOM 是用于处理结构化文档的，DOM 将 HTML 文档转换为一棵由节点（node）组成的树结构。通过遍历树的各个分支可以访问每一个 HTML 文档元素，可以使用 JavaScript 修改这个树结构的任何方面，包括添加、访问、修改和删除树中的节点。例 8-1 的 HTML 文档可以转换为如图 8-3 所示的 DOM 树。

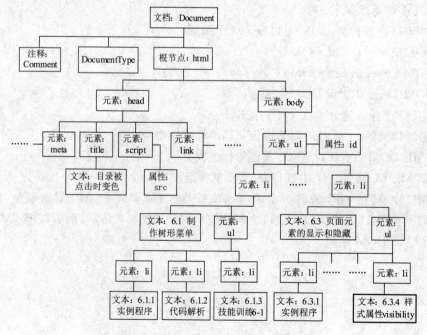

图 8-3 例 8-1 HTML 文档的 DOM 树

图 8-3 中,DOM 树中的每一个分支称为一个节点。由一个节点分出的下一个层次的节点称为子节点,而该节点则称为父节点,即节点之间是一种父子关系,如图 8-3 中"head"节点就是"title"节点的父节点,而"title"节点就是"head"节点的子节点。同一父节点下位于同一层次的节点称为兄弟节点,如图 8-3 中,"ul"节点下的"li"节点互为兄弟节点。

根据 DOM,HTML 文档中的每个标签或元素都是一个节点,节点有不同类型,节点 Node 对象的 nodeType 属性返回节点的类型。DOM 规定节点的类型如表 8-1 所示。

表 8-1 常用节点类型

节点类型	节点类型对象	描述	nodeType 值
文档节点	Document	表示当前文档	9
元素节点	Element	表示文档中的 HTML 元素(标签)	1
文本节点	Text	表示文档中的文本内容	3
属性节点	Attr	表示文档中 HTML 元素的属性	2
注释节点	Comment	表示文档中的注释内容	8

8.1.5 核心 DOM 的 Node 和 NodeList

核心 DOM 中 Node 对象表示一个节点,而 NodeList 表示节点的集合,是存储多个节点的数组。

1. Node

(1) Node 节点对象的三个基本属性为:

nodeName:一个只读字符串,表示节点的名称,相对于 HTML 标签的"name"属性。

nodeType:一个只读整数,表示节点的类型,在表 8-1 中列出了常用的节点类型。

nodeValue:一个可读写的字符串,表示节点的值,不能为元素节点设置 nodeValue 值,因为其永远为 null。

例如,例 8-1 中 ex8_1.js 文件中,代码③处,判定节点 nodeListLi1[i] 的节点类型 nodeType 是否为 1。

(2) Node 节点对象属性常用的还有 childNodes、firstChild、lastChild、nextSibling、previousSibling、parentNode 等,这将在 8.2.2 节讲述。

(3) Node 节点对象的常用方法有 hasChildNodes()(在 8.2.2 节讲述)、appendChild()、insertBefore()、cloneNode()(在 8.2.4 节讲述)、replaceChild()、removeChild()(在 8.2.6 节讲述)等。

2. NodeList

NodeList 是一个 Node 数组,是节点集合对象,可以使用数组的方法访问 NodeList 中的 Node 对象。NodeList 的 length 属性为一个只读属性,返回 NodeList 中存储的 Node 对象的个数。NodeList 还提供了 item()方法用于访问指定的元素,基本语法格式为:

```
node = list.item(index);
```

其中,参数 index 为数组的索引,方法返回指定索引位置的 Node 对象。

例如,例 8-1 中 ex8_1.js 文件中,代码①处,nodeListLi1 为一个 NodeList 对象,代码②

处,对nodeListLi1数组进行遍历,nodeListLi1.length取为NodeList对象的长度length属性,代码③处和④处,按数组的方式访问节点,也可将nodeListLi1[i]改为nodeListLi1.item(i)来访问。

8.1.6 核心DOM的Element对象

核心DOM中,Element对象继承了Node对象,又有自己的属性和方法:tagName属性返回元素的标签名;getAttribute()方法和setAttribute()方法用于获取和设置元素指定的属性值;removeAttribute()方法用于从元素中删除指定的属性及其值。

8.1.7 查找文档中的元素与元素属性操作

1. 查找文档中的元素

Document对象的getElementById()方法、getElementsByTagName()方法和getElementsByName()方法,用来获取HTML元素。这些方法前面已经学习过,这里不再赘述。

2. 元素属性设置

核心DOM中,Element元素对象定义了getAttribute()方法和setAttribute()方法用于获取和设置元素指定的属性值。基本语法格式为:

```
atr = element.getAttribute(name);
element.setAttribute(name,value);
```

其中,name为属性名,value为属性值。

例如,例8-1的ex8_1.js文件中,代码⑥处,通过setAttribute()方法,将当前对象的"class"类样式属性的值设置为"colorRed"类样式。

8.1.8 技能训练8-1

1. 需求说明

点击"取超链接网址和变色"按钮,改变列表的背景颜色,并取出超链接的网址。

2. 运行效果图

点击"取超链接网址和变色"按钮后,运行效果如图8-4所示。

图8-4 技能训练8-1 点击按钮后的运行效果图

8.2 目录内容操作

8.2.1 获取目录内容

8.2.1.1 实例程序

【例 8-2】 获取目录内容。

1. 需求说明

点击目录时,获取该目录内容,将其显示在下面的内容显示区中。运行效果如图 8-5 所示。

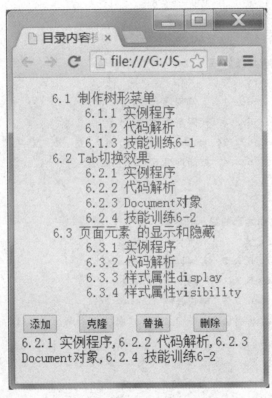

图 8-5 例 8-2 点击目录时的运行效果图

2. 实例代码

(1) HTML 页面文件,ex8_2.html 代码

该代码与 ex8_1.html 代码前部相同,只是在最后添加了按钮和内容显示区。

```
<!--ex8_2.html-->
<!DOCTYPE html PUBLIC "-//W3C//DTD XHTML 1.0 Transitional//EN" "http://www.w3.org/TR/xhtml1/DTD/xhtml1-transitional.dtd">
<html xmlns="http://www.w3.org/1999/xhtml">
<head>
<meta http-equiv="Content-Type" content="text/html; charset=utf-8" />
```

```html
<title>目录内容操作</title>
<script src="ex8_2.js"></script>
<link href="ex8_1.css" rel="stylesheet" type="text/css" />
</head>
<body>
<ul id="list">
    <li>6.1 制作树形菜单
        <ul>
            <li>6.1.1  实例程序</li>
            <li>6.1.2  代码解析</li>
            <li>6.1.3  技能训练 6-1</li>
        </ul>
    </li>
    <li>6.2 Tab 切换效果
        <ul>
            <li>6.2.1  实例程序</li>
            <li>6.2.2  代码解析</li>
            <li>6.2.3  Document 对象</li>
            <li>6.2.4  技能训练 6-2</li>
        </ul>
    </li>
    <li>6.3 页面元素的显示和隐藏
        <ul>
            <li>6.3.1  实例程序</li>
            <li>6.3.2  代码解析</li>
            <li>6.3.3  样式属性 display</li>
            <li id="last">6.3.4  样式属性 visibility</li>
        </ul>
    </li>
</ul>
<input id="add" type="button" value="添加" />  
<input id="clone" type="button" value="克隆" />  
<input id="replace" type="button" value="替换" />  
<input id="remove" type="button" value="删除" />
<div id="result">内容显示区:</div>
</body>
</html>
```

(2)JS 文件,ex8_2.js 代码

```
// JavaScript Document
// ex8_2.js
window.onload = init;
```

第8章　DOM

```
function init() {
    var node = document.getElementById("list");
    var nodeListLi1 = node.childNodes;
    for(var i = 0;i<nodeListLi1.length;i++){
        if(nodeListLi1[i].nodeType == 1){
            nodeListLi1[i].onclick = go;
        }
    }
}
function go() {
    var node = document.getElementById("list");
    var nodeListLi1 = node.childNodes;
    for(var i = 0;i<nodeListLi1.length;i++){
        if(nodeListLi1[i].nodeType == 1){
            nodeListLi1[i].setAttribute("class","colorBlack");
        }
    }
    this.setAttribute("class","colorRed");
    getInfo(this);                                              //①
}
function getInfo(node) {
    var nodeListUl2 = node.childNodes;                          //②
    var text = new Array();                                     //③
    var idx = 0;
    for(var i = 0;i<nodeListUl2.length;i++){                    //④
        if(nodeListUl2[i].nodeType == 1){                       //⑤
            var nodeListLi2 = nodeListUl2[i].childNodes;        //⑥
            for(var j = 0;j<nodeListLi2.length;j++){            //⑦
                if(nodeListLi2[j].nodeType == 1){               //⑧
                    text[idx] = nodeListLi2[j].lastChild.nodeValue;  //⑨
                    idx++;
                }
            }
        }
    }
    var resultNode = document.getElementById("result");
    resultNode.lastChild.nodeValue = text.toString();           //⑩
}
```

8.2.1.2　代码解析

对例 8-2 的 ex8_2.js 文件中的部分代码进行解析。

1. 函数 init( )和函数 go( )的功能

函数 init()代码与 ex8_1.js 中 init()代码相同。

函数 go() 代码与 ex8_1.js 中 go() 代码前部相同，只是在 go() 函数最后，代码①处，多了调用函数 getInfo(this)，参数 this 为当前点击的一级目录对象（即第一层 li 标签元素）。

2. 函数 getInfo(node) 功能

参数 node 为节点对象，调用该函数时，node 为当前点击的一级目录对象（即第一层 li 标签元素）。

代码②处，通过 node.childNodes，获取节点 node 的子节点集合，用 nodeListUl2 引用，集合 nodeListUl2 包含第二层 ul 标签元素及空白符等。

代码④处，遍历 nodeListUl2 集合中的节点。代码⑤处，如果节点 nodeListUl2[i] 为元素节点（第二层 ul 标签元素），则代码⑥处，再取节点 nodeListUl2[i] 的子节点集合赋给 nodeListLi2，集合 nodeListLi2 包含第二层 li 标签元素及空白符等。

代码⑦处，遍历 nodeListLi2 集合中的节点。代码⑧处，如果节点 nodeListLi2[j] 为元素节点（第二层 li 标签元素，二级目录），则代码⑨处，通过 nodeListLi2[j].lastChild.nodeValue 取节点 nodeListLi2[j] 的最后一个子节点（第二层 li 标签元素中的文本元素）的 nodeValue 值（文本内容），存储到数组元素 text[idx] 中。

代码⑩处，设置 resultNode.lastChild 节点（div 标签的最后子节点，即文本节点）的文本内容 nodeValue 为通过 text.toString() 将数组元素转变成的字符串，改变"内容显示区"div 中的文本内容。

函数 getInfo() 实现将点击目录的内容显示在内容显示区中。

8.2.2 节点的遍历

节点 Node 对象提供一些属性，用于在节点之间进行导航，进而遍历整个 DOM 树。常用的节点遍历属性如表 8-2 所示。

表 8-2 常用节点遍历属性

属性	描述
childNodes	一个只读属性，返回节点下所有子节点的 NodeList 集合
firstChild	一个只读属性，返回节点的第一个子节点，等价于 childNodes[0]
lastChild	一个只读属性，返回节点的最后一个子节点，等价于 childNodes[node.childNodes.length−1]
nextSibling	一个只读属性，返回节点的下一个相邻兄弟节点
previousSibling	一个只读属性，返回节点的上一个相邻兄弟节点
parentNode	一个只读属性，返回节点的父节点

节点 Node 对象还提供了 hasChildNodes() 方法，用于检测节点是否有子节点。其语法格式为：

```
node.hasChildNodes();
```

该方法没有参数，返回值为 true 或 false，若为 true，则说明节点有子节点；若为 false，则说明节点没有子节点。

例如，例 8-2 的 ex8_2.js 文件中，代码②处和⑥处，通过节点的 childNodes 属性获取节点的所有子节点；代码⑨处和⑩处，通过节点的 lastChild 属性获取节点的最后一个子节点。

8.2.3 添加目录内容

8.2.3.1 实例程序

【例 8-3】 添加目录内容。

1. 需求说明

点击"添加"按钮时,通过节点的 appendChild()方法,在目录最后添加子目录。点击克隆按钮时,通过节点的 cloneNode()方法,在目录最后添加子目录。运行效果如图 8-6 所示。

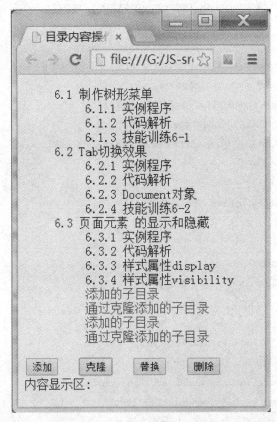

图 8-6 例 8-3 点击"添加"和"克隆"按钮的运行效果图

2. 实例代码

(1)HTML 页面文件,ex8_3.html

该代码与 ex8_2.html 代码相同。

(2)JS 文件,ex8_3.js 代码

```
// JavaScript Document
// ex8_3.js
window.onload = init;
function init(){
    var node = document.getElementById("list");
    var nodeListLi1 = node.childNodes;
    for(var i = 0;i<nodeListLi1.length;i++){
```

```
            if(nodeListLi1[i].nodeType = = 1){
                nodeListLi1[i].onclick = go;
            }
        }
        document.getElementById("add").onclick = add;                    //①
        document.getElementById("clone").onclick = clone;
        //document.getElementById("replace").onclick = replaceNode;
        //document.getElementById("remove").onclick = remove;             //②
    }
    function go(){
        var node = document.getElementById("list");
        var nodeListLi1 = node.childNodes;
        for(var i = 0;i<nodeListLi1.length;i + + ){
            if(nodeListLi1[i].nodeType = = 1){
                nodeListLi1[i].setAttribute("class","colorBlack");
            }
        }
        this.setAttribute("class","colorRed");
        getInfo(this);
    }
    function getInfo(node){
        var nodeListUl2 = node.childNodes;
        var text = new Array();
        var idx = 0;
        for(var i = 0;i<nodeListUl2.length;i + + ){
            if(nodeListUl2[i].nodeType = = 1){
                var nodeListLi2 = nodeListUl2[i].childNodes;
                for(var j = 0;j<nodeListLi2.length;j + + ){
                    if(nodeListLi2[j].nodeType = = 1){
                        text[idx] = nodeListLi2[j].lastChild.nodeValue;
                        idx + + ;
                    }
                }
            }
        }
        var resultNode = document.getElementById("result");
        resultNode.lastChild.nodeValue = text.toString();
    }
    function add(){
        var nodeLi = document.createElement("li");                       //③
        var nodeText = document.createTextNode("添加的子目录");            //④
```

```
            nodeLi.appendChild(nodeText);                              //⑤
            nodeLi.setAttribute("name","add");                         //⑥
            nodeLi.setAttribute("class","colorRed");
            var lastNode = document.getElementById("last");            //⑦
            lastNode.parentNode.appendChild(nodeLi);                   //⑧
        }
        function clone() {
            var lastNode = document.getElementById("last");
            var node = lastNode.cloneNode(true);                       //⑨
            node.lastChild.nodeValue = "通过克隆添加的子目录";          //⑩
            node.setAttribute("name","clone");
            node.setAttribute("class","colorRed");
            lastNode.parentNode.appendChild(node);
        }
```

8.2.3.2 代码解析

对例 8-3 的 ex8_3.js 文件中部分代码进行解析。

1. 函数 init()、函数 go()、函数 getInfo()的功能

函数 init()与 ex8_2.js 中的 init()函数前部分相同,仅在代码①到代码②处增加对页面四个按钮的鼠标点击事件绑定处理程序。

函数 go()和 getInfo()与 ex8_2.js 中相应函数代码相同。

2. 函数 add()功能

该函数首先创建节点,为节点添加属性,找到父节点,添加到父节点下,作为父节点的最后一个子节点。

代码③处,通过 document 的 createElement("li")创建一个"li"标签元素节点 nodeLi。

代码④处,通过 document 的 createTextNode()创建一个文本节点 nodeText。

代码⑤处,通过节点的 appendChild()方法,将文本节点 nodeText 作为子节点添加到元素节点 nodeLi 上。

代码⑥处以及下一行,为 nodeLi 节点添加 name 属性、class 属性和属性值。

代码⑦处,找到页面最后一个 li 元素节点 lastNode。

代码⑧处,通过节点的 parentNode 找到 lastNode 的父节点,将 nodeLi 作为子节点添加到该父节点上。

3. 函数 clone()功能

该函数首先克隆节点,修改和设置节点属性,然后找到父节点,添加到父节点最后。

代码⑨处,克隆节点 lastNode,参数为 true 时,复制其子节点,否则不复制子节点。

代码⑩处,node.lastChild 为 node 节点的文本子节点,nodeValue 为文本节点的文本内容。

8.2.4 节点的创建及添加

1. 节点的创建

Document 对象提供了 createElement()方法、createTextNode()方法用于创建元素节点和文本

节点,Node 对象提供了 cloneNode()方法用于克隆已有的节点。这些方法的用法如下。

➢ createElement()方法,基本的语法格式如下：

 elementNode = document.createElement(tagName);

该方法按照指定的标签名 tagName 创建一个新的元素节点。参数 tagName 为合法的 HTML 标签名称,类型为字符串,返回一个新的元素节点,通过变量 elementNode 引用。

➢ createTextNode()方法,基本的语法格式如下：

 textNode = document.createTextNode(data);

该方法创建一个新的文本节点,文本内容为 data。参数 data 为字符串,为文本节点的内容。返回一个新的文本节点,通过变量 textNode 引用。

➢ cloneNode()方法,基本的语法格式如下：

 copyNode = node.cloneNode(b);

该方法复制现有节点 node,新复制出的节点和原节点完全相同。参数 b 为布尔值,若 b 为 true,则在复制节点时其子节点也会被复制;否则,仅复制 node 节点,其子节点不被复制。

➢ 例如,例 8-3 的 ex8_3.js 文件中：

代码③处,通过 document.createElement("li")创建一个标签为 li 的元素节点。

代码④处,通过 document.createTextNode("添加的子目录")创建一个内容为"添加的子目录"的文本节点。

代码⑨处,通过 lastNode.cloneNode(true)复制了 lastNode 节点及其子节点,创建出一个和 lastNode 相同的新节点,包括子节点也相同。

2. 节点的添加

Node 对象提供了 appendChild()方法和 insertBefore()方法来向文档中添加和插入节点,用法如下。

➢ appendChild()方法,语法格式如下：

 node.appendChild(newNode);

该方法将节点 newNode 作为最后一个子节点添加到 node 上,node 是 newNode 的父节点,返回插入的节点。

➢ insertBefore()方法,语法格式如下：

 node.insertBefore(newNode,existingNode);

该方法在指定的已有子节点 existingNode 之前插入新的子节点 newNode,返回插入的节点。

参数:newNode 是必需的,为需要插入的节点对象;existingNode 是可选的,为在其之前插入新节点的子节点,如果无参数 existingNode,则 insertBefore()方法会在结尾插入 newNode。

8.2.5 替换和删除目录内容

8.2.5.1 实例程序

【例 8-4】 替换和删除目录内容。

1. 需求说明

点击"替换"按钮时,将原页面中最后一个子目录(id 值为"last"的 li 标签元素)替换为新内容。点击"删除"按钮时,将上例中通过"添加"按钮和"克隆"按钮添加的所有节点删除掉。运行效果如图 8-7、图 8-8 所示。

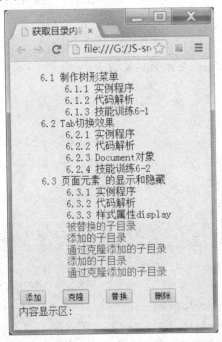

图 8-7 例 8-4 点击"替换"按钮效果图

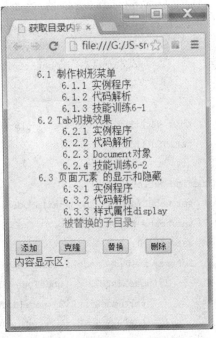

图 8-8 点击"删除"按钮效果图

2. 实例代码

(1) HTML 页面文件,ex8_4.html

该代码与 ex8_2.html 代码相同。

(2) JS 文件,ex8_4.js 代码

```
// JavaScript Document
// ex8_4.js
window.onload = init;
function init(){
    var node = document.getElementById("list");
    var nodeListLi1 = node.childNodes;
    for(var i = 0;i<nodeListLi1.length;i++){
        if(nodeListLi1[i].nodeType == 1){
            nodeListLi1[i].onclick = go;
        }
    }
    document.getElementById("add").onclick = add;
    document.getElementById("clone").onclick = clone;
    document.getElementById("replace").onclick = replaceNode;
    document.getElementById("remove").onclick = remove;
}
```

```javascript
function go() {
    var node = document.getElementById("list");
    var nodeListLi1 = node.childNodes;
    for(var i = 0;i<nodeListLi1.length;i++){
        if(nodeListLi1[i].nodeType = = 1){
            nodeListLi1[i].setAttribute("class","colorBlack");
        }
    }
    this.setAttribute("class","colorRed");
    getInfo(this);
}
function getInfo(node) {
    var nodeListUl2 = node.childNodes;
    var text = new Array();
    var idx = 0;
    for(var i = 0;i<nodeListUl2.length;i++){
        if(nodeListUl2[i].nodeType = = 1){
            var nodeListLi2 = nodeListUl2[i].childNodes;
            for(var j = 0;j<nodeListLi2.length;j++){
                if(nodeListLi2[j].nodeType = = 1){
                    text[idx] = nodeListLi2[j].lastChild.nodeValue;
                    idx++;
                }
            }
        }
    }
    var resultNode = document.getElementById("result");
    resultNode.lastChild.nodeValue = text.toString();
}
function add() {
    var nodeLi = document.createElement("li");
    var nodeText = document.createTextNode("添加的子目录");
    nodeLi.appendChild(nodeText);
    nodeLi.setAttribute("name","add");
    nodeLi.setAttribute("class","colorRed");
    var lastNode = document.getElementById("last");
    lastNode.parentNode.appendChild(nodeLi);
}
function clone() {
    var lastNode = document.getElementById("last");
    var node = lastNode.cloneNode(true);
```

```
        node.lastChild.nodeValue = "通过克隆添加的子目录";          //①
        node.setAttribute("name","clone");
        node.setAttribute("class","colorRed");
        lastNode.parentNode.appendChild(node);
    }
    function replaceNode(){
        var nodeLi = document.createElement("li");
        nodeLi.innerHTML = "被替换的子目录";                      //②
        nodeLi.setAttribute("id","last");
        nodeLi.setAttribute("class","colorRed");
        var lastNode = document.getElementById("last");
        lastNode.parentNode.replaceChild(nodeLi,lastNode);       //③
    }
    function remove(){
        var addNodeList = document.getElementsByName("add");     //④
        var cloneNodeList = document.getElementsByName("clone"); //⑤
        var lastNode = document.getElementById("last");
        for(i = addNodeList.length-1;i>=0;i--){
            lastNode.parentNode.removeChild(addNodeList[i]);     //⑥
        }
        for(i = cloneNodeList.length-1;i>=0;i--){
            lastNode.parentNode.removeChild(cloneNodeList[i]);
        }
    }
```

8.2.5.2 代码解析

对例 8-4 的 ex8_4.js 文件中部分代码进行解析。

1. 函数 init()、go()、getInfo()、add()、clone()的功能

这些函数与 ex8_3.js 中相应函数的代码相同。

2. 函数 replaceNode()功能

代码②处,用节点的 innerHTML 属性设置节点 nodeLi 的文本内容,功能同代码①处。innerHTML 方法较常用。

代码③处,通过父节点的 replaceChild()方法,用新节点 nodeLi 将原页面最后一个目录节点 lastNode 替换掉。实现新节点替换指定节点功能。

3. 函数 remove()功能

代码④处,找到通过"添加"按钮添加的所有节点集合 addNodeList。

代码⑤处,找到通过"克隆"按钮添加的所有节点集合 cloneNodeList。

代码⑥处,通过父节点的 removeChild()方法删除节点。

两个 for 语句,对集合 addNodeList、cloneNodeList 从后向前遍历,删除集合中节点。

8.2.6 节点的替换和删除

Node 对象提供了 replaceChild()方法、removeChild()方法用于替换和删除节点。

1. 节点的替换

replaceChild()方法，基本的语法格式如下：

```
node.replaceChild(newNode,oldNode);
```

node 为父节点对象。参数 newNode 是必需的，为希望插入的节点对象。参数 oldNode 是必需的，为希望删除的节点对象。该方法返回被替换的节点对象。

2. 节点的删除

removeChild()方法，基本的语法格式如下：

```
node.removeChild(chlidNode);
```

node 为父节点对象。参数 chlidNode 是必需的，为要删除的节点对象。该方法返回被删除的节点对象。

8.2.7 技能训练 8-2

1. 需求说明

在技能训练 8-1 的基础上，在页面中增加"添加"、"克隆"、"替换"、"删除"四个按钮。

点击"添加"按钮时，通过节点的 appendChild()方法，在最后添加包含超链接的列表。

点击"克隆"按钮时，通过节点的 cloneNode()方法，在最后添加包含超链接的列表。

点击"替换"按钮时，将原页面中最后一个列表（id 值为"last"的 li 标签元素）替换为新内容。

点击"删除"按钮时，将通过"添加"按钮和"克隆"按钮添加的所有节点都删除。

2. 运行效果图

运行效果如图 8-9、图 8-10 所示。

图 8-9　技能训练 8-2 点击"添加"和"克隆"效果图　　图 8-10　点击"替换"和"删除"效果图

8.3 订单处理

8.3.1 实例程序

【例 8-5】订单处理。
1. 需求说明

初始效果如图 8-11 所示。

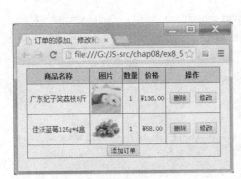

图 8-11 例 8-5 初始效果图

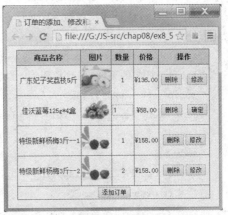

图 8-12 例 8-5 订单添加和修改效果图

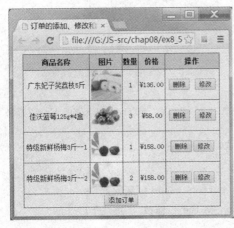

图 8-13 例 8-5 订单修改后效果图

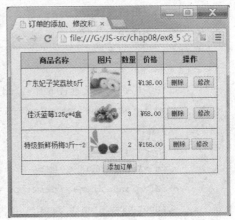

图 8-14 例 8-5 订单删除后效果图

(1)订单添加,点击"添加订单"按钮,在订单最后增加一个订单(增加一行)。运行效果如图 8-12 所示。

(2)订单修改,点击"修改"按钮,将该行数量单元格中的文本改为文本框,使其内容可修改编辑,并且将"修改"按钮改为"确定"按钮。效果如图 8-12 第三行所示。

(3)订单修改后的确定,点击"确定"按钮,将数量单元格中的文本框改为文本,使其内容不可编辑,并且将"确定"按钮改为"修改"按钮。运行效果由图 8-12 第三行所示变为图 8-13 第三行所示。

(4)订单删除,点击"删除"按钮,删除该订单(即删除订单所在的行)。运行效果如图 8-14 所示。

2. 实例代码

(1)HTML 页面文件,ex8_5.html 代码

```html
<!-- ex8_5.html -->
<!DOCTYPE html PUBLIC "-//W3C//DTD XHTML 1.0 Transitional//EN" "http://www.w3.org/TR/xhtml1/DTD/xhtml1-transitional.dtd">
<html xmlns="http://www.w3.org/1999/xhtml">
<head>
<meta http-equiv="Content-Type" content="text/html; charset=utf-8" />
<title>订单的添加、修改和删除</title>
<script src="ex8_5.js"></script>
<link href="ex8_5.css" rel="stylesheet" type="text/css" />
</head>
<body>
<table border="0" cellspacing="0" cellpadding="0" id="orderTable">
    <tr class="thead">
        <td>商品名称</td>
        <td>图片</td>
        <td>数量</td>
        <td>价格</td>
        <td>操作</td>
    </tr>
    <tr id="tr1">
        <td>广东妃子笑荔枝 5 斤</td>
        <td><img src="images/ex8-5-1.jpg" width="60" height="60" alt="荔枝" />
        </td>
        <td>1</td>
        <td>&yen;136.00</td>
        <td><input name="del" type="button" value="删除" />
        <input name="edit" type="button" value="修改" /></td>
    </tr>
    <tr id="tr2">
        <td>佳沃蓝莓 125g*4 盒</td>
        <td><img src="images/ex8-5-2.jpg" width="60" height="60" alt="蓝莓" />
        </td>
        <td>1</td>
        <td>&yen;58.00</td>
        <td><input name="del" type="button" value="删除" />
```

```
            <input name="edit" type="button" value="修改" /></td>
        </tr>
        <tr>
            <td colspan="5">
                <input id="add" type="button" value="添加订单" /></td>
        </tr>
    </table>
</body>
</html>
```

(2) CSS 样式表文件, ex8_5.css 代码

```css
@charset "utf-8";
/* CSS Document */
/* ex8_5.css */
table{
    font-size: 14px;
    line-height: 30px;
    border-top: 1px solid #333;
    border-left: 1px solid #333;
    width: 400px;
    margin: 0px auto;
    padding: 0px;
}
td{
    border-right: 1px solid #333;
    border-bottom: 1px solid #333;
    text-align: center;
}
.thead{
    font-weight: bold;
    background-color: #cccccc;
}
```

(3) JS 文件, ex8_5.js 代码

```javascript
// JavaScript Document
// ex8_5.js
window.onload = init;
    var num = 0;                                                    //①
    function init(){
        var addObj = document.getElementById("add");
        addObj.onclick = addRow;
        var delObjs = document.getElementsByName("del");
        for(var i = 0; i < delObjs.length; i++){
```

```javascript
            delObjs[i].onclick = delRow;
        }
        var editObjs = document.getElementsByName("edit");
        for(var i = 0;i<editObjs.length;i + + ){
            editObjs[i].onclick = editNum;
        }
    }
    function addRow() {
        var tabObj = document.getElementById("orderTable");
        var newRow = tabObj.insertRow(tabObj.rows.length - 1);          //②
        var col1 = newRow.insertCell(0);                                 //③
        col1.innerHTML = "特级新鲜杨梅 3 斤 -- " + ( + + num);
        var col2 = newRow.insertCell(1);
        col2.innerHTML = '<img src = "images/ex8 - 5 - 3.jpg" width = "60" height = "60" alt = "蓝莓" />';
        var col3 = newRow.insertCell(2);
        col3.innerHTML = num;
        var col4 = newRow.insertCell(3);
        col4.innerHTML = "&yen;158.00";
        var col5 = newRow.insertCell(4);
        col5.innerHTML = '<input name = "del" type = "button" value = "删除" />';   //④
        col5.innerHTML = col5.innerHTML + '<input name = "edit" type = "button" value = "修改" />';
        col5.firstChild.onclick = delRow;                                //⑤
        col5.lastChild.onclick = editNum;
    }
    function delRow() {
        var rowIdx = this.parentNode.parentNode.rowIndex;                //⑥
        var flag = window.confirm("要删除第" + (rowIdx + 1) + "行?");
        if(flag = = true){
            var tabObj = document.getElementById("orderTable");
            tabObj.deleteRow(rowIdx);                                    //⑦
        }
    }
    function editNum() {
        this.value = "确定";                                             //⑧
        var idx = this.parentNode.cellIndex - 2;                         //⑨
        var tr = this.parentNode.parentNode;
        var txt = tr.cells[idx].innerHTML;
        tr.cells[idx].innerHTML = "<input type = 'text' style = 'width:40px;' value = '" + txt + "' />";
        this.onclick = editOk;
```

```
    }
    function editOk() {
        this.value = "修改";
        var idx = this.parentNode.cellIndex - 2;
        var tr = this.parentNode.parentNode;
        var text = tr.cells[idx].firstChild.value;                      //⑩
        tr.cells[idx].innerHTML = text;
        this.onclick = editNum;
    }
```

8.3.2 代码解析

对例 8-5 的 ex8_5.js 文件中部分代码进行解析。

代码①处,全程变量 num 表示当前添加过的订单数量。

1. 函数 init()功能

(1)addObj 引用获取的页面"添加订单"按钮对象,为该对象绑定点击事件处理程序 addRow。

(2)delObjs 引用获取的页面"删除"按钮对象集合,遍历该集合,为各个"删除"按钮对象绑定点击事件处理程序 delRow。

(3)editObjs 引用获取的页面"修改"按钮对象集合,遍历该集合,为各个"修改"按钮对象绑定点击事件处理程序 editNum。

2. 函数 addRow()功能

该函数实现添加一个订单的需求。先添加行,接着添加单元格,再为各个单元格添加内容,最后为单元格中的"删除"按钮和"修改"按钮绑定事件处理程序。点击"添加订单"按钮调用该函数。

(1)tabObj 引用页面中的表格对象。代码②处,tabObj.rows.length 为表格对象的行数,通过表格对象的 insertRow()方法在倒数第二行(即 tabObj.rows.length-1)添加一行,newRow 引用该行对象。

(2)代码③处,通过行对象 newRow 的 insertCell(0)方法,添加第一个单元格,col1 引用该单元格。其下面一行代码实现为该单元格添加文本内容。

同样,代码③处到⑤处的前一行,完成为行对象 newRow 添加 6 个单元格对象,并为各单元格添加内容。

(3)代码④处,第 5 个单元格对象 col5 中的内容为一个按钮标签对象。

(4)代码⑤处,第 5 个单元格对象 col5 的第一个子节点(即 col5.firstChild)为"删除"按钮对象,为该对象绑定点击事件处理程序 delRow。同样,下一行代码,为该单元格的"修改"按钮对象绑定点击事件处理程序 editNum。

(5)小技巧。为各个单元格添加内容时,要写标签代码,这些标签代码容易写错,可以将 HTML 文档中的相似代码(若没有,可先在页面中生成该标签代码)拷贝过来,稍稍改一下,再在标签代码的开头和结尾添加单引号或双引号即可。

3. 函数 delRow()功能

该函数实现删除一个订单的需求。先取得当前点击的"删除"按钮对象所在的行,以及该行在表中的位置索引,用户确认要删除后,再找到表格对象,删除该行。点击"删除"按钮时调用该函数。

代码⑥处,this 为当前点击的"删除"按钮对象,this.parentNode 为其所在的单元格对象,this.parentNode.parentNode 为其所在的行对象,this.parentNode.parentNode.rowIndex 为该行在表中的位置索引。

代码⑦处,通过表格对象的 deleteRow(rowIdx)方法来删除该行,参数 rowIdx 为行在表中的位置。

4. 函数 editNum( )功能

该函数实现的需求为:点击"修改"按钮时,将该行数量单元格中的文本改为文本框,使其内容可修改编辑,并且将"修改"按钮改为"确定"按钮,即订单修改。

(1)代码⑧处,this 为当前点击的"修改"按钮对象,代码完成将其对象 value 值改为"确定"(即将"修改"按钮改为"确定"按钮)。

(2)代码⑨处,this.parentNode.cellIndex 为点击按钮所在的单元格在该行的单元格集合中的位置,减 2 后得到的 idx 为该行数量单元格在单元格集合中的位置。

(3)代码⑨处下面的代码:tr 引用行对象,txt 为数量单元格中文本的内容,接着改变该单元格中的元素为文本框,最后为该当前点击的按钮对象绑定鼠标点击事件处理程序 editOk。

5. 函数 editOk( )功能

该函数实现的需求为:点击"确定"按钮时,将数量单元格中的文本框改为文本,使其内容不可编辑,并且将"确定"按钮改为"修改"按钮,即订单修改后的确定。

(1)改变点击按钮的 value 值,即实现将"确定"按钮改为"修改"按钮。

(2)idx 为数量单元格在该行的单元格集合中的位置,tr 引用行对象。

(3)代码⑩处,tr.cells[idx]为数量单元格对象,tr.cells[idx].firstChild 为单元格中的文本框对象,变量 text,即 tr.cells[idx].firstChild.value,为文本框中输入的内容。

(4)代码⑩处下面的代码,将数字单元格(tr.cells[idx])中元素设置为文本 text。最后为当前点击对象绑定鼠标点击事件处理程序 editNum。至此,订单数量修改完成。

8.3.3 HTML DOM

核心 DOM 操作节点的方法标准、通用,是为在各种情况下操作文档而设计的。HTML DOM 是专门针对 HTML 文档而设计的,一些操作比较简便,如可直接访问元素的属性等。

1. 什么是 HTML DOM

HTML DOM 是:

➢ HTML 的标准对象模型

➢ HTML 的标准编程接口

➢ W3C 标准

HTML DOM 定义了所有 HTML 元素的对象和属性,以及访问它们的方法。即 HTML DOM 是关于如何获取、修改、添加或删除 HTML 元素的标准。

2. HTML DOM 的节点

在 HTML DOM 中,所有事物都是节点。DOM 是被视为节点树的 HTML。

根据 W3C 的 HTML DOM 标准，HTML 文档中的所有内容都是节点，节点有：
- 整个文档是一个文档节点。
- 每个 HTML 元素是元素节点。
- HTML 元素内的文本是文本节点。
- 每个 HTML 属性是属性节点。
- 注释是注释节点。

3. HTML DOM 的节点树（DOM 树）

HTML DOM 将 HTML 文档视作树结构。这种结构被称为节点树。

4. 父、子和同胞节点

节点树中的节点彼此拥有层级关系。

父（parent）、子（child）和同胞（sibling）等术语用于描述层次关系。父节点拥有子节点。同级的子节点被称为同胞（兄弟或姐妹）。
- 在节点树中，顶端节点被称为根（root）。
- 每个节点都有父节点，除了根，它没有父节点。
- 一个节点可拥有任意数量的子节点。
- 同胞是拥有相同父节点的节点。

上述内容在 8.1.4 节 DOM 树和节点类型有详细讲解，这里不再讲述。

8.3.4　HTML DOM 对象及其属性的访问

1. HTML DOM 对象

HTML 文档中所有内容都是节点，每个节点都是对象。每个对象都有相应的属性、方法和事件。常用对象有：文档对象 Document、表单对象 Form、表单元素对象（如按钮对象 Button、多选框对象 Checkbox、文本框对象 Text、列表对象 Select、列表选项对象 Option 等）、样式对象 Style、表格对象 Table、行对象 TableRow、单元格对象 TableCell 等。

文档对象 Document 在 6.2.3 节已讲述。列表对象 Select、列表选项对象 Option 在 4.2.6 节已讲述过。样式对象 Style 在 6.2.4 节已讲述过。复选框对象 Checkbox 在 6.5.3 节已讲述过。表单对象 Form 将在 9.3.3 节讲述，文本框对象 Text 将在 9.3.4 节讲述。本章主要讲述 Table、TableRow 和 TableCell 对象。

2. HTML DOM 对象属性的访问

访问 HTML DOM 对象的属性直接使用"对象名.属性"，来取得或设置对象的属性。可以不采用 getAttribute()方法和 setAttribute()方法。

例如，例 8-5 的 ex8_5.js 中，函数 editNum()的代码⑧处，this.value="确定"，通过"."操作直接设置当前点击对象的 value 属性值。

8.3.5　Table 对象

Table 对象代表一个 HTML 表格。

在 HTML 文档中<table>标签每出现一次，一个 Table 对象就会被创建。

Table 对象常用的属性和方法如表 8-3 所示。

表 8-3 Table 对象常用的属性和方法

类别	名称	描述
属性	cells[]	返回包含表格中所有单元格的一个数组
	rows[]	返回包含表格中所有行的一个数组
方法	deleteRow()	从表格中删除一行
	insertRow()	在表格中插入一个新行

➢ deleteRow()方法用于从表格中删除指定位置的行。语法格式为：

    tableObject.deleteRow(index);

说明：参数 index 指定了要删除的行在表中的位置。行的编码顺序就是它们在文档源代码中出现的顺序。<thead>和<tfoot>中的行与表中其他行一起编码。

➢ insertRow()方法用于在表格中的指定位置插入一个新行。其语法格式为：

    tableObject.insertRow(index);

说明：

(1) 该方法返回一个 TableRow 对象，表示新插入的行。

(2) 该方法创建一个新的 TableRow 对象，表示一个新的<tr>标记，并把它插入到表中的指定位置。

(3) 新行将被插入到 index 所在行之前。若 index 等于表中的行数，则新行将被附加到表的末尾。

例如，例 8-5 的 ex8_5.js 文件中：

代码②处，newRow=tabObj.insertRow(tabObj.rows.length-1)，tabObj.rows 为表格中所有行的一个数组，tabObj.insertRow(tabObj.rows.length-1)使用表格的 insertRow()方法在倒数第一行前插入一行。

代码⑦处，tabObj.deleteRow(rowIdx)，使用表格的 deleteRow()方法删除索引为 rowIdx 的行。

8.3.6 TableRow 对象

TableRow 对象代表表格中的一行。

在 HTML 文档中<tr>标签每出现一次，一个 TableRow 对象就会被创建。

TableRow 对象常用的属性和方法如表 8-4 所示。

表 8-4 TableRow 对象常用的属性和方法

类别	名称	描述
属性	cells[]	返回包含行中所有单元格的一个数组
	rowIndex[]	返回该行在表中的位置
方法	deleteCell()	删除行中指定的单元格
	insertCell()	在一行中指定位置插入一个空的<td>元素

➢ deleteCell()方法用于从表格中删除指定位置的单元格。语法格式为：

```
tableRowObject.deleteRow(index);
```
说明:参数 index 为要删除的单元格在行中的位置。

➢ insertCell()方法用于在 HTML 表的一行的指定位置插入一个空的<td>元素。其语法格式为:

```
tableRowObject.insertCell(index);
```

说明:

(1)该方法返回一个 TableCell 对象,表示新创建并被插入的<td>元素。

(2)该方法将创建一个新的<td>元素,把它插入到行中指定的位置。新单元格将被插入到当前位于 index 指定位置的单元格之前。如果 index 等于行中的单元格数,则新单元格被附加在行的末尾。

(3)请注意,该方法只能插入<td>数据单元格。若需要给行添加表头元素,必须用 Document.createElement()方法和 Node.insertBefore()方法(或相关的方法)创建并插入一个<th>元素。

例如,例 8-5 的 ex8_5.js 文件中:

代码③处,col1 = newRow.insertCell(0),通过行的 insertCell(0)方法插入第一个单元格。

代码⑥处,rowIdx=this.parentNode.parentNode.rowIndex,获取当前点击对象所在的行在表中的位置。

代码⑨处下 2 行,txt=tr.cells[idx].innerHTML,获取单元格数组 cells[],再获取单元格 cells[idx]中的内容。

8.3.7 TableCell 对象

TableCell 对象代表 HTML 表格中的一个单元格。

在 HTML 文档中<td>标签每出现一次,一个 TableCell 对象就会被创建。

TableCell 对象常用的属性如表 8-5 所示。

表 8-5 TableCell 对象常用的属性

属性	描述
cellIndex	返回单元格在该行的单元格集合中的位置
colSpan	设置或返回单元格横跨的列数
rowSpan	设置或返回单元格横跨的行数

例如,例 8-5 的 ex8_5.js 文件中:

代码⑨处,this.parentNode.cellIndex,获取单元格在该行的单元格集合中的位置。

8.3.8 HTML DOM 中的 Element 对象

在 HTML DOM 中,Element 对象表示 HTML 元素。Element 对象可以是类型为元素节点、文本节点、注释节点的节点。下面的属性和方法可用于所有 HTML 元素上。

Element 对象的一些属性和方法在 6.7.3 节已给出,另外一些常用的属性和方法列举如表 8-6 所示。

表 8-6　Element 对象常用的属性和方法

属性/方法	描述
element.appendChild()	向元素添加新的子节点,作为最后一个子节点
element.childNodes	返回元素子节点的 NodeList
element.cloneNode()	克隆元素
element.firstChild	返回元素的第一个子元素
element.getAttribute()	返回元素节点的指定属性值
element.getElementsByTagName()	返回拥有指定标签名的所有元素的集合
element.hasAttribute()	如果元素拥有指定属性,则返回 true,否则返回 false
element.hasAttributes()	如果元素拥有属性,则返回 true,否则返回 false
element.hasChildNodes()	如果元素拥有子节点,则返回 true,否则返回 false
element.id	设置或返回元素的 id
element.innerHTML	设置或返回元素的内容
element.lastChild	返回元素的最后一个子元素
element.nextSibling	返回下一个兄弟节点
element.nodeName	返回元素的名称
element.nodeType	返回元素的节点类型
element.nodeValue	设置或返回元素值
element.ownerDocument	返回元素的根元素(文档对象)
element.parentNode	返回元素的父节点
element.previousSibling	返回前一个兄弟节点
element.removeAttribute()	从元素中移除指定属性
element.setAttribute()	把指定属性设置为指定值
element.tagName	返回元素的标签名

8.3.9　技能训练 8-3

制作网上订单页面。
1. 需求说明

（1）添加订单。点击"增加订单"按钮,增加订单,自己输入商品名称、数量和单价,如图 8-15 的第二行所示。

（2）确定订单。点击图 8-15 第二行的"确定"按钮,原商品名称、数量和单价从文本框改变为文本,不可编辑,"确定"按钮上的文字变为"修改"。如图 8-16 第二行所示。

（3）修改订单。点击图 8-15 第一行的"修改"按钮,商品名称、数量和单价由文本改变为文本框,可编辑修改,"修改"按钮上的文字变为"确定"。如图 8-16 第一行所示。

（4）删除订单。点击"删除"按钮,删除该行。

2. 运行效果图

运行效果如图 8-15 和图 8-16 所示。

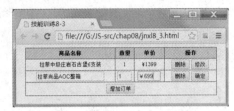

图 8-15 技能训练 8-3 增加订单

图 8-16 技能训练 8-3 确定和修改订单

8.4 淘宝购物车

8.4.1 实例程序

【例 8-6】 淘宝购物车。

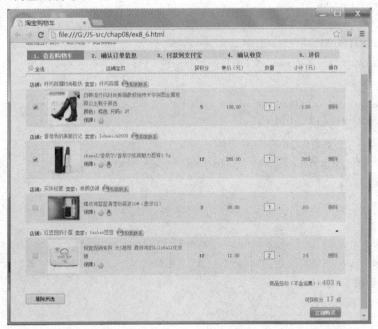

图 8-17 例 8-6 淘宝购物车效果图

1. 需求说明

实现如图 8-17 所示淘宝购物车效果。

（1）计算商品价格和积分

根据商品单价和数量，计算每件商品价格小计。

根据商品单价、数量和积分，计算被选中（复选框被勾选）商品的总价和可获积分。

（2）改变商品数量

点击"数量"列的"＋"和"－"号，改变商品数量，并且计算商品价格和积分。要求：商品数量必须大于 0,否则给出用户提示信息。

(3) 删除商品

点击"操作"列的"删除"超链接,删除商品信息及其店铺信息(删除商品所在的行和其上一行)。

点击"删除所选"按钮,删除被选中的所有商品信息及其店铺信息。

删除商品后计算商品价格和积分。

(4) 全选和全不选效果

点击"全选"前的复选框(称为全选复选框),若其为选中状态,则其下面的复选框(称为子复选框)都被选中;若其为不被选中状态,则子复选框都为不被选中状态。

点击子复选框,若所有子复选框都为选中状态,则全选复选框被选中;若所有子复选框中只要有一个处于不被选中状态,则全选复选框处于不被选中状态。

全选和全不选后计算商品价格和积分。

2. 实例代码

(1) HTML 页面文件,ex8_6.html 代码

```html
<!-- ex8_6.html -->
<!DOCTYPE html PUBLIC "-//W3C//DTD XHTML 1.0 Transitional//EN" "http://www.w3.org/TR/xhtml1/DTD/xhtml1-transitional.dtd">
<html xmlns="http://www.w3.org/1999/xhtml">
<head>
<meta http-equiv="Content-Type" content="text/html; charset=utf-8" />
<title>淘宝购物车</title>
<script src="ex8_6.js"></script>
<link href="ex8_6.css" rel="stylesheet" type="text/css" />
</head>

<body>
<div id="header"><img src="images/ex8-6-logo.gif" alt="logo" /></div>
<div id="nav">您的位置:<a href="#">首页</a> > <a href="#">我的淘宝</a> > 我的购物车</div>
<div id="navlist">
    <ul>
        <li class="navlist_red_left"></li>
        <li class="navlist_red">1.查看购物车</li>
        <li class="navlist_red_arrow"></li>
        <li class="navlist_gray">2.确认订单信息</li>
        <li class="navlist_gray_arrow"></li>
            <li class="navlist_gray">3.付款到支付宝</li>
        <li class="navlist_gray_arrow"></li>
            <li class="navlist_gray">4.确认收货</li>
        <li class="navlist_gray_arrow"></li>
```

```
            <li class="navlist_gray">5.评价</li>
            <li class="navlist_gray_right"></li>
    </ul>
</div>

<div id="content">
<table width="100%" border="0" cellspacing="0" cellpadding="0" id="shopping">
<form action="" method="post" name="myform">
    <tr>
        <td class="title_1"><input id="allCheckBox" type="checkbox" value=""/>
        全选</td>
        <td class="title_2" colspan="2">店铺宝贝</td>
        <td class="title_3">获积分</td>
        <td class="title_4">单价(元)</td>
        <td class="title_5">数量</td>
        <td class="title_6">小计(元)</td>
        <td class="title_7">操作</td>
    </tr>
    <tr>
        <td colspan="8" class="line"></td>
    </tr>
    <tr>
        <td colspan="8" class="shopInfo">店铺:<a href="#">纤巧百媚时尚鞋坊</a>　卖家:<a href="#">纤巧百媚</a> <img src="images/ex8-6-relation.jpg" alt="relation"/></td>
    </tr>
    <tr id="product1">
        <td class="cart_td_1"><input name="cartCheckBox" type="checkbox" value="product1"/></td>
        <td class="cart_td_2"><img src="images/ex8-6-cart-01.jpg" alt="shopping"/></td>
        <td class="cart_td_3"><a href="#">日韩流行风时尚美眉最爱独特米字拼图金属坡跟公主靴子黑色</a><br/>
        颜色:棕色 尺码:37<br/>
        保障:<img src="images/ex8-6-icon-01.jpg" alt="icon"/></td>
        <td class="cart_td_4">5</td>
        <td class="cart_td_5">138.00</td>
        <td class="cart_td_6"><img src="images/ex8-6-minus.jpg" alt="minus" name="minus" class="hand"/> <input id="num_1" type="text" value="1" class="num_input" readonly="readonly"/> <img src="images/ex8-6-adding.jpg" alt="add" name="add" class="hand"/></td>
```

```html
            <td class="cart_td_7"></td>
            <td class="cart_td_8"><a name="deleteRow">删除</a></td>
        </tr>

        <tr>
            <td colspan="8" class="shopInfo">店铺：<a href="#">香港我的美丽日记</a>    卖家：<a href="#">lokemick2009</a> <img src="images/ex8-6-relation.jpg" alt="relation" /></td>
        </tr>
        <tr id="product2">
            <td class="cart_td_1"><input name="cartCheckBox" type="checkbox" value="product2"/></td>
            <td class="cart_td_2"><img src="images/ex8-6-cart-02.jpg" alt="shopping"/></td>
            <td class="cart_td_3"><a href="#">chanel/香奈尔/香奈尔炫亮魅力唇膏3.5g</a><br />
                保障：<img src="images/ex8-6-icon-01.jpg" alt="icon" /> <img src="images/ex8-6-icon-02.jpg" alt="icon" /></td>
            <td class="cart_td_4">12</td>
            <td class="cart_td_5">265.00</td>
            <td class="cart_td_6"><img src="images/ex8-6-minus.jpg" alt="minus" name="minus" class="hand"/> <input id="num_2" type="text" value="1" class="num_input" readonly="readonly"/> <img src="images/ex8-6-adding.jpg" alt="add" name="add" class="hand"/></td>
            <td class="cart_td_7"></td>
            <td class="cart_td_8"><a name="deleteRow">删除</a></td>
        </tr>

        <tr>
            <td colspan="8" class="shopInfo">店铺：<a href="#">实体经营</a>卖家：<a href="#">林颜店铺</a> <img src="images/ex8-6-relation.jpg" alt="relation" /></td>
        </tr>
        <tr id="product3">
            <td class="cart_td_1"><input name="cartCheckBox" type="checkbox" value="product3"/></td>
            <td class="cart_td_2"><img src="images/ex8-6-cart-03.jpg" alt="shopping"/></td>
            <td class="cart_td_3"><a href="#">蝶妆海皙蓝清滢粉底液10#（象牙白）</a><br />
                保障：<img src="images/ex8-6-icon-01.jpg" alt="icon" /> <img src="
```

```html
          images/ex8-6-icon-02.jpg" alt="icon"/></td>
    <td class="cart_td_4">3</td>
    <td class="cart_td_5">85.00</td>
    <td class="cart_td_6"><img src="images/ex8-6-minus.jpg" alt="minus" name="minus" class="hand"/> <input id="num_3" type="text" value="1" class="num_input" readonly="readonly"/> <img src="images/ex8-6-adding.jpg" alt="add" name="add" class="hand"/></td>
    <td class="cart_td_7"></td>
    <td class="cart_td_8"><a name="deleteRow">删除</a></td>
</tr>

<tr>
    <td colspan="8" class="shopInfo">店铺：<a href="#">红豆豆的小屋</a>
        卖家：<a href="#">taobao 豆豆</a> <img src="images/ex8-6-relation.jpg" alt="relation"/></td>
</tr>

<tr id="product4">
    <td class="cart_td_1"><input name="cartCheckBox" type="checkbox" value="product4"/></td>
    <td class="cart_td_2"><img src="images/ex8-6-cart-04.jpg" alt="shopping"/></td>
    <td class="cart_td_3"><a href="#">相宜促销专供 大S 推荐 最好用的 LilyBell 化妆棉</a><br/>
        保障：<img src="images/ex8-6-icon-01.jpg" alt="icon"/></td>
    <td class="cart_td_4">12</td>
    <td class="cart_td_5">12.00</td>
    <td class="cart_td_6"><img src="images/ex8-6-minus.jpg" alt="minus" name="minus" class="hand"/> <input id="num_4" type="text" value="2" class="num_input" readonly="readonly"/> <img src="images/ex8-6-adding.jpg" alt="add" name="add" class="hand"/></td>
    <td class="cart_td_7"></td>
    <td class="cart_td_8"><a name="deleteRow">删除</a></td>
</tr>

<tr>
    <td colspan="3"><img src="images/ex8-6-del.jpg" id="deleteSelectRow" alt="delete"/></td>
    <td colspan="5" class="shopend">商品总价(不含运费)：<label id="total" class="yellow"></label> 元<br/>
        可获积分 <label class="yellow" id="integral"></label> 点<br/>
        <input name="" type="image" src="images/ex8-6-subtn.jpg"/></td>
```

```
            </tr>
        </form>
      </table>
   </div>
  </body>
</html>
```

(2) CSS 样式表文件, ex8_6.css 代码

```css
@charset "utf-8";
/* CSS Document */
/* ex8_6.css */
body{
    margin:0px;
    padding:0px;
    font-size:12px;
    line-height:20px;
    color:#333;
    }
ul,li,ol,h1,dl,dd{
    list-style:none;
    margin:0px;
    padding:0px;
}
a{
    color:#1965b3;
    text-decoration: none;
    }
a:hover{
    color:#CD590C;
    text-decoration:underline;
    }
img{
    border:0px;
    vertical-align:middle;
    }
#header{
    height:40px;
    margin:10px auto 10px auto;
    width:800px;
    clear:both;
    }
#nav{
```

```css
    margin:10px auto 10px auto;
    width:800px;
    clear:both;
}
#navlist{
    width:800px;
    margin:0px auto 0px auto;
    height:23px;
}
    #navlist li{
        float:left;
        height:23px;
        line-height:26px;
    }
    .navlist_red_left{
        background-image:url(../images/taobao_bg.png);
        background-repeat:no-repeat;
        background-position:-12px -92px;
        width:3px;
    }
    .navlist_red{
        background-color:#ff6600;
        text-align:center;
        font-size:14px;
        font-weight:bold;
        color:#FFF;
        width:130px;
    }
    .navlist_red_arrow{
        background-color:#ff6600;
        background-image:url(../images/taobao_bg.png);
        background-repeat:no-repeat;
        background-position:0px 0px;
        width:13px;
    }
    .navlist_gray{
        background-color:#e4e4e4;
        text-align:center;
        font-size:14px;
        font-weight:bold;
        width:150px;
```

```css
        }
    .navlist_gray_arrow{
        background-color:#e4e4e4;
        background-image:url(../images/taobao_bg.png);
        background-repeat:no-repeat;
        background-position:0px 0px;
        width:13px;
        }
    .navlist_gray_right{
        background-image:url(../images/taobao_bg.png);
        background-repeat:no-repeat;
        background-position:-12px -138px;
        width:3px;
        }
#content{
    width:800px;
    margin:10px auto 5px auto;
    clear:both;
    }
    .title_1{
        text-align:center;
        width:50px;
        }
    .title_2{
        text-align:center;
        }
    .title_3{
        text-align:center;
        width:80px;
        }
    .title_4{
        text-align:center;
        width:80px;
        }
    .title_5{
        text-align:center;
        width:100px;
        }
    .title_6{
        text-align:center;
        width:80px;
```

```css
        }
    .title_7{
        text-align:center;
        width:60px;
        }
    .line{
        background-color:#a7cbff;
        height:3px;
        }
    .shopInfo{
        padding-left:10px;
        height:35px;
        vertical-align:bottom;
        }
    .num_input{
        border:solid 1px #666;
        width:25px;
        height:15px;
        text-align:center;
        }
.cart_td_1,.cart_td_2,.cart_td_3,.cart_td_4,.cart_td_5,.cart_td_6,.cart_td_7,.cart_td_8{
        background-color:#e2f2ff;
        border-bottom:solid 1px #d1ecff;
        border-top:solid 1px #d1ecff;
        text-align:center;
        padding:5px;
        }
    .cart_td_1,.cart_td_3,.cart_td_4,.cart_td_5,.cart_td_6,.cart_td_7{
        border-right:solid 1px #FFF;
        }
    .cart_td_3{
        text-align:left;
        }
    .cart_td_4{
        font-weight:bold;
        }
    .cart_td_7{
        font-weight:bold;
        color:#fe6400;
        font-size:14px;
```

```css
        }
        .hand{
            cursor:pointer;
        }
    .shopend{
        text-align:right;
        padding-right:10px;
        padding-bottom:10px;
    }
    .yellow{
        font-weight:bold;
        color:#fe6400;
        font-size:18px;
        line-height:40px;
    }
```

(3) JS文件, ex8_6.js代码

```javascript
// JavaScript Document
// ex8_6.js
window.onload = init;
function init(){
    var allCheckBoxObj = document.getElementById("allCheckBox");        //①
    allCheckBoxObj.onclick = selectAll;
    var cartCheckBoxObjs = document.getElementsByName("cartCheckBox");
    for(var i = 0;i<cartCheckBoxObjs.length;i++){
        cartCheckBoxObjs[i].onclick = selectSingle;
    }
    var minusObjs = document.getElementsByName("minus");                //②
    for(var i = 0;i<minusObjs.length;i++){
        minusObjs[i].onclick = changeNum;
        minusObjs[i].op = "minus";
        minusObjs[i].numId = "num_" + (i+1);
    }
    var addObjs = document.getElementsByName("add");
    for(var i = 0;i<addObjs.length;i++){
        addObjs[i].onclick = changeNum;
        addObjs[i].op = "add";
        addObjs[i].numId = "num_" + (i+1);
    }
    var deleteRowObjs = document.getElementsByName("deleteRow");        //③
    for(var i = 0;i<deleteRowObjs.length;i++){
        deleteRowObjs[i].onclick = deleteRow;
```

```
        deleteRowObjs[i].trId = "product" + (i + 1);
    }
    var deleteSelectRowObj = document.getElementById("deleteSelectRow");   //④
    deleteSelectRowObj.onclick = deleteSelectRow;
    productCount();
}
function productCount() {
    var total = 0;                    //商品金额总计
    var integral = 0;                 //可获商品积分
    var point;                        //每一行商品的单品积分
    var price;                        //每一行商品的单价
    var number;                       //每一行商品的数量
    var subtotal;                     //每一行商品的小计
    /* 访问 ID 为 shopping 表格中所有的行数 */
    var trObjs = document.getElementById("shopping").getElementsByTagName("tr");
      //⑤
    if(trObjs.length>0){
    for(var i = 1;i<trObjs.length;i + + ){/* 从 1 开始,第一行的标题不计算 */
      //⑥
        if(trObjs[i].cells.length>2){ //是商品信息行
            point = trObjs[i].cells[3].innerHTML;
            price = trObjs[i].cells[4].innerHTML;
            number = trObjs[i].cells[5].getElementsByTagName("input")[0].value;
            trObjs[i].cells[6].innerHTML = price * number;
            if(trObjs[i].cells[0].firstChild.checked = = true){
                integral + = point * number;
                total + = price * number;
            }
        }
    }
    integral = parseFloat(integral) * 100;                       //⑦
    integral = Math.round(integral)/100;
    total = parseFloat(total) * 100;
    total = Math.round(total)/100;
    document.getElementById("total").innerHTML = total;
    document.getElementById("integral").innerHTML = integral;
    }
}
function changeNum() {
    var numObj = document.getElementById(this.numId);             //⑧
```

```
        if(this.op = = "minus"){
            if(numObj.value< = 1){
            alert("宝贝数量必须是大于 0");
            return false;
        }else{
            numObj.value = parseInt(numObj.value) - 1;
            productCount();
        }
    }else{
        numObj.value = parseInt(numObj.value) + 1;
        productCount();
    }
}
function deleteRow() {
    var rowObj = document.getElementById(this.trId);
    var rowIdx = rowObj.rowIndex;
    var flag = window.confirm("确定要删除该商品?");
    if(flag = = true){
        var tabObj = document.getElementById("shopping");
        tabObj.deleteRow(rowIdx);
        tabObj.deleteRow(rowIdx - 1);
    }
    productCount();
}
function deleteSelectRow() {
    var flag = window.confirm("确定要删除所选择的商品?");
    if(flag = = true){
        var tabObj = document.getElementById("shopping");
        var cartCheckBoxObjs = document.getElementsByName("cartCheckBox");
        for(var i = cartCheckBoxObjs.length - 1;i> = 0;i - - ){
            if(cartCheckBoxObjs[i].checked = = true){
                var trObj = document.getElementById(cartCheckBoxObjs[i].value);
                var rowIdx = trObj.rowIndex;
                tabObj.deleteRow(rowIdx);
                tabObj.deleteRow(rowIdx - 1);
            }
        }
        productCount();
    }
}
function selectAll() {
```

```
        var allCheckBoxObj = document.getElementById("allCheckBox");
        var cartCheckBoxObjs = document.getElementsByName("cartCheckBox");
        for(var i = 0;i<cartCheckBoxObjs.length;i++){
            cartCheckBoxObjs[i].checked = allCheckBoxObj.checked;
        }
        productCount();
    }
    function selectSingle(){
        var flag = true;
        var cartCheckBoxObjs = document.getElementsByName("cartCheckBox");
        for(var i = 0;i<cartCheckBoxObjs.length;i++){
            if(cartCheckBoxObjs[i].checked == false){
                flag = false;
                break;
            }
        }
        var allCheckBoxObj = document.getElementById("allCheckBox");
        if(flag){
            allCheckBoxObj.checked = true;
        }else{
            allCheckBoxObj.checked = false;
        }
        productCount();
    }
```

8.4.2 代码解析

对例 8-6 的 ex8_6.js 文件中部分代码进行解析。

1. 函数 init( )功能

（1）代码①处到②处之间，为"全选复选框"对象绑定点击事件处理程序，去调用函数 selectAll；为所有"子复选框"对象绑定点击事件处理程序，调用函数 selectSingle()。

（2）代码②处到③处之间，为"数量"列所有的"＋"和"－"对象绑定点击事件处理程序，去调用函数 changeNum()；并且为每个"＋"和"－"对象添加属性 op 和 numId，op 表示点击的是"＋"或"－"操作，numId 表示该单元格中商品数量文本框对象的 id 属性值，便于根据 id 查找到商品数量对象，进行修改。

（3）代码③处到④处之间，为"操作"列所有的"删除"对象绑定点击事件处理程序，去调用函数 deleteRow()，并为每个对象添加属性 trId，表示"删除"对象所在行的 id 属性值，便于删除该列。

（4）代码④处之后，为"删除所选"按钮对象绑定点击事件处理程序，去调用函数 deleteSelectRow()。然后调用函数 productCount()计算商品价格和积分。

2. 函数 productCount( )功能

该函数实现计算商品价格和积分的需求。

(1)变量的意义：total 表示商品金额总计，integral 表示商品积分总计，point 表示一行商品的积分，price 表示每一行商品的单价，number 表示每一行商品的数量，subtotal 表示每一行商品的金额小计。

(2)代码⑤处，通过 document.getElementById("shopping")获取表格对象，再通过表格对象的 getElementsByTagName("tr")方法获取表格中所有的行，用 trObjs 引用。注意学习该用法。

(3)若表中有商品（代码 trObjs.length>0），对商品进行遍历；代码⑥处下一行，若该行列数大于 2，即是商品信息行，不是商家信息行，则取出商品的积分、价格、数量，计算商品价格小计放入小计列；若该商品前的复选框被选中，则将商品的价格小计和积分加到商品价格总计和积分总计中。

(4)代码⑦处及其下面 3 行，实现价格总计和积分总计的格式化（精确到小数点后 2 位），然后将它们放入 HTML 页面相应的元素中。

3. 函数 changeNum( )功能

该函数实现改变商品数量的需求。

(1)代码⑧处，this.numId 为当前点击的"＋"或"－"对象的 numId 属性值，是其关联商品数量文本框对象的 id，通过 getElementById(this.numId)方法找到商品数量文本框对象 numObj。

(2)this.op 为当前点击的"＋"或"－"，根据不同的操作，改变数量文本框对象 numObj 的 value 值，从而改变商品数量。最后计算商品价格和积分。

4. 函数 deleteRow( )功能

该函数实现点击"操作"列的"删除"超链接，删除商品信息及其店铺信息的需求。

(1)this 为当前点击"操作"列的"删除"超链接，this.trId 为其所在行的 id 属性值。根据该值找到行对象 rowObj 及其在所有行的位置 rowIdx。

(2)用户确认删除后，获取表格对象 tabObj，用表格的 deleteRow()方法删除 rowIdx 行及其上一行，即删除商品信息行和商家信息行。最后计算商品价格和积分。

5. 函数 deleteSelectRow( )功能

函数实现点击"删除所选"按钮，删除被选中的所有商品信息及其店铺信息的需求。

(1)用户确认删除后，获取表格对象 tabObj。

(2)获取所有"子复选框"对象集合 cartCheckBoxObjs，从后向前遍历该集合，若复选框被选中，则根据其 value 值（cartCheckBoxObjs[i].value）找到其所在的行对象 trObj，获取行对象在所有行中的位置 rowIdx，删除该行（商品信息）和上一行（店铺信息）。

(3)调用函数 productCount()计算商品价格和积分。

6. 函数 selectAll( )和函数 selectSingle( )功能

这两个函数实现全选和全不选效果需求，其实现原理在 6.5 节已经讲述过，这里不再重复。

本章小结

> 文档对象模型(Document Object Model,简称 DOM),是将结构化文档进行模型化处理,并提供一种可以访问、导航和处理文档的应用程序编程接口的技术。

> W3C DOM 标准分三个部分:核心 DOM、XML DOM 和 HTML DOM。

> DOM 将 HTML 文档转换为一棵由节点(node)组成的树结构,DOM 树中的每一个分支称为一个节点。

> 由一个节点分出的下一个层次的节点称为子节点,该节点则称为父节点,即节点之间是一种父子关系。

> 同一父节点下位于同一层次的节点称为兄弟节点。

> 根据 DOM,HTML 文档中的每个标签或元素都是一个节点,节点有不同类型:文档节点 Document、元素节点 Element、文本节点 Text、属性节点 Attr 和注释节点 Comment。

> 核心 DOM 中 Node 对象表示一个节点,而 NodeList 对象表示节点的集合,是存储多个节点的数组。

> Node 节点对象的三个基本属性为:nodeName 表示节点名称,nodeTyp 表示节点类型,nodeValue 表示节点的值。

> getElementById()、getElementsByTagName()和 getElementsByName()是 Document 对象的方法,用于获取 HTML 元素。

> 核心 DOM 中,Element 对象的 getAttribute()、setAttribute()方法分别用于获取和设置元素指定的属性值。

> 节点 Node 对象提供一些属性用于在节点之间进行导航,进而遍历整个 DOM 树。常用的节点遍历属性有 childNodes、firstChild、lastChild、nextSibling、previousSibling 和 parentNode。

> Document 对象提供了 createElement()方法、createTextNode()方法用于创建元素节点和文本节点,Node 对象提供了 cloneNode()方法用于克隆已有的节点。

> Node 对象的 appendChild()方法和 insertBefore()方法向文档中添加和插入节点。

> Node 对象的 replaceChild()方法和 removeChild()方法用于替换和删除节点。

> 核心 DOM 操作节点的方法是标准和通用的,为在各种情况下操作文档而设计。HTML DOM 是专门针对 HTML 文档而设计的,一些操作比较简便,如可直接访问元素的属性等。

> HTML 文档中的所有内容都是节点,每个节点都是对象。每个对象都有相应的属性、方法和事件。

> HTML DOM 中常用的对象有:文档对象 Document、表单对象 Form、表单元素对象(如按钮对象 Button、多选框对象 Checkbox、文本框对象 Text、列表对象 Select、列表选项对象 Option 等)、样式对象 Style、表格对象 Table、行对象 TableRow、单元格对象 TableCell 等。

> 访问 HTML DOM 对象的属性直接使用"对象名.属性",来取得或设置对象的属性。

➢ Table 对象代表一个 HTML 表格。在 HTML 文档中＜table＞标签每出现一次,一个 Table 对象就会被创建。

➢ Table 对象常用属性有 cells[]和 rows[],常用方法有 deleteRow()和 insertRow()。

➢ TableRow 对象代表表格中的一行。在 HTML 文档中＜tr＞标签每出现一次,一个 TableRow 对象就会被创建。

➢ TableRow 对象常用属性有 cells[]和 rowIndex,常用方法有 deleteCell()和 insertCell()。

➢ TableCell 对象代表 HTML 表格中的一个单元格。在 HTML 文档中＜td＞标签每出现一次,一个 TableCell 对象就会被创建。

➢ TableCell 对象常用属性有 cellIndex、colSpan 和 rowSpan。

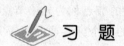
习 题

一、单项选择题

1. 假如 para1 是一个段落的 DOM 对象,下列(   )语法可以把该段落中的文本更改为"NewText"。

   A. para1.value="NewText";

   B. para1.firstChild.nodeValue="NewText";

   C. para1.nodeValue="NewText";

   D. document.getElementById(para1).value="NewText";

2. 下列(   )DOM 对象永远不会有父节点。

   A. body   B. div   C. document   D. form

3. 下列(   )语法可以为带有 head1 标识符的标题获取 DOM 对象。

   A. document.getElementById('head1');

   B. document.GetElementByID('head1');

   C. document.getElementsById("head1");

   D. document.GetElementsById("head1");

4. 某页面中有一个 id 为 birthday 的文本框,下列(   )能把文本框中的值改为"2016-10-12"。

   A. document.getElementById("birthday").setAttribute("value","2016-10-12");

   B. document.getElementById("birthday").values="2016-10-12";

   C. document.getElementById("birthday").getAttribute("2016-10-12");

   D. document.getElementById("birthday").text="2016-10-12";

5. 某页面中有如下代码,下列选项中(   )能把"李四"修改为"王五"。

   ＜table border="0" cellspacing="0" cellpadding="0" id="Table1"＞
   　　＜tr id="row1"＞
   　　　　＜td＞张三＜/td＞

```
        <td>90</td>
    </tr>
    <tr id="row2">
        <td>李四</td>
        <td>88</td>
    </tr>
</table>
```

A. document.getElementById("Table1").rows[2].cells[1].innerHTML="王五";

B. document.getElementById ("Table1").rows[1].cells[0].innerHTML="王五";

C. document.getElementById ("row1").cells[0].innerHTML="王五";

D. document.getElementById ("row2").cells[1].innerHTML="王五";

6. 在某页面中有一个 10 行 2 列的表格,表格的 id 为"table1",下面的选项(　　)能够删除最后一行。

```
<table border="0" cellspacing="0" cellpadding="0" id="table1">
    <tr id="row1">
        <td>张三</td>
<td>90</td>
</tr>
    <tr id="row2">
        <td>李四</td>
        <td>88</td>
    </tr>
    ……
</table>
```

A. document.getElementById("table1").deleteRow(10);

B. var delrow=document.getElementById("table1").firstChild;
   delrow.parentNode.removeChild(delrow);

C. var index=document.getElementById("table1").rows.length;
   document.getElementById("table1").deleteRow(index);

D. var index=document.getElementById("table1").rows.length;
   document.getElementById("table1").deleteRow(index-1);

7. 某页面中有一个 1 行 2 列的表格,其中表格行<tr>的 id 为 tr1,下列(　　)能在表格中增加一列,并且将这一列显示在最前面。

A. document.getElementById("tr1").Cells(0);

B. document.getElementById ("tr1").Cells(1);

C. document.getElementById ("tr1").insertCell(0);

D. document.getElementById ("tr1").insertCell(1);

8. 某页面中有一个 id 为 main 的 div,div 中有两个图片及一个文本框,下列(　　)能够完整地复制节点 main 及 div 中所有的内容。

A. document.getElementById("main").cloneNode(true);
B. document.getElementById("main").cloneNode(false);
C. document.getElementById("main").cloneNode();
D. main.cloneNode();

二、问答和编程题

1. 核心 DOM 包括哪些常用的节点操作？方法分别是什么？
2. 核心 DOM、HTML DOM 访问属性的方法分别是什么？
3. 自己动手，独立实现例 8-6 的淘宝购物车中的需求。

第 9 章
表单验证

本章工作任务
- 休闲网登录验证
- 淘宝网注册页面验证
- 博客网注册页面验证
- 信息即时提示的淘宝网注册页面验证

本章知识目标
- 了解表单验证的意义、内容及应用场景
- 掌握表单验证的一般方法
- 掌握 String 对象常用的属性和方法
- 掌握 Form 对象常用的属性、方法和事件
- 掌握 Text 对象常用的属性、方法和事件

本章技能目标
- 实现休闲网登录验证
- 实现基本的淘宝网注册页面验证
- 实现博客网注册页面验证,同时增强用户体验
- 实现信息即时提示的淘宝网注册页面验证

本章重点难点
- 表单验证的一般方法
- String 对象、Form 对象、Text 对象
- 淘宝网注册页面验证
- 博客网注册页面验证,同时增强用户体验
- 信息即时提示的淘宝网注册页面验证

第8章主要介绍了DOM的相关概念、DOM树、节点类型,核心DOM中节点的查找、遍历、创建、添加、替换、删除以及属性操作,HTML DOM中Table对象、TableRow对象、TableCell对象等,并且应用这些知识和技能实现目录操作、订单处理、淘宝购物车等页面效果。

本章主要讲述表单验证的意义、步骤和内容,String对象、Form对象、Text对象等,并且应用这些知识和技能实现休闲网登录页面、淘宝网注册页面和博客网注册页面的客户端页面验证。

9.1 休闲网登录验证

9.1.1 实例程序

【例9-1】 验证休闲网登录页面数据输入的有效性。

1. 需求说明

点击"登录"按钮时,检查邮箱的合法性,要求:
(1)电子邮箱不能为空。
(2)电子邮箱中必须包含符号"@"和"."。
运行效果如图9-1所示。

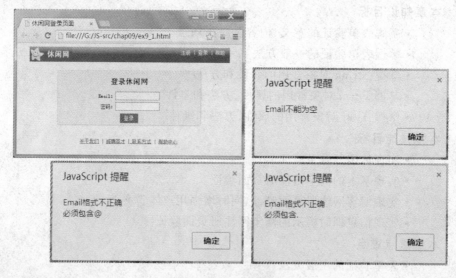

图9-1 例9-1运行效果图

2. 实例代码

(1)HTML页面文件,ex9_1.html代码

```
<!-- ex9_1.html -->
<!DOCTYPE html PUBLIC "-//W3C//DTD XHTML 1.0 Transitional//EN" "http://www.w3.org/TR/xhtml1/DTD/xhtml1-transitional.dtd">
<html xmlns="http://www.w3.org/1999/xhtml">
<head>
```

```html
<meta http-equiv="Content-Type" content="text/html; charset=utf-8"/>
<title>休闲网登录页面</title>
<script src="ex9_1.js"></script>
<link href="ex9_1.css" rel="stylesheet" type="text/css"/>
</head>

<body>
<div id="container">
    <div id="header">
        <div id="headerLeft"><img src="images/ex9-1-logo.gif"/></div>
        <div id="headerRight">注册 | 登录 | 帮助</div>
    </div>
    <div>
        <form action="loginSuccess.html" method="post" id="myform">
            <table id="center" border="0" cellspacing="0" cellpadding="0">
                <tr>
                    <td><img src="images/ex9-1-1.gif"/></td></tr>
                <tr>
                    <td class="bg">
                        <table width="100%" border="0" cellspacing="0" cellpadding="0">
                            <tr>
                                <td class="bold">登录休闲网</td>
                            </tr>
                            <tr>
                                <td>Email:<input id="email" type="text" class="inputs" name="email"/></td>
                            </tr>
                            <tr>
                                <td> 密码:<input id="pwd" type="password" class="inputs" name="pwd"/></td>
                            </tr>
                            <tr>
                                <td><input id="btn" type="submit" value="登录"/></td>
                            </tr>
                        </table>
                    </td>
                </tr>
                <tr>
                    <td><img src="images/ex9-1-2.gif" width="362" height="5"/>
```

```html
            </td>
          </tr>
        </table>
      </form>
    </div>
    <div id="footer"><a href="#">关于我们</a> | <a href="#">诚聘英才</a> | <a href="#"> 联系方式</a>   | <a href="#">帮助中心</a></div>
  </div>
</body>
</html>
```

(2)CSS样式表文件,ex9_1.css代码

```css
@charset "utf-8";
/* CSS Document */
/* ex9_1.css */
#container{
    width:500px;
    margin:0 auto;
    font-size:12px;
    color:#000;
    line-height:25px;
}
.main{
    float:none;
    margin-top:0px;
    margin-right:auto;
    margin-bottom:0px;
    margin-left:auto;
    clear:both;
}
#header{
    background-image:url(images/ex9-1-bg.gif);
    background-repeat:repeat-x;
    height:36px;
}
#headerLeft{
    width:200px;
    float:left;
}
#headerRight{width:120px;
        float:right;
        color:#FFF;
```

```css
}
#center{
    width:362px;
    text-align:center;
    margin:20px auto;
}
.bg{
    background-image:url(images/ex9-1-3.gif);
    background-repeat:repeat-y;
}
.inputs{width:110px;
    height:16px;
    border:solid 1px #666666;
}
.bold{
    font-size:18px;
    font-weight:bold;
    text-align:center;
    line-height:45px;
    height:40px;
}
#btn{
    height:20x;
    color:#fff;
    font-size:13px;
    background:#d32c47;
    padding:3px 10px;
    border-left:1px solid #fff;
    border-top:1px solid #fff;
    border-right:1px solid #6a6a6a;
    border-bottom:1px solid #6a6a6a;
    cursor:pointer;
}
#footer{text-align:center;
    color:#333;
    line-height:35px;
}
#footer a{
    color:#333;
    text-decoration:underline;
}
```

```
#footer a:hover{
    text-decoration:none;
}
```

(3) JS 文件,ex9_1.js 代码

```
// JavaScript Document
// ex9_1.js
window.onload = init;
function init() {
    var formObj = document.getElementById("myform");
    formObj.onsubmit = check;              //①
}
function check(){
    var mailObj = document.getElementById("email");
    var mail = mailObj.value;
    if(mail == ""){                         //②
        alert("Email 不能为空");
        return false;                       //③
    }
    if(mail.indexOf("@") == -1){            //④
        alert("Email 格式不正确\n 必须包含@");
        return false;
    }
    if(mail.indexOf(".") == -1){
        alert("Email 格式不正确\n 必须包含.");
        return false;
    }
    return true;                            //⑤
}
```

9.1.2 代码解析

对例 9-1 的 ex9_1.js 文件中部分代码进行解析。

1. 函数 init()功能

获取 form 表单对象,绑定表单对象的提交事件 onsubmit 处理程序,调用函数 check,去检查用户输入邮箱的合法性。

代码①处,类型为"submit"的 input 标签(<input id="btn" type="submit" value="登录"/>),即提交按钮,当点击提交按钮时,会触发包含它的表单对象(<form action="loginSuccess.html" method="post" id="myform">)的提交事件,该事件处理程序 onsubmit 绑定函数 check,去验证邮箱输入内容的合法性。

2. 函数 check()功能

该函数实现对邮箱输入内容合法性的检查,若条件都满足,则返回 ture,否则返回 false。

init()函数中,表单对象的提交事件会根据该函数返回的 true,跳转到表单的 action 属性值给出的页面,loginSuccess.html;也会根据该函数返回的 false,留在当前页面,等待用户输入正确的值。

代码②处,通过文本框对象的 value 属性值,获取邮箱文本框输入的内容。

代码③处,若邮箱文本框没有输入内容,则弹出提示对话框,返回 false。应注意,要有 return 语句,返回 true 或 false。form 表单的 onsubmit 事件处理程序,会根据返回的值确定页面的转向,若返回 true,则跳转到表单的 action 属性值给出的页面;若返回 false,则不跳转,留在当前页面。

代码④处,字符串对象 mail 的 indexOf(char)方法,返回字符 char 在原字符串 mail 中第一次出现的位置,若返回—1(mail.indexOf("@")==—1),则原字符串中不包含该字符。

代码⑤处,若所有的检查都满足条件,则最终返回 ture,表单对象根据返回的 true,跳转到表单的 action 属性值给出的页面,loginSuccess.html。

9.1.3 为什么要表单验证

JavaScript 的一个重要应用就是客户端表单验证。表单验证是对表单中用户输入的信息进行合法性检查,不正确的信息没有意义,没有必要传输到服务器进行进一步的处理。表单验证有客户端表单验证和服务器端表单验证。

客户端表单验证实际上是针对已下载到本地的页面的,当用户提交表单时,对用户输入的信息在本地机器上进行合法性验证。如邮箱必须有"@"和"."字符等,验证通过了,才将表单内用户输入的信息通过表单这个载体传入到服务器中。若用户输入信息不合法,则表单内的信息不能提交给服务器,这样既减少了网络的开销,也减少了服务器的负担。

服务器端表单验证是将页面输入的信息提交到服务器处理,在服务器上进行信息合法性验证,然后再将响应结果返回到客户端。这样每个信息验证都要通过服务器,不但消耗网络资源,耗时较长,而且会大大增加服务器负担。

设想有 10000 个页面信息要验证,若在服务器端验证,则服务器要处理 10000 个页面;若在客户端验证,则把服务器的验证任务分给每个任务请求的客户端去完成,每个客户端只需处理自己的页面,从而减轻了服务器端的压力,让服务器专门做其他更重要的事情。

因此,通过 JavaScript 进行客户端表单验证,对用户信息进行初步处理,正确有意义的信息才传入服务器,减少了网络开销,减轻了服务器的压力,是 JavaScript 的一个重要应用。但是,有些情况下服务器端验证也是十分必要的,不仅要进行客户端验证,也要进行服务器端验证。

9.1.4 如何进行表单验证

在网页上输入信息,用户在进行注册时,如果数据不符合要求,验证不能通过,要给用户一个友好的提示,告诉用户应该如何操作,以增强用户体验。

表单验证的一般方法为:
(1)定义表单验证函数。该函数进行的处理主要有:
➢ 获取表单元素的值,这些值一般都是字符串 String 类型。

➢ 使用 JavaScript 对象的相关方法，进行信息的合法性检查。
➢ 若信息不符合要求，给用户一个友好的提示，告诉用户如何操作，增加用户体验。
➢ 返回 true 或 false，若通过验证，返回 true，否则返回 false。

（2）表单 form 的提交事件。在点击提交按钮时，会触发该事件。它在提交表单之前，去调用相应的事件处理程序，即调用上面的表单验证函数，进行数据验证，函数返回 true 或 false。

（3）表单 form 根据提交事件处理程序，即表单验证函数的返回值，进行不同的处理。若表单验证函数返回 true，则提交表单到服务器，服务器处理后跳转到 form 表单的 action 属性值给出的页面；若表单验证函数返回 false，则不提交表单到服务器，留在当前页面，等待用户输入正确的值。

9.1.5 表单验证的应用场景

一般情况下，用户在网页上输入的信息，都需要进行表单验证，将验证通过的有意义信息提交到服务器。

表单验证包括的内容非常多，如验证表单元素是否为空，验证 Email 地址是否正确，验证身份证号，验证电话号码，验证日期是否有效和格式是否符合要求，验证字符串是否以数字开头，验证用户名和密码等。

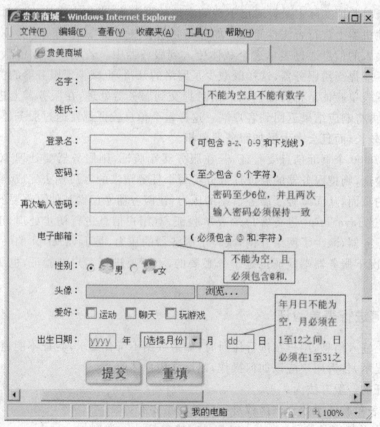

图 9-2 注册页面效果图

下面以注册页面为例,如图 9-2 所示,来说明表单验证的内容和验证规则。
➤ 检查表单元素是否为空,如登录名、密码等。
➤ 检查用户输入信息的长度是否足够长,如输入的密码必须大于或等于 6 个字符。
➤ 检查用户输入的邮箱地址是否有效,如电子邮箱地址中必须包含"@"和"."字符。
➤ 检查是否为数字,如出生日期中的年月日必须为数字。
➤ 检查用户输入的信息是否在某个范围内,如出生日期中的月份必须在 1~12 之间,日期必须在 1~31 之间。
➤ 检查用户输入的出生日期是否有效,如出生年份由 4 位数字组成,1、3、5、7、8、10、12 月份为 31 天,4、6、9、11 月份为 30 天,2 月份根据是否闰月来设置为 28 天或 29 天。

实际上,在页面设计时,还会因实际情况的不同,遇到很多不同的其他实际问题,还需要进行表单验证,需要设计和自定义一些规定和限制。

9.1.6 技能训练 9-1

1. 需求说明

淘宝网邮箱验证。

点击"注册"按钮,对用户输入的邮箱信息进行验证,要求:

(1)电子邮箱不能为空。

(2)电子邮箱中必须包含符号"@"和"."。

2. 运行效果图

运行效果如图 9-3 所示。

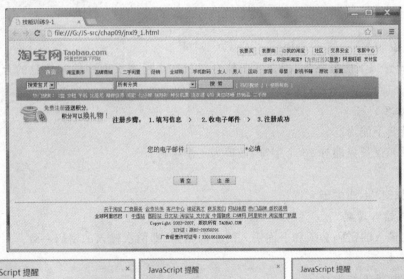

图 9-3 技能训练 9-1 运行效果图

9.2 淘宝网注册页面验证

9.2.1 实例程序

【例 9-2】 验证淘宝网注册页面输入数据的有效性。

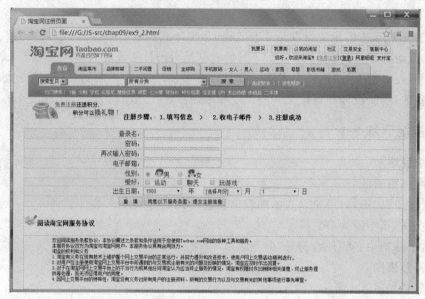

图 9-4 例 9-2 运行效果图

1. 需求说明

点击"同意以下服务条款,提交注册信息"按钮时,检查页面中输入信息的合法性,要求如下:

(1)登录名
➢ 登录名不能为空。
➢ 登录名最长只能有 16 个字符,最短为 4 个字符。

(2)密码
➢ 密码长度不能少于 6 位。

(3)再次输入密码
➢ 再次输入的密码必须和上面输入的密码相同,即两次输入的密码一致。

(4)电子邮箱
➢ 电子邮箱不能为空。
➢ 电子邮箱中必须包含符号"@"和"."。

运行效果如图 9-4 所示。

2. 实例代码

(1)HTML 页面文件,ex9_2.html 代码

```
<!--ex9_2.html-->
```

```html
<!DOCTYPE html PUBLIC "-//W3C//DTD XHTML 1.0 Transitional//EN" "http://www.w3.org/TR/xhtml1/DTD/xhtml1-transitional.dtd">
<html xmlns="http://www.w3.org/1999/xhtml">
<head>
<meta http-equiv="Content-Type" content="text/html; charset=utf-8" />
<title>淘宝网注册页面</title>
<script src="ex9_2.js"></script>
<link href="ex9_2.css" rel="stylesheet" type="text/css" />
</head>
<body>
<div id="content">
<div class="center">
    <img src="images/ex9-2-top.jpg" width="979" height="195"/>
</div>
<table cellpadding="0" cellspacing="0" id="infoTable">
    <form id="myform" method="post" action="registerSuccess.html">
        <tr>
            <td width="415" class="tdLeft">登录名:</td>
            <td width="546" class="tdRight">
                <input id="loginName" type="text" class="borderBox" size="24">
                <div id="loginError" style="display:inline"> </div></td>
        </tr>
        <tr>
        <td class="tdLeft">密码:</td>
        <td class="tdRight">
            <input type="password" class="borderBox" id="pass" size="25">
            <div id="passError" style="display:inline"> </div></td>
        </tr>
        <tr>
            <td class="tdLeft">再次输入密码:</td>
            <td class="tdRight">
           <input type="password" class="borderBox" id="rpass" size="25"></td>
        </tr>
        <tr>
            <td class="tdLeft">电子邮箱:</td>
            <td class="tdRight">
                <input type="text" class="borderBox" id="email" size="24" >
                <div id="emailError" style="display:inline"> </div></td>
        </tr>
        <tr>
            <td class="tdLeft">性别:</td>
```

```html
        <td class="tdRight">
            <input name="gen" type="radio" value="男" checked>
            <img src="images/ex9-2-Male.gif" width="23" height="21">
            男 
            <input name="gen" type="radio" value="女" class="input">
            <img src="images/ex9-2-Female.gif" width="23" height="21">女
        </td>
</tr>
<tr>
    <td class="tdLeft">爱好:</td>
    <td class="tdRight">
        <input type="checkbox" name="checkbox" value="checkbox">
        运动  
        <input type="checkbox" name="checkbox2" value="checkbox">
        聊天  
        <input type="checkbox" name="checkbox22" value="checkbox">
        玩游戏</td>
    </tr>
<tr>
<td class="tdLeft">出生日期:</td>
    <td class="tdRight">
        <!-- <input class="borderBox_age" id="byear" value="yyyy"
        onFocus="this.value=''" size=4 maxLength=4> -->
        <select id="year" class="borderBox_select"></select>
         年  
        <select id="mon" class="borderBox_select">
        <option value="" selected>[选择月份]
            <option value=0>一月
            <option value=1>二月
            <option value=2>三月
            <option value=3>四月
            <option value=4>五月
            <option value=5>六月
            <option value=6>七月
            <option value=7>八月
            <option value=8>九月
            <option value=9>十月
            <option value=10>十一月
            <option value=11>十二月
        </select> 月  
        <select id="day" class="borderBox_select"></select>
```

```
            日</td>
        </tr>
        <tr>
            <td class="tdLeft">
                <input type="reset" name="Reset" value="重  填"></td>
            <td class="tdRight">
                <input type="submit" name="Button" value="同意以下服务条款,提交注
                册信息"></td>
        </tr>
        <tr>
            <td colspan="2">
                <table width="100%" border="0" cellpadding="0" cellspacing="0">
                    <tr>
                        <td height="36">
                        <H4><img src="images/ex9-2-read.gif" width="35" height="
                        26">阅读淘宝网服务协议 </H4></td>
                    </tr>
                    <tr>
                        <td height="120">
                            <textarea name="textarea" cols="160" rows="9">
                                欢迎阅读服务条款协议,本协议阐述之条款和条件适用于您使用
                                Taobao.com 网站的各种工具和服务。
                            本服务协议双方为淘宝与淘宝网用户,本服务协议具有合同效力。
                            淘宝的权利和义务
                            1.淘宝有义务在现有技术上维护整个网上交易平台的正常运行,并努力
                            提升和改进技术,使用户网上交易活动顺利进行。
                            2.对用户在注册使用淘宝网上交易平台中所遇到的与交易或注册有关
                            的问题及反映的情况,淘宝应及时作出回复。
                            3.对于在淘宝网网上交易平台上的不当行为或其他任何淘宝认为应当
                            终止服务的情况,淘宝有权随时作出删除相关信息、终止服务提供等处
                            理,而无须征得用户的同意。
                            4.因网上交易平台的特殊性,淘宝没有义务对所有用户的注册资料、所
                            有的交易行为以及与交易有关的其他事项进行事先审查。
                            </textarea>
                        </td>
                    </tr>
                </table>
            </td>
        </tr>
    </form>
</table>
```

```html
<div class="center"><img src="images/ex9-2-bottom.jpg" width="969" height="107" /></div>
</div>
</body>
</html>
```

(2) CSS 样式表文件，ex9_2.css 代码

```css
@charset "utf-8";
/* CSS Document */
/* ex9_2.css */
#content{
    width:980px;
    margin:0 auto;
    font-size:16px;
}
#infoTable{
    width: 970px;
    border-top-width: 1px;
    border-left-width: 1px;
    border-top-style: solid;
    border-left-style: solid;
    border-top-color: #99CCFF;
    border-left-color: #99CCFF;
    margin-top: 20px;
    margin-right: auto;
    margin-bottom: 0px;
    margin-left: auto;
}
td{
    border-right-width: 1px;
    border-bottom-width: 1px;
    border-right-style: solid;
    border-bottom-style: solid;
    border-right-color: #99CCFF;
    border-bottom-color: #99CCFF;
}
.tdLeft{
    text-align: right;
    width: 225px;
    background-color: #e7fbff;
}
.tdRight{
```

```css
        text-align: left;
        width:481px;
}
.borderBox{
    border: 1px solid #999;
    width: 200px;
}
.borderBox_age{
    border: 1px solid #999;
    width: 38px;
}
.borderBox_select{
    border: 1px solid #999;
    width: 100px;
}
textarea{
    font-size:12px;
    border:0;
}
.center{
    text-align:center
}
.red{
    font-size:13px;
    color:#F00;
}
```

(3) JS 文件,ex9_2.js 代码

```javascript
// JavaScript Document
// ex9_2.js
window.onload = init;
function init() {
    var formObj = document.getElementById("myform");      //①
    formObj.onsubmit = checkAll;       //②
    var yearObj = document.getElementById("year");       //③
    yearObj.options.length = 0;
    var today = new Date();
    var tyear = today.getFullYear();
    var idx = 0;
    for(var i = 1900; i<= tyear; i++) {
        yearObj.options[idx] = new Option(i);
        yearObj.options[idx].value = i;
```

```
        idx++;
    }
    yearObj.selectedIndex = 0;          //④
    var dayObj = document.getElementById("day");
    dayObj.options.length = 0;
    for(var i = 0; i<31; i++){
        dayObj.options[i] = new Option(i+1);
        dayObj.options[i].value = i+1;
    }
    dayObj.selectedIndex = 0;
}
function checkAll(){
    if(checkLogin() && checkPass() && checkRpass()&& checkEmail()){    //⑤
        return true;
    }else{
        return false;
    }
}
function checkLogin(){
    var strName = document.getElementById("loginName").value;
    if (strName.length == 0){           //⑥
        alert("登录名不能为空");
    return false;
    }
    if (strName.length < 4 || strName.length > 16){     //⑦
        alert("登录名最长只能有 16 个字符,最短为 4 个字符");
        return false;
    }
    return true;
}
function checkPass(){
    var strPass = document.getElementById("pass").value;
    if (strPass.length < 6){
        alert("密码长度不能少于 6 位");
        return false;
    }
    return true;
}
function checkRpass(){
    var strPass = document.getElementById("pass").value;
    var strRpass = document.getElementById("rpass").value;
```

```
            if (strPass! = strRpass){          //⑧
                alert("两次输入的密码不一致");
                return false;
            }
            return true;
        }
        function checkEmail(){
            var mailObj = document.getElementById("email");
            var mail = mailObj.value;
            if(mail = = ""){
                alert("Email 不能为空");
                return false;
            }
            if(mail.indexOf("@") = = -1){
                alert("Email 格式不正确\n 必须包含@");
                return false;
            }
            if(mail.indexOf(".") = = -1){
                alert("Email 格式不正确\n 必须包含.");
                return false;
            }
            return true;
        }
```

9.2.2 代码解析

对例 9-2 的 ex9_2.js 文件中部分代码进行解析。

1. 函数 init( )功能

该函数实现：为表单绑定提交事件处理程序去验证输入信息的合法性，为年份和日期下拉列表框添加年份和日期选项。

代码①处到②处，为表单对象 formObj 绑定表单 onsubmit 提交事件处理程序 checkAll,去统一检查用户输入数据的合法性。

代码③处到④处，获取页面中年份列表对象 yearObj,将其列表选项清空（代码为 yearObj.options.length=0）,for 语句完成添加列表选项,选项值从 1900 年至当前年份。

同样,代码④处到该函数结束,实现为日期列表对象添加列表选项,日期选项值从 1 号到 31 号。

2. 函数 checkAll( )功能

代码⑤处,调用函数 checkLogin()验证登录名、调用函数 checkPass()验证密码、调用函数 checkRpass()验证两次密码输入是否一致、调用函数 checkEmail()验证邮箱,若上述函数都返回 true,即都验证通过,checkAll 函数返回 true,否则返回 false。

该函数实现对所要求验证信息的统一检查。

3. 函数 checkLogin( )功能

代码⑥处和⑦处，strName.length 为字符串的长度，即字符串中包含字符的个数。length 为字符串对象的属性。

该函数实现对登录名的验证。首先取得登录名输入文本框对象中输入的内容 strName，即该对象的 value 值。然后根据字符串 strName 的长度判定其是否为空，是否在 4 到 16 个字符之间。最后，根据判定的结果，返回 true 或 false。

4. 函数 checkPass( )功能

该函数实现对密码的验证。实现思路同 checkLogin( )函数。

5. 函数 checkRpass( )功能

代码⑧处，strPass!＝strRpass，为两个字符串中储存字符的比较，若它们的值不相同，则返回 true，否则返回 false。

该函数实现对两次密码输入是否一致的验证。

6. 函数 checkEmail( )功能

该函数实现对电子邮箱的验证。9.1 节已讲述过。

9.2.3 String 对象

String 对象是 JavaScript 内部对象，用于处理文本(字符串)。通过 String 对象实现对字符串的操作和处理。例如，获取字符串的长度、提取子字符串、取字符串中指定位置的字符、字符串变为大写或变为小写等。

1. 字符串对象的属性

字符串对象常用的属性是 length，它表示字符串的长度，即字符串中包含字符的个数，包括空格等。其基本的语法格式为：

　　字符串对象.length；

例如，例 9-2 的 ex9_2.js 文件中，代码⑥处和⑦处，strName.length，取字符串长度。

2. 字符串对象的方法

字符串对象提供很多方法，用于操作字符串，字符串方法使用的语法格式为：

　　字符串对象.方法名()；

例如，例 9-1 的 ex9_1.js 文件中，代码④处，mail.indexOf("@")，通过字符串的 indexOf()方法，查找字符@在字符串 mail 中的位置。

字符串常用的方法如表 9-1 所示。

表 9-1　字符串常用的方法

方法	描述
charAt()	返回指定位置的字符
concat()	连接字符串
indexOf()	检索字符串
lastIndexOf()	从后向前搜索字符串
match()	找到一个或多个正则表达式的匹配

续表

方法	描述
replace()	替换与正则表达式匹配的子串
search()	检索与正则表达式相匹配的值
split()	把字符串分割为字符串数组
substring()	提取字符串中两个指定的索引号之间的字符
toLowerCase()	把字符串转换为小写
toUpperCase()	把字符串转换为大写

该表中的 match()、replace()、search()将在 10.3 节中讲述,其他方法分别讲述如下。

3. charAt()方法

字符串的 charAt()方法,返回指定位置的字符。

➢ 其语法格式为:

　　stringObject.charAt(index);

其中,stringObject 为字符串对象。参数 index,必需,表示字符串中某个位置的数字,即字符在字符串中的下标。

注意:字符串中第一个字符的下标是 0。如果参数 index 的数值不在 0 与 stringObject.length 之间,该方法将返回一个空字符串。

➢ 例如:

　　var s1 = "abcdfegh";
　　var s2 = s1.charAt(2);

则,s2 值为"c"。

4. concat()方法

字符串的连接可以用"+"号,也可使用字符串的 concat()方法。

字符串的 concat()方法用于连接两个或多个字符串。

➢ 其语法格式为:

　　stringObject.concat(stringX1,stringX2,...,stringXn);

其中,参数 stringX1,必需,其余参数可选,是被连接的一个或多个字符串对象。

concat()方法将把它的所有参数转换成字符串,然后按顺序连接到字符串 stringObject 的尾部,并返回连接后的字符串。

注意:stringObject 本身并没有被更改。使用"+"运算符来进行字符串的连接运算通常会简便一些。

➢ 例如:

　　var s1 = "我是字符串";
　　var s2 = "的+号连接方法";
　　var s3 = "的 concat 连接方法";
　　var s4 = s1 + s2;
　　var s5 = s1.concat(s3);

字符串的 s1、s2、s3 的值不变,s4 的值为"我是字符串的+号连接方法",s5 的值为"我是字符串的 concat 连接方法"。

5. indexOf()方法

字符串的 indexOf()方法,返回某个指定的字符串在字符串中首次出现的位置。

➤ 其语法格式为:

 stringObject.indexOf(searchvalue,fromindex);

其中,stringObject 为字符串对象。参数 searchvalue,必需,表示需检索的字符串。参数 fromindex,可选的整数参数,表示在字符串中开始检索的位置。它的合法取值是 0 到 stringObject.length－1。如省略该参数,则将从字符串的首字符开始检索。

说明:该方法将从头到尾检索字符串 stringObject,看它是否含有子串 searchvalue。开始检索的位置在字符串的 fromindex 处或字符串的开头(没有指定 fromindex 时)。如果找到一个 searchvalue,则返回 searchvalue 第一次出现的位置。stringObject 中的字符位置是从 0 开始的。

注意:如果要检索的字符串没有出现,则该方法返回－1;indexOf()方法对大小写敏感!

➤ 例如:

 var str = "Hello world!";
 var s1 = str.indexOf("Hello");
 var s2 = str.indexOf("World");
 var s3 = str.indexOf("world");
 s1、s2、s3 的值分别为:0、－1、6。

6. lastIndexOf()方法

字符串的 lastIndexOf()方法,返回一个指定的字符串最后出现的位置,在一个字符串中的指定位置从后向前搜索。

➤ 其语法格式为:

 stringObject.lastIndexOf(searchvalue,fromindex);

其中,stringObject 为字符串对象。参数 searchvalue,必需,表示需检索的字符串。参数 fromindex,可选的整数参数,表示在字符串中开始检索的位置。它的合法取值是 0 到 stringObject.length－1。如省略该参数,则将从字符串的最后一个字符处开始检索。

返回值:如果在 stringObject 中的 fromindex 位置之前存在 searchvalue,则返回的是出现的最后一个 searchvalue 的位置。如果要检索的字符串值没有出现,则该方法返回－1。

说明:该方法将从尾到头检索字符串 stringObject,看它是否含有子串 searchvalue。开始检索的位置在字符串的 fromindex 处或字符串的结尾(没有指定 fromindex 时)。如果找到一个 searchvalue,则返回 searchvalue 的第一个字符在 stringObject 中的位置。stringObject 中的字符位置是从 0 开始的。

➤ 例如:

 var str = "Hello world! Hello world!";
 var s1 = str.lastIndexOf("Hello");
 var s2 = str.lastIndexOf("World");
 var s3 = str.lastIndexOf("world");
 s1、s2、s3 的值分别为:13、－1、19。

7. split()方法

字符串的 split()方法,用于把一个字符串分割成字符串数组。

➢ 其语法格式为:

stringObject.split(separator,howmany);

其中,参数 separator,必需,是字符串或正则表达式,为分隔符,用该参数分割字符串 stringObject。参数 howmany,可选,该参数可指定返回数组的最大长度,如果设置了该参数,返回的数组的长度不会多于这个参数,如果没有设置该参数,整个字符串都会被分割,不考虑它的长度。

返回值:一个字符串数组。该数组是通过分隔符 separator 将字符串 stringObject 分割成子串创建的。返回的数组中的字符串不包括 separator 自身。

注意:如果把空字符串("")作为 separator,那么 stringObject 中的每个字符之间都会被分割。

➢ 例如:

var str = "How are you doing today?";
var array1 = str.split(" ");
var array2 = str.split("");
var array3 = str.split(" ",3);

则,array1 数组的值为:[How,are,you,doing,today?],

array2 数组的值为:[H,o,w, ,a,r,e, ,y,o,u, ,d,o,i,n,g, ,t,o,d,a,y,?],

array3 数组的值为:[How,are,you]。

8. substring()方法

字符串的 substring()方法,用于提取字符串中介于两个指定下标之间的字符,即取子串。

➢ 其语法格式为:

stringObject.substring(start,stop);

其中,参数 start,必需,一个非负整数,表示要提取子串的第一个字符在 stringObject 中的位置。参数 stop,可选,一个非负整数,其值要比提取子串的最后一个字符在 stringObject 中的位置多 1,如果省略该参数,那么返回的子串会到字符串的结尾。

返回值:一个新的字符串,该字符串是 stringObject 的一个子字符串,其内容是从 start 处到 stop-1 处的所有字符,其长度为 stop 减 start。即所提取的子串包含 start 位置的字符,但不包含 stop 位置的字符。

说明:如果参数 start 与 stop 相等,那么该方法返回的就是一个空串(即长度为 0 的字符串);如果 start 比 stop 大,那么该方法在提取子串之前会先交换这两个参数。

➢ 例如:

var str = "Hello world!";
var subStr1 = str.substring(3);
var subStr2 = str.substring(3,7);
var subStr3 = str.substring(7,3);

则,subStr1 的值为:"lo world!",subStr2 和 subStr3 的值都为:"lo w"。

9. toLowerCase( )方法

字符串的 toLowerCase()方法,用于把字符串转换为小写。

➢ 其语法格式为:

stringObject.toLowerCase();

返回值:一个新的字符串,将 stringObject 中的所有大写字符全部转换为小写字符。

➢ 例如:

var str = "Hello World!";

varstr1 = str.toLowerCase();

则,str1 的值为:"hello world!"。

10. toUpperCase( )方法

字符串的 toUpperCase()方法,用于把字符串转换为大写。

➢ 其语法格式为:

stringObject.toUpperCase();

返回值:一个新的字符串,将 stringObject 中的所有小写字符全部转换为大写字符。

➢ 例如:

var str = "Hello World!"

varstr1 = str.toUpperCase();

则,str1 的值为:"HELLO WORLD!"。

9.2.4 技能训练 9-2

1. 需求说明

实现休闲网注册页面验证。点击"注册"按钮时,检查页面中输入信息的合法性,要求如下:

(1)Email

➢ Email 不能为空。

➢ Email 地址中必须包含符号"@"和"."。

(2)密码

➢ 密码不能为空。

➢ 密码必须等于或大于 6 个字符。

(3)再次输入密码

➢ 两次输入的密码一致。

(4)姓名

➢ 姓名不能为空。

➢ 姓名中不能包含数字。

2. 运行效果图

运行效果如图 9-5 所示。

第9章　表单验证

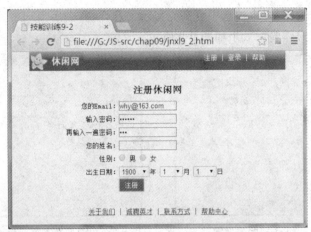

图 9-5　技能训练 9-2 运行效果图

9.3　博客网注册页面验证

在网页上填写各种表单时，经常会有这样的特效：某些文本框中显示自动提示信息，如图 9-6 所示；当点击这些文本框时，提示文本自动清除，如图 9-7 所示；当输入的信息不合法时，会自动选中输入的信息，如图 9-9 所示。通过例 9-3 来学习如何实现这些效果。

9.3.1　实例程序

【例 9-3】　博客网注册页面验证。验证页面相关信息，并增强用户体验。
1. 需求说明
(1) 清除文本框中默认值，增强用户体验

当用户名文本框、E-mail 文本框、年份文本框、日期文本框获得焦点时，若其内容还是默认值（页面加载时的内容），则清除默认值。这样，初始时给出用户提示信息，用户输入时自动清除文本框的默认值，减少了用户选择并清除内容的操作，增强用户体验。效果如图 9-7 所示。

(2) 文本框或多行文本框设置焦点，增强用户体验

当用户名文本框、密码文本框、E-mail 文本框、年份文本框、日期文本框、个人简介多行文本框进行信息验证时，若无内容（对象的 value 值为空），则对象被设置成为焦点。这样，省去用户一次鼠标点击使元素获得焦点的操作，减少用户操作，增强用户体验。效果如图 9-7 所示。

(3) 文本框内容被选中且高亮显示，增强用户体验

当用户名文本框、密码文本框、E-mail 文本框、年份文本框、日期文本框进行信息验证

时,若内容验证不合法,则内容被选中且高亮显示。这样,省去用户选中元素内容的操作,减少用户操作,增强用户体验。效果如图 9-9 所示。

图 9-6　例 9-3 初始效果图　　　　图 9-7　用户名文本框获焦点清除初始内容

图 9-8　用户名不合法提示效果图　图 9-9　点击图 9-8"确定"按钮内容被选中效果图

(4) 页面信息验证

点击"提交"按钮进行页面统一验证,要求如下:

➢ 用户名不能为空,不为默认值,最长为 16 个字符,最短为 4 个字符。
➢ 密码长度不能少于 6 位。
➢ E-mail 不能为空,必须包含"@"和"."。
➢ 生日年份必须是数字,必须在 1900 和当前年份之间。
➢ 必须选择生日月份。
➢ 出生日期必须是数字,必须在 1 号到 31 号之间。
➢ 个人简介不能为空。

运行效果如图 9-6 至图 9-9 所示。

2. 实例代码

(1) HTML 页面文件,ex9_3.html 代码

```
<!-- ex9_3.html -->
<!DOCTYPE html PUBLIC "-//W3C//DTD XHTML 1.0 Transitional//EN" "http://www.w3.org/TR/xhtml1/DTD/xhtml1-transitional.dtd">
<html xmlns="http://www.w3.org/1999/xhtml">
<head>
<meta http-equiv="Content-Type" content="text/html; charset=utf-8" />
```

```html
<title>博客网注册页面验证</title>
<script src="ex9_3.js"></script>
<link href="ex9_3.css" rel="stylesheet" type="text/css" />
</head>
<body>
<form action="registerSuccess.html" method="post" name="myform" id="myform">
<table id="mytable"  cellspacing="0" cellpadding="0">
    <tr>
        <td><img src="images/ex9-3-top.jpg"></td>
    </tr>
    <tr>
        <td id="main">
            <table id="center" cellspacing="0" cellpadding="0">
                <tr><td class="p1">用户名:</td>
                    <td> <input id="username" type="text" value="请输入用户名">
                    </td>
                </tr>
                <tr><td class="p1">密  码:</td>
                    <td><input id="pwd" type="password" > </td>
                </tr>
                <tr><td class="p1">E-mail:</td>
                    <td><input id="email" type="text"  value="请输入邮箱"></td>
                </tr>
                <tr><td class="p1">出生日期:</td>
                <td>
                    <input   class="textday" id="year" value="yyyy" size=4
                    maxlength=4/> 年  
                    <select id="mon">
                    <option value="" selected>[选择月份]
                    <option value=0>一月
                    <option value=1>二月
                    <option value=2>三月
                    <option value=3>四月
                    <option value=4>五月
                    <option value=5>六月
                    <option value=6>七月
                    <option value=7>八月
                    <option value=8>九月
                    <option value=9>十月
                    <option value=10>十一月
                    <option value=11>十二月
```

```html
                    </select> 月   
                    <input    class="textday" id="day" value="dd" size=2 maxlength=2> 日
                </td>
            </tr>
            <tr><td class="p1">个人简介:</td>
                <td><textarea id="intro" cols="30" rows="4"></textarea></td>
            </tr>
        </table>
    </td>
</tr>
<tr>
    <td background="images/ex9-3-end.jpg" id="end">
        <input name="B1" type="submit" value="提交" class="submit">
          
        <input name="B2" type="reset" value="重置" class="submit">
    </td>
</tr>
</table>
</form>
</body>
</html>
```

(2) CSS 样式表文件,ex9_3.css 代码

```css
@charset "utf-8";
/* CSS Document */
/* ex9_3.css */
body{
    lmargin:0;
    padding:0;
}
.p1{
    font-size:16px;
    text-align:right;
    height:28px;
    width:80px;
}
input{
    font-size:16px;
    border:solid 1px #61b16a;
    width:150px;
```

```css
    height:20px;
}
.submit{
    font-size:12px;
    background-color:#eeeeee;
    border:solid 1px #cccccc ;
    width:60px;
    height:23px;
    padding-top:3px;
}
textarea{
    font-size:12px;
    border:solid 1px #61b16a ;
}
#mytable{
    margin-top: 0px;
    margin-right: auto;
    margin-bottom: 0px;
    margin-left: auto;
    width:760px;
    border:0px;
}
#main{
    border-left:solid 1px #7bcc87;
    border-right:solid 1px #7bcc87;
    background-color:#f9f8ff;
}
#center{
    margin-top: 0px;
    margin-right: auto;
    margin-bottom: 0px;
    margin-left: auto;
    width:80% ;
    border:0px;
}
.textday{
    border-width:1px;
    border-style:solid;
    width:40px;
}
#end{
```

```
        text-align: center;
        height: 63px;
    }
```

(3) JS 文件, ex9_3.js 代码

```
// JavaScript Document
// ex9_3.js
window.onload = init;
function init() {
    var formObj = document.getElementById("myform");
    formObj.onsubmit = checkAll;
    var userObj = document.getElementById("username");
    userObj.onfocus = clearText;                              //①
    var emailObj = document.getElementById("email");
    emailObj.onfocus = clearText;
    var yearObj = document.getElementById("year");
    yearObj.onfocus = clearText;
    var dayObj = document.getElementById("day");
    dayObj.onfocus = clearText;
}
function clearText(){
    if(this.value == this.defaultValue){
        this.value = "";
    }
}
function checkAll(){
    var userObj = document.getElementById("username");        //②
    var strName = userObj.value;
    var defaultName = userObj.defaultValue;
    if (strName == defaultName){
        alert("用户名为默认值,请输入用户名");
        userObj.focus();
        return false;
    }
    if (strName.length == 0){
        alert("用户名不能为空");
        userObj.focus();          //③
        return false;
    }
    if (strName.length < 4 || strName.length > 16){
        alert("用户名最长只能有 16 个字符,最短为 4 个字符");
        userObj.select();                                     //④
```

```javascript
        return false;
    }

    var pwdObj = document.getElementById("pwd");              //⑤
    var strPass = pwdObj.value;
    if (strPass.length < 6){
        alert("密码长度不能少于6位");
        pwdObj.select();
        return false;
    }

    var mailObj = document.getElementById("email");           //⑥
    var mail = mailObj.value;
    if(mail == ""){
        alert("E-mail 不能为空");
        mailObj.focus();
        return false;
    }
    if(mail.indexOf("@") == -1){
        alert("E-mail 格式不正确\n必须包含@");
        mailObj.select();
        return false;
    }
    if(mail.indexOf(".") == -1){
        alert("E-mail 格式不正确\n必须包含.");
        mailObj.select();
        return false;
    }

    var yearObj = document.getElementById("year");            //⑦
    var byear = yearObj.value;
    if(byear == "" || byear == "yyyy"){
        alert("请输入出生年份");
        yearObj.focus();
        return false;
    }
    if(isNaN(byear) == true){
        alert("生日年份必须是数字");
        yearObj.select();
        return false;
    }
```

```
var today = new Date();
var tyear = today.getFullYear();
if (byear<1900||byear>tyear){
    alert("您输入的出生年份超出范围\n必须在1900-" + tyear +"之间");
    yearObj.select();
    return false;
}

var monthObj = document.getElementById("mon");          //⑧
var bmonth = monthObj.value;
if(bmonth==""){
    alert("请选择月份");
    monthObj.focus();
    return false;
}

var dayObj = document.getElementById("day");            //⑨
var bday = dayObj.value;
if(bday=="" || bday=="dd"){
    alert("请输入出生日期");
    dayObj.focus();
    return false;
}
if(isNaN(bday)==true){
    alert("出生日期必须是数字");
    dayObj.select();
    return false;
}
if(bday<0||bday>31){
    alert("您输入的日期超出范围\n必须在1和31之间");
    dayObj.select();
    return false;
}
var introObj = document.getElementById("intro");        //⑩
var intro = introObj.value;
if (intro.length==0){
    alert("个人简介不能为空");
    introObj.focus();
    return false;
}
return true;
```

}

9.3.2 代码解析

对例 9-3 的 ex9_3.js 文件中部分代码进行解析。

1. 函数 init( )功能

获取表单对象,为其绑定表单提交 onsubmit 事件处理程序,去调用 checkAll 函数验证用户输入信息的合法性。

获取用户名文本框、E-mail 文本框、年份文本框和日期文本框对象,为这些对象绑定获得焦点 onfocus 事件处理程序,去调用 clearText 函数清除文本框的默认值。

2. 函数 clearText( )功能

如果当前对象的 value 值和其默认值相同,则将其 value 值清空。

3. 函数 checkAll( )功能

代码②处到⑤上一行代码处,完成对用户名信息的验证。
代码⑤处到⑥上一行代码处,完成对密码信息的验证。
代码⑥处到⑦上一行代码处,完成对邮箱信息的验证。
代码⑦处到⑧上一行代码处,完成对出生年份信息的验证。
代码⑧处到⑨上一行代码处,完成对出生月份信息的验证。
代码⑨处到⑩上一行代码处,完成对出生日期信息的验证。
代码⑩处到函数最后,完成对个人简介信息的验证。

9.3.3 Form 对象

Form 对象代表一个 HTML 表单,是 HTML DOM 对象。

在 HTML 文档中<form>每出现一次,Form 对象就会被创建。Form 对象的属性、方法和事件如表 9-2 所示。其应用如例 9-4 所示。

表 9-2 Form 对象常用的属性、方法、事件

类别	名称	描述
属性	elements[]	包含表单中所有元素的数组
	action	设置或返回表单的 action 属性
	length	返回表单中元素的数目
	method	设置或返回将数据发送到服务器的 HTTP 方法
方法	reset()	把表单的所有输入元素重置为它们的默认值
	submit()	提交表单
事件	onreset	在重置表单元素之前调用
	onsubmit	在提交表单之前调用

【例 9-4】 Form 对象属性和方法的应用。

1. 需求说明

使用 Form 对象的属性和方法,实现如图 9-10 所示的运行效果。

(1) 通过表单的 elements[] 对象集合,将图 9-10 左面表格中表单元素的类型、value 属性值、id 属性值输出到 div 中。

(2) 通过"表单对象.表单元素的 name 或 id 属性值"的方式,根据 name 或 id 属性值来访问对象,将用户名和密码文本框的 value 值输出到 div 中。

(3) 使用表单的 submit() 方法,实现点击表格最后一行的内容,提交页面,跳转到注册成功页面。

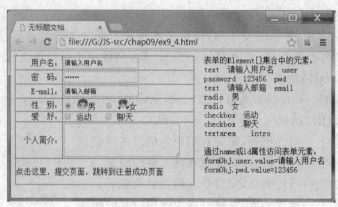

图 9-10　例 9-4 运行效果图

2. 实例代码

(1) HTML 页面文件,ex9_4.html 代码

```
<!--ex9_4.html-->
<!DOCTYPE html PUBLIC "-//W3C//DTD XHTML 1.0 Transitional//EN" "http://www.w3.org/TR/xhtml1/DTD/xhtml1-transitional.dtd">
<html xmlns="http://www.w3.org/1999/xhtml">
<head>
<meta http-equiv="Content-Type" content="text/html; charset=utf-8" />
<title>form 对象的应用</title>
<script src="ex9_4.js"></script>
<link href="ex9_4.css" rel="stylesheet" type="text/css" />
<style type="text/css">
</style>
</head>
<body>
  <form id="myForm" action="registerSuccess.html" method="post" name="myForm">
    <table border="1" cellpadding="0" cellspacing="0" id="center">
      <tr><td width="96" class="tdLeft">用户名:</td>
        <td width="267"><input id="user" type="text" value="请输入用户名">
        </td>
      </tr>
      <tr><td class="tdLeft">密   码:</td>
        <td><input id="pwd" type="password" value="123456"> </td>
```

```html
        </tr>
        <tr><td class="tdLeft">E-mail:</td>
            <td><input id="email" type="text"  value="请输入邮箱"></td>
        </tr>
        <tr>
        <td class="tdLeft">性  别:</td>
        <td >
            <input name="gen" type="radio"   value="男" checked>
            <img src="images/ex9-4-Male.gif" width="23" height="21">男 
            <input name="gen" type="radio" value="女" >
            <img src="images/ex9-4-Female.gif" width="23" height="21">女</td>
        </tr>
        <tr>
            <td class="tdLeft">爱  好:</td>
            <td >
                <input type="checkbox" name="checkbox" value="运动">
                运动  
                <input type="checkbox" name="checkbox2" value="聊天">
                聊天  
            </td>
        </tr>
        <tr><td class="tdLeft">个人简介:</td>
            <td><textarea id="intro" cols="30" rows="4"></textarea></td>
        </tr>
        <tr><td colspan="2">
            <p id="ok">点击这里,提交页面,跳转到注册成功页面</p></td>
        </tr>
     </table>
     <div id="formElement"></div>
</form>
</body>
</html>
```

(2) CSS样式表文件,ex9_4.css代码

```css
@charset "utf-8";
/* CSS Document */
/* ex9_4.css */
#myForm{
    width:700px;
    margin:0 auto;
}
```

```css
#center{
    float: left;
    border-color: #0F0
}
#formElement {
    float: left;
}
.tdLeft{
    text-align: right;
}
#formElement{
    margin-left:20px;
}
```

(3)JS 文件,ex9_4.js 代码

```javascript
// JavaScript Document
// ex9_4.js
function $ (ElementID){
    return document.getElementById(ElementID);
}
window.onload = init;
function init() {
    var formObj = $ ("myForm");
    var divObj = $ ("formElement");
    divObj.innerHTML = "表单的 Element[]集合中的元素:<br/>";
    for (var i = 0;i<formObj.length;i++){                              //①
        divObj.innerHTML + = formObj.elements[i].type;                 //②
        divObj.innerHTML + = "  ";
        divObj.innerHTML + = formObj.elements[i].value;
        divObj.innerHTML + = "  ";
        divObj.innerHTML + = formObj.elements[i].id;
        divObj.innerHTML + = "<br />";
    }
    divObj.innerHTML + = "<br/>通过 name 或 id 属性访问表单元素:<br/>";
    divObj.innerHTML + = "formObj.user.value = " + formObj.user.value  //③
    divObj.innerHTML + = "<br />";
    divObj.innerHTML + = "formObj.pwd.value = " + formObj.pwd.value    //④
    divObj.innerHTML + = "<br />";
    $ ("ok").onclick = function (){
        formObj.submit();                                              //⑤
    }
}
```

3. 代码解析

(1) 函数 init() 功能

formObj 引用获取的表单对象,divObj 引用将在其中显示表单元素信息的 div 对象。

代码①处,formObj.length 为表单中包含表单元素的个数。

代码②处,formObj.elements[i]为表单元素集合 formObj.elements 的第 i 个元素对象。formObj.elements[i].type 取该对象的 type 属性值。

代码①处的 for 语句对表单中的元素进行遍历,完成需求说明的(1)点,将表格中表单元素的类型、value 属性值、id 属性值输出到 div 中。

代码③处,formObj.user,通过"表单对象.表单元素的 id 或 name 属性值"的方式访问表单中的用户名文本框对象。formObj.user.value 取该文本框的 value 属性值。

代码④处,同样取得密码文本框的 value 属性值。

代码③到代码④处,完成需求说明的(2)点,通过"表单对象.表单元素的 name 或 id 属性值"的方式,根据 name 或 id 属性值来访问对象,将用户名和密码文本框的 value 值输出到 div 中。

代码⑤处,formObj.submit(),通过表单的 submit()提交方法,手动提交表单,跳转到表单的 action 属性设置的 URL 页面。

代码⑤处及上一行,完成需求说明的(3)点,点击 id 为"ok"的对象(表格最后一行的内容),提交表单,跳转到注册成功页面。

4. Form 对象部分属性、方法、事件

(1) elements 表单元素集合

elements 集合为表单中包含的所有元素的数组。元素在数组中出现的顺序和它们在表单的 HTML 源代码中出现的顺序相同。

例如,例 9-4 的 ex9_4.js 中,代码②处,formObj.elements[i]。

说明:如果表单元素具有 id 或 name 属性,那么该元素的名称就是表单的一个属性,可以使用名称引用该对象。

例如,例 9-4 的 ex9_4.js 中,代码③处,formObj.user.value。

(2) submit()方法

submit()方法把表单数据提交到 Web 服务器。该方法提交表单的效果与用户单击 Submit 提交按钮一样。submit()方法提交表单时,不会触发 onsubmit 提交事件。

例如,例 9-4 的 ex9_4.js 中,代码⑤处,formObj.submit()。

(3) onsubmit 事件

当用户单击表单中的 Submit 提交按钮去提交一个表单时,会触发 onsubmit 提交事件,去调用相应的事件处理程序(函数)。如果事件处理程序返回 fasle,表单的元素就不会被提交。如果其返回其他值或什么都没有返回,则表单会被提交。

9.3.4 Text 对象

Text 对象代表 HTML 表单中的文本输入框,是 HTML DOM 对象。在 HTML 表单中<input type="text">每出现一次,就会创建 Text 对象。

Text 对象常用的属性、方法、事件如表 9-3 所示。

表 9-3 Text 对象常用的属性、方法、事件

类别	名称	描述
属性	defaultValue	设置或返回文本框（域）的默认值
	form	返回一个对包含文本框的表单对象的引用
	maxLength	设置或返回文本框中的最大字符数
	name	设置或返回文本框的名称
	readOnly	设置或返回文本框是否应是只读的
	size	设置或返回文本框的尺寸
	type	返回文本框的表单元素类型
	value	设置或返回文本框的 value 属性值
方法	blur()	从文本框上移开焦点
	focus()	在文本框上设置焦点
	select()	选取文本框中的内容
事件	onblur	失去焦点，当光标离开文本框时触发
	onchange	当文本框内容变化，且焦点转移到其他元素时触发
	onfocus	获得焦点，当光标进入文本框时触发
	onkeypress	键盘某个按键被按下并松开

例如，例 9-3 的 ex9_3.js 中：

代码①处，userObj.onfocus＝clearText，用户名获得焦点事件，去调用函数 clearText 清除文本内容。

clearText()函数中，this.value＝＝this.defaultValue，如果当前对象的 value 值为该文本框的默认值，this.defaultValue 获取文本框的默认值。

代码③处，userObj.focus()，通过 focus()方法，使用户名文本框获得焦点。

代码④处，userObj.select()，通过 select()方法，使用户名文本框内容被选中，且高亮显示。

9.3.5 技能训练 9-3

休闲网登录页面验证。验证页面相关信息，并增强用户体验。

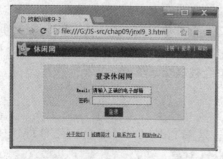

图 9-11 技能训练 9-3 初始效果图

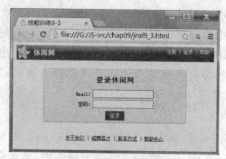

图 9-12 邮箱获得焦点清除默认内容

图 9-13 邮箱验证不合法提示信息　　图 9-14 点击图 9-13"确定"按钮邮箱内容被选中

1.需求说明

(1)清除文本框中的初始内容,增强用户体验

当 E-mail 文本框获得焦点时,若其内容为默认值,则清除默认值。减少用户操作,增强用户体验。效果如图 9-11 所示。

(2)文本框设置焦点,增强用户体验

验证 E-mail 信息,当文本框中无内容时,该文本框对象设置成为焦点。减少用户操作,增强用户体验。效果如图 9-12 所示。

(3)文本框内容被选中且高亮显示,增强用户体验

当 E-mail 文本框信息被验证时,若内容验证不合法,如图 9-13 所示,则其内容被选中且高亮显示,如图 9-14 所示,减少用户操作,增强用户体验。

(4)页面信息验证

点击"登录"按钮进行页面验证,要求 E-mail 不能为空,必须包含"@"和"."。

2.运行效果图

运行效果如图 9-11 至图 9-14 所示。

9.4　信息即时提示的淘宝网注册页面验证

9.4.1　实例程序

【例 9-5】 信息即时提示的淘宝网注册页面验证。

1.需求说明

实现如图 9-15 所示的信息即时提示的淘宝网注册页面验证。

(1)页面信息验证

①登录名。

➢ 登录名不能为空。

➢ 登录名最长只能有 16 个字符,最短为 4 个字符。

②密码。

➢ 密码长度不能少于 6 位。

③再次输入密码。

➢ 再次输入的密码必须和上面输入的密码相同,即两次输入的密码一致。

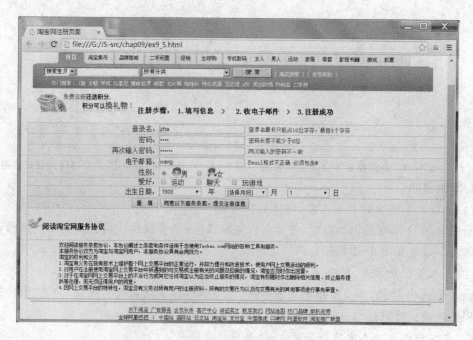

图 9-15　例 9-5 信息验证不合法即时提示效果图

④电子邮箱。
➢ 电子邮箱不能为空。
➢ 电子邮箱中必须包含符号"@"和"．"。

(2)提示信息即时显示

当信息输入结束，文本框失去焦点时，验证信息的合法性。若不合法，则将出错提示信息即时显示在文本框的后面。效果如图 9-15 所示。

2. 实例代码

(1)HTML 页面文件，ex9_5.html

ex9_5.html 代码和 ex9_2.html 代码基本相同，只是关联的 JS 文件和样式表文件不同。ex9_5.html 关联 ex9_5.js 和 ex9_5.css 文件，ex9_5.html 代码这里不再给出。

(2)CSS 样式表文件，ex9_5.css

ex9_5.css 代码和 ex9_2.css 代码相同，这里不再给出。

(3)JS 文件，ex9_5.js 代码

```
// JavaScript Document
// ex9_5.js
function $ (ElementID) {
    return document.getElementById(ElementID);
}
window.onload = init;
function init() {
    var yearObj = $ ("year");                              //①
    yearObj.options.length = 0;
    var today = new Date();
```

```
        var tyear = today.getFullYear();
        var idx = 0;
        for(var i = 1900; i<= tyear; i++) {
        yearObj.options[idx] = new Option(i);
        yearObj.options[idx].value = i;
        idx++;
        }
        yearObj.selectedIndex = 0;

        var dayObj = $("day");
        dayObj.options.length = 0;
        for(var i = 0; i<31; i++) {
        dayObj.options[i] = new Option(i+1);
        dayObj.options[i].value = i+1;
        }
        dayObj.selectedIndex = 0;

        var loginNameObj = $("loginName");            //②
        loginNameObj.onblur = checkLogin;             //③
        var passObj = $("pass");
        passObj.onblur = checkPass;
        var rpassObj = $("rpass");
        rpassObj.onblur = checkRpass;
        var emailObj = $("email");
        emailObj.onblur = checkEmail;
        var formObj = $("myform");                    //④
        formObj.onsubmit = checkAll;
    }
    function checkAll(){
        if(checkLogin() && checkPass() && checkRpass()&& checkEmail()){
        return true;
        }else{
        return false;
        }
    }
    function checkLogin(){
        var strName = $("loginName").value;
        var divID = $("loginError");                  //⑤
        divID.innerHTML = "";                         //⑥
        if (strName.length == 0){
        divID.innerHTML = "登录名不能为空";             //⑦
```

```javascript
        return false;
    }
    if (strName.length < 4 || strName.length > 16){
        divID.innerHTML = "登录名最长只能有 16 个字符,最短为 4 个字符";
        return false;
    }
    return true;
}
function checkPass(){
    var strPass = $("pass").value;
    var divID = $("passError");
    divID.innerHTML = "";
    if (strPass.length < 6){
        divID.innerHTML = "密码长度不能少于 6 位";
        return false;
    }
    return true;
}
function checkRpass(){
    var strPass = $("pass").value;
    var strRpass = $("rpass").value;
    var divID = $("rpassError");
    divID.innerHTML = "";
    if (strPass! = strRpass){
        divID.innerHTML = "两次输入的密码不一致";
        return false;
    }
    return true;
}
function checkEmail(){
    var mailObj = $("email");
    var mail = mailObj.value;
    var divID = $("emailError");
    divID.innerHTML = "";
    if(mail = = ""){
        divID.innerHTML = "E-mail 不能为空";
        return false;
    }
    if(mail.indexOf("@") == -1){
        divID.innerHTML = "E-mail 格式不正确\n 必须包含@";
        return false;
```

```
        }
        if(mail.indexOf(".") = = - 1){
        divID.innerHTML = "E-mail 格式不正确\n 必须包含.";
        return false;
        }
        return true;
    }
```

9.4.2 代码解析

对例 9-5 的 ex9_5.js 文件中部分代码进行解析。

1. 函数 init( )功能

代码①处到②上一行代码处,完成对出生年份和日期下拉列表选项的添加,年份范围为从 1900 到今年,日期范围在 1 到 31 之间。

代码③处,loginNameObj.onblur = checkLogin,为登录名文本框对象绑定失去焦点 onblur 事件处理程序,去调用 checkLogin 函数对登录名的合法性进行验证。

同样,代码②处到④上一行代码处,完成对登录名、密码、再次输入密码、电子邮箱等文本框对象绑定失去焦点 onblur 事件处理程序,去调用相应的函数对信息的合法性进行验证。

代码④处到函数最后,获取表单对象,为其绑定提交 onsubmit 事件处理程序,去调用 checkAll()函数,完成对页面验证信息的一次性验证。

2. 函数 checkLogin( )功能

代码⑤处,获取 divID。代码⑥处,将该对象中的内容清空。

代码⑦处,divID.innerHTML = "登录名不能为空",将出错提示信息,显示在登录名出错信息显示对象中。

同样,⑦处下面的代码实现同样的功能。

该函数实现对登录名信息的验证,并将出错提示信息即时显示在相应的出错信息显示对象中。

3. 其他函数功能

(1)checkAll()函数实现对页面所有验证信息的一次性验证。

(2)checkPass()函数实现对密码信息的验证,若信息不合法,则将出错提示信息即时显示。

(3)checkEmail()函数实现对邮箱信息的验证,若信息不合法,则将出错提示信息即时显示。

9.4.3 技能训练 9-4

信息即时提示的博客网注册页面验证。

1. 需求说明

实现如图 9-16 所示的信息即时提示的博客网注册页面验证。

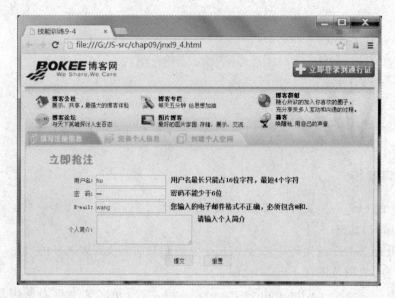

图 9-16　技能训练 9-4 运行效果图

（1）页面信息验证

①用户名。

➢ 用户名不能为空。

➢ 用户名最长只能有 16 个字符，最短为 4 个字符。

②密码。

➢ 密码不能为空。

➢ 密码长度不能少于 6 位。

③电子邮箱。

➢ 电子邮箱不能为空。

➢ 电子邮箱中必须包含符号"@"和"."。

（2）提示信息即时显示

当信息输入结束，文本框失去焦点时，验证信息的合法性。若不合法，则将出错提示信息即时显示在文本框的后面。效果如图 9-16 所示。

本章小结

➢ JavaScript 的一个重要应用就是客户端表单验证。表单验证是对表单中用户输入的信息进行合法性检查。

➢ 表单验证有客户端表单验证和服务器端表单验证。

➢ 客户端表单验证对用户信息进行初步处理后，正确有意义的信息才传入服务器，减少了网络开销，减轻了服务器的压力。

➢ String 对象是 JavaScript 内部对象，用于处理文本（字符串）。通过 String 对象实现对字符串的操作和处理。String 对象有 length 属性，它表示字符串的长度。

➤ String 对象常用的方法有 charAt()、concat()、indexOf()、lastIndexOf()、split()、substring()、toLowerCase()、toUpperCase()等。

➤ Form 对象代表一个 HTML 表单,是 HTML DOM 对象。在 HTML 文档中<form>每出现一次,Form 对象就会被创建。

Form 对象常用属性有:elements[]、action、length、method;常用方法有 reset()、submit();常用事件有 onreset、onsubmit 等。

➤ Text 对象代表 HTML 表单中的文本输入框,是 HTML DOM 对象。在 HTML 表单中<input type="text">每出现一次,就会创建 Text 对象。

Text 对象常用属性有 defaultValue、form、maxLength、name、readOnly、size、type、value 等;常用方法有 blur()、focus()、select()等;常用事件有 onblur、onchange、onfocus、onkeypress 等。

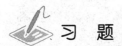

习　题

一、单项选择题

1. 下列(　　)<form>标签的属性决定数据将被发送到的目的地。
　　A. action　　　　B. method　　　　C. name　　　　D. id

2. 把 onsubmit 事件处理程序放在(　　)可以验证表单。
　　A. <body>标签中
　　B. <form>标签中
　　C. <input name="bt" type="submit" value="提交" />标签中
　　D. <input name="img" type="image" value="图片按钮" />标签中

3. String 对象的方法不包括(　　)。
　　A. charAt()　　　B. substring()　　C. toUpperCase()　D. length()

4. 对字符串 str="welcome to china"进行操作处理,下列描述结果正确的是(　　)。
　　A. str. substring(1,5)的返回值是"elcom"
　　B. str. length 的返回值是 16
　　C. str. indexOf("come",4)的返回值是 4
　　D. str. toUpperCase()的返回值是"Welcome To China"

5. 在页面上有一个 id 为 room 的文本框,下面选项(　　)能够实现当单击 room 时,room 的背景颜色变为"#cccccc"。
　　A. <input id="room" rype="text" onfocus="this. style. backgroundColor='#cccccc'"/>
　　B. <input id="room" rype="text" onfocus="this. backgroundColor='#cccccc'"/>
　　C. <input id="room" rype="text" onblur="this. style. backgroundColor='#cccccc'"/>
　　D. <input id="room" rype="text" onblur="this. backgroundColor='#cccccc'"/>

6. 下面选项中(　　)能获得焦点。

A. blur()　　　　B. select()　　　　C. focus()　　　　D. onfocus()

7. 下面（　　）能够动态改变＜div＞中的提示内容。

A. 利用＜div＞的 innerHTML 属性改变内容

B. 利用＜div＞的 id 属性改变内容

C. 使用 onblur 事件来实现

D. 使用 display 属性来实现

二、问答和编程题

1. 表单验证的一般步骤是什么？

2. String 对象常用的方法有哪些？

3. 编程实现图 9-17 所示的表单验证和文本输入提示特效。需求如下：

(1) 名字和姓氏均不能为空，并且不能有数字。

(2) 密码不能少于 6 位，两次输入的密码必须相同。

(3) 电子邮箱不能为空，并且必须包含符号"@"和"."。

(4) 文本框失去焦点时进行即时验证。

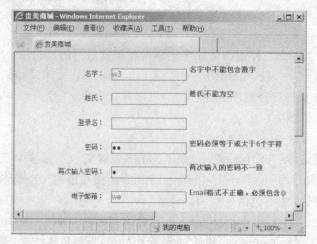

图 9-17　第 3 题效果图

第 10 章 正则表达式

本章工作任务
- 邮编、手机、年龄的正则表达式验证
- 信用卡申请页面的正则表达式验证
- 使用正则表达式进行字符串处理

本章知识目标
- 掌握正则表达式的定义和模式
- 掌握正则表达式的符号
- 掌握 RegExp 对象的方法
- 掌握支持正则表达式的 String 对象的方法

本章技能目标
- 能根据需求正确写出正则表达式
- 实现邮编、手机、年龄的正则表达式验证
- 实现信用卡申请页面的正则表达式验证
- 使用正则表达式处理字符串

本章重点难点
- 根据需求正确写出正则表达式
- 使用正则表达式验证表单元素
- RegExp 对象的方法
- 正则表达式相关的 String 对象的方法

第 9 章主要介绍了表单验证的意义、步骤和内容，以及 String 对象、Form 对象、Text 对象等，并且应用这些知识和技能实现休闲网登录页面、淘宝网注册页面和博客网注册页面的客户端页面验证。

本章主要讲述正则表达式的定义、模式、符号，RegExp 对象的属性、方法，正则表达式相关的 String 对象的方法等，以及应用这些知识和技能实现表单验证、字符串处理等。

10.1 邮编、手机、年龄的正则表达式验证

10.1.1 实例程序

【例 10-1】 邮编、手机、年龄的正则表达式验证。

1. 需求说明

(1) 邮编由 6 位数字组成。当邮编文本框失去焦点时，验证邮编的合法性，若不合法，将出错信息即时在其后面显示，如图 10-1 所示。

(2) 手机由 11 位数字组成，且以 1 开头。当手机文本框失去焦点时，验证手机的合法性，若不合法，将出错信息即时在其后面显示。

(3) 年龄范围在 0 到 120 岁。当年龄文本框失去焦点时，验证年龄的合法性，若不合法，将出错信息即时在其后面显示。

(4) 点击"提交"按钮时，对邮编、手机、年龄的合法性再进行一次统一验证。

运行效果如图 10-1 所示。

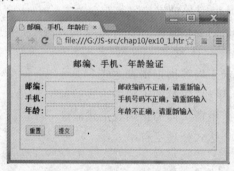

图 10-1　例 10-1 运行效果图

2. 实例代码

(1) HTML 页面文件，ex10_1.html 代码

```
<!--ex10_1.html-->
<!DOCTYPE html PUBLIC "-//W3C//DTD XHTML 1.0 Transitional//EN" "http://www.w3.org/TR/xhtml1/DTD/xhtml1-transitional.dtd">
<html xmlns="http://www.w3.org/1999/xhtml">
<head>
<meta http-equiv="Content-Type" content="text/html; charset=utf-8" />
<title>邮编、手机、年龄的正则表达式验证</title>
<script src="ex10_1.js"></script>
```

```html
<link href="ex10_1.css" rel="stylesheet" type="text/css" />
</head>
<body>
<h3 class="centered">邮编、手机、年龄验证</h3>
<form action="success.html" class="centered">
    <label>邮编:<input id="code" type="text" size="20"></label><div id="code_prompt"></div><br />
    <label>手机:<input id="mobile" type="text" size="20"></label><div id="mobile_prompt"></div><br />
    <label>年龄:<input id="age" type="text" size="20"></label><div id="age_prompt"></div><br />
    <p><input type="reset" value="重置">  <input type="submit" value="提交"></p>
</form>
</body>
</html>
```

(2)CSS 样式表文件，ex10_1.css 代码

```css
@charset "utf-8";
/* CSS Document */
/* ex10_1.css */
.centered{
    font-weight: bold;
    width: 410px;
    margin: 0 auto;
    text-align: left;
    border: 2px solid #FFA3BA;
    padding: 10px;
}
h3.centered{
    text-align:center;
}
div{
    color: #F00;
    font-size: 14px;
    display: inline;
    padding-left:5px;
}
```

(3)JS 文件，ex10_1.js 代码

```javascript
// JavaScript Document
// ex10_1.js
window.onload = init;
```

```javascript
function init() {
    document.getElementById("code").onblur = checkCode;
    document.getElementById("mobile").onblur = checkMobile;
    document.getElementById("age").onblur = checkAge;
    document.forms[0].onsubmit = validForm;
}
function checkCode(){
    var code = document.getElementById("code").value;          //①
    var codeId = document.getElementById("code_prompt");       //②
    var regCode = /^\d{6}$/;           //③
    if(regCode.test(code) == false){          //④
        codeId.innerHTML = "邮政编码不正确,请重新输入";
        return false;
    }
    codeId.innerHTML = "";
    return true;
}
function checkMobile(){
    var mobile = document.getElementById("mobile").value;
    var mobileId = document.getElementById("mobile_prompt");
    var regMobile = /^1\d{10}$/;           //⑤
    if(regMobile.test(mobile) == false){
        mobileId.innerHTML = "手机号码不正确,请重新输入";
        return false;
    }
    mobileId.innerHTML = "";
    return true;
}
function checkAge(){
    var age = document.getElementById("age").value;
    var ageId = document.getElementById("age_prompt");
    var regAge = /^120$|^((1[0-1]|[1-9])?\d)$/m;           //⑥
    if(regAge.test(age) == false){
        age_prompt.innerHTML = "年龄不正确,请重新输入";
        return false;
    }
    age_prompt.innerHTML = "";
    return true;
}
function validForm(){
    if( checkCode() && checkMobile() && checkAge()){
```

```
            return true ;
        }
        return false;
    }
```

10.1.2　代码解析

对例 10-1 的 ex10_1.js 文件中部分代码进行解析。

1. 函数 init( )功能

获取邮编、手机和年龄的文本框对象,为它们绑定失去焦点事件处理程序,分别调用函数 checkCode、checkMobile、checkAge 进行信息合法性验证。

通过 document.forms[0]获取文档中第一个 form 表单对象,并为其绑定表单的 onsubmit 提交事件处理程序,调用函数 validForm,统一验证邮编、手机、年龄文本框输入信息的合法性。

2. 函数 checkCode( )功能

代码①处,获取邮编文本框对象的 value 值,用 code 字符串变量引用。

代码②处,获取邮编出错信息提示对象,用 codeId 变量引用。

代码③处,var regCode=/^\d{6}$/,定义邮编合法性规则的正则表达式。其中,最前的/表示定义表达式(模式)开始,^表示模式的开头,\d 表示 0 到 9 中的一个数字,{6}表示前面的\d 数字重复 6 次,$ 表示模式的结尾,最后的/表示定义表达式完成。该正则表达式 regCode 定义一个字符串模式,该模式的字符串由 6 位数字组成。

代码④处,通过正则表达式对象 regCode 的 test()方法,去验证字符串 code 是否匹配该模式。若匹配,则 test()方法返回 true,否则返回 false。这里,若字符串 code 不匹配正则表达式 regCode 的模式,则将出错提示信息("邮政编码不正确,请重新输入")显示在出错信息提示对象 codeId 中,且函数返回 false;若匹配,则将出错信息提示对象中的内容清空,且函数返回 true。

该函数实现使用正则表达式对邮编输入内容的合法性检查,若条件都满足,则返回 ture,否则返回 false。

3. 函数 checkMobile( )功能

该函数实现使用正则表达式对手机输入内容的合法性检查,若条件都满足,则返回 ture,否则返回 false。

该函数代码实现的思路同 checkCode()函数,只是定义正则表达式不同。

代码⑤处,var regMobile=/^1\d{10}$/,定义正则表达式 regMobile。其中,^1 表示字符串的第一位是 1;\d{10}表示 10 位数字,$ 表示结尾,即该正则表达式定义了由 1 开头,后面跟 10 位数字,然后结束的字符串模式,为手机合法性规则的正则表达式。

4. 函数 checkAge( )功能

该函数实现使用正则表达式对年龄输入内容的合法性进行检查,若条件都满足,则返回 ture,否则返回 false。

该函数代码实现的思路同上面两函数,只是定义正则表达式不同。

首先分析年龄范围 0 到 120 的表达,即如何来定义正则表达式。

(1)0—9这个范围是一位数,正则表达式为\d。

(2)10—99这个范围都是两位数,十位是1~9,个位是0~9,正则表达式为[1—9]\d。其中,[1—9]表示1到9范围中的一个数字。

(3)100—119这个范围是三位数,百位是1,十位是0~1,个位是0~9,正则表达式为1[0—1]\d。

(4)根据以上可知,所有年龄的个位都是0~9,当百位是1时,十位是0~1,当年龄为两位数时,十位是1~9,因此,0~119这个范围的正则表达式为(1[0—1]|[1—9])? \d。其中:

➤ \d 为个位。

➤ ? 表示其前面符号出现0次或1次,即(1[0—1]|[1—9])出现0次或1次。若出现0次,该正则表达式只有\d,年龄范围在0到9岁;若出现1次,则为(1[0—1]|[1—9])\d。

➤ (1[0—1]|[1—9])\d中,"|"表示或者关系,即正则表达式为1[0—1]\d或者[1—9]\d。[1—9]\d表示十位为1到9的数字,个位为0到9的数字,即年龄为10到99岁。1[0—1]\d表示百位为1,十位为0或者1,个位为0到9,即年龄为100到119岁。

(5)年龄120是单独的一种情况,需要单独列出来。

代码⑥处,regAge = /^120 $ |^((1[0—1]|[1—9])? \d) $ /m,定义正则表达式regAge。其中,通过"|"或者链接两种情况^120 $ 或者^((1[0—1]|[1—9])? \d) $,^120 $ 表示120岁情况,^((1[0—1]|[1—9])? \d) $ 表示0到119岁情况;m表示多行查找。

因此,该正则表达式为年龄合法性规则的正则表达式。

图 10-2 例 9-1 运行效果图

10.1.3 为什么需要正则表达式

进行 Web 客户端开发时,经常要对用户输入的信息进行表单验证。第9章讲述了基本的表单验证,例如,例9-1中登录休闲网时,要对用户输入的邮箱信息进行验证,如图10-2所示。对图10-2中的邮箱信息,abc@def.123,例9-1点击"登录"按钮时邮箱验证是通过的,但我们知道这不是一个正确的邮箱。原因是按照例9-1的邮箱验证规则,只要邮箱中包含

@和.,就验证通过。可以看出这是一个不严格的验证,若要用第 9 章的方法进行严格的验证,验证代码要写很长。有没有既能严格验证又有简洁代码的方法呢?答案是肯定的,我们可以使用正则表达式进行严格且简单的表单验证。

正则表达式是一种可以用于模式匹配和替换的强大工具,主要有以下三个作用:

➢ 测试字符串的某个模式,进行数据有效性验证。例如,可以对一个输入字符串进行测试,测试该字符串中是否存在一个电话号码模式或一个信用卡号码模式等。

➢ 根据模式匹配从字符串中提取一个子字符串。可以用来在文本或输入字段中查找特定文字。

➢ 替换文本。可以在文档中使用一个正则表达式来标识特定文字,可以将其全部删除,或者替换为别的文字。

10.1.4 定义正则表达式

正则表达式是一个描述字符模式的对象,它由一些特殊符号组成。其字符模式用来匹配各种表达式。

RegExp 对象是 Regular Expression(正则表达式)的缩写,它是对字符串执行模式匹配的强大工具。简单的模式可以是一个单独的字符,复杂的模式包括了更多的字符,例如邮箱、电话、身份证、生日等字符串模式。

在 JavaScript 中定义正则表达式有两种构造形式,一种是普通方式,另一种是构造函数方式。

1. 普通方式

普通方式使用正则表达式直接量,其基本语法格式为:

```
var reg = /pattern/ attributes;
```

其中,参数 pattern 是一个表达式,表示要使用的正则表达式的模式。该模式是一串字符,代表了某种规则。这一串字符中可以使用某些特殊字符来代表特殊的规则。pattern 位于一对正斜杠(/)之间。

参数 attributes 为一串可选的字符,表示如何应用模式的标记,多种标记可以组合使用,这些标记有:

➢ g:全文查找出现的所有 pattern,代表可以全局匹配。

➢ i:代表忽略大小写匹配。

➢ m:代表可以进行多行查找匹配。

需要注意的是,pattern 和 attributes 并不是字符串,不需要用引号("")引起来。

例如:

```
var reg1 = /red/;
var reg2 = /red/g;
```

2. 构造函数方式

RegExp 对象是 JavaScript 的一个内部对象,其代表一个正则表达式对象。使用 RegExp 构造函数创建 RegExp 对象的基本语法格式为:

```
var reg = new RegExp(pattern,[attributes]);
```

其中,参数 pattern 和参数 attributes 的含义和普通模式中的参数相同。

例如：

　　var reg1 = new RegExp("red");

　　var reg2 = new RegExp("red","g");

注意：普通方式中的模式表达式 pattern 必须是一个常量字符串，而构造函数中的表达式 pattern 可以是常量字符串，也可以是一个 JavaScript 变量。例如，用户的输入作为模式表达式参数：

　　var reg = new RegExp(document.getElementById("email").value,"g");

10.1.5　表达式的模式

正则表达式中表达式 pattern 的模式可分为简单模式和复合模式。

1. 简单模式

简单模式是指通过普通字符的组合来表达的模式，例如：

　　var reg1 = /china/;

　　var reg2 = /good/;

简单模式只能表示具体的匹配，如果要匹配一个邮箱地址或一个身份证号码，就不能使用具体的匹配，这时就要使用复合模式了。

2. 复合模式

复合模式是指表达式中含有通配符的模式。

例如，例 10-1 的 ex10_1.js 文件中，代码⑤处，var regMobile=/^1\d{10}$/，符号^、\d、$ 都是通配符，分别代表着开头、数字、结尾等特殊含义。

因此，复合模式可以表达更为抽象化的规则模式。

10.1.6　正则表达式的符号

一个正则表达式就是由普通字符以及特殊字符组成的表达式模式。这些特殊符号有[ ]（方括号）、元字符、量词、定位符、其他符号等。

1. 方括号

方括号用于匹配某个范围内的字符，如表 10-1 所示。

表 10-1　正则表达式的方括号

表达式	描述
[adgk]	匹配给定集合内的任何字符
[^adgk]	匹配给定集合外的任何字符
[0—9]	匹配从 0 至 9 的任何数字
[a—z]	匹配从小写 a 到小写 z 的任何字符
[A—Z]	匹配从大写 A 到大写 Z 的任何字符
[A—z]	匹配从大写 A 到小写 z 的任何字符

例如，例 10-1 的 ex10_1.js 中，代码⑥处，regAge=/^120$|^((1[0—1]|[1—9])?\d)$/m，[0—1]匹配 0 或 1 数字，[1—9]匹配 1 到 9 范围内的任何一个数字。

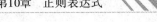

2. 元字符

元字符(Metacharacter)是拥有特殊含义的字符,如表10-2所示。

表10-2 正则表达式的元字符

元字符	描述
.	匹配单个字符,除了换行和行结束符
\w	匹配一个字母、数字或下划线字符,即单词字符,相当于[A-Za-z0-9_]
\W	匹配所有与\w不匹配的字符,即非单词字符,相当于[^A-Za-z0-9_]
\d	匹配一个数字字符,即从0到9的数字,相当于[0-9]
\D	匹配除了数字之外的任何符号,即非数字字符,相当于[^0-9]
\s	匹配空白字符
\S	匹配非空白字符
\b	匹配单词边界
\B	匹配非单词边界
\n	匹配换行符
\f	匹配换页符
\r	匹配回车符
\t	匹配制表符
\v	匹配垂直制表符
\xxx	匹配以八进制数xxx规定的字符
\xdd	匹配以十六进制数dd规定的字符
\uxxxx	匹配以十六进制数xxxx规定的Unicode字符

例如,例10-1的ex10_1.js中,代码③处,regCode=/^\d{6}$/,\d表示一个数字字符。

3. 量词和定位符

正则表达式的量词和定位符表达的含义如表10-3所示。

表10-3 正则表达式的量词和定位符

量词/定位符	描述
{n}	匹配前一项n次
{n,}	匹配前一项n次,或者更多次
{n,m}	匹配前一项至少n次,最多m次
*	匹配前一项0次或多次,等价于{0,}
+	匹配前一项1次或多次,等价于{1,}
?	匹配前一项0次或1次,即前一项是可选的,等价于{0,1}
n$	匹配任何结尾为n的字符串
^n	匹配任何开头为n的字符串
?=n	匹配任何其后紧接指定字符串n的字符串
?!n	匹配任何其后没有紧接指定字符串n的字符串

例如,例 10-1 的 ex10_1.js 中,代码③处,regCode=/^\d{6}$/,^\d 表示以数字开头,\d{6}表示匹配数字字符 6 次,\d{6}$ 表示以数字结尾。正则表达式/^\d{6}$/表示由 6 位数字组成的字符串,是邮编验证规则的正则表达式。

4. 其他符号

正则表达式的其他符号还有:小括号"()"、或者"|"、否定"[^]"、转义符等操作符,现分述如下。

(1)小括号"()"

正则表达式中使用小括号"()"把字符串组合在一起作为一个整体,"()"操作符内的内容必须同时出现在目标对象中才能匹配成功。

例如,/(red)[0-9]/与目标对象的"red2"匹配,但不与"re2"匹配。

例 10-1 的 ex10_1.js 中,代码⑥处,regAge=/^120$|^((1[0-1]|[1-9])?\d)$/m,(1[0-1]|[1-9])使用小括号使其成为一个整体,((1[0-1]|[1-9])?\d)同样为一整体。

(2)或者"|"

正则表达式中使用"|"操作符表示"或"运算。其允许在多个不同的模式中任选一个模式进行匹配。

例如,例 10-1 的 ex10_1.js 中,代码⑥处,regAge=/^120$|^((1[0-1]|[1-9])?\d)$/m,年龄模式是^120$模式,或者^((1[0-1]|[1-9])?\d)$模式;(1[0-1]|[1-9])表示年龄的百位和十位是 1[0-1]模式,或者无百位,十位为[1-9]模式。

(3)否定"[^]"

正则表达式中使用"^"且放在方括号"[]"内,即操作符"[^]"表示否定运算。否定符"[^]"规定目标对象中不能存在模式所规定的字符串。

例如,[^0-9]匹配除了数字之外的任何符号,即匹配非数字字符。[^D-F]匹配除 D、E、F 之外的任何符号。

注意: 当"^"出现在"[]"之内时,被视为是否定运算符,而当"^"出现在"[]"之外,或者无"[]"时,被视为是定位符。

(4)转义符

当用户需要匹配正则表达式中特殊符号对应的原本符号时,就要使用转义符"\"。

例如,/abc*/正则表达式匹配"abc*",但不匹配"abc1",不匹配"abcd"。

再如,要匹配"abc\d"字符串,正则表达式可以为/abc\\d/,而不能为/abc\d/。因为/abc\d/正则表达式匹配以 abc 开头后跟数字的字符串,如"abc0"、"abc6"等。

(5)优先级顺序

定义正则表达式之后,就可以向数学表达式一样来求值。正则表达式在匹配过程中是按照从左到右的顺序进行的,其操作符具有一定的优先顺序,其优先级如表 10-4 所示。

表 10-4 正则表达式符号的优先级

优先级	符号	说明
1	\	转义符
2	()、(?!)、(?=)、[]	圆括号、方括号
3	*、+、?、{n}、{n,}、{n,m}	量词
4	^、$、元字符	定位符、元字符
5	|	"或"操作

10.1.7 技能训练 10-1

1.需求说明

使用正则表达式进行身份证号码、固定电话和邮政编码验证。要求如下：

(1)身份证号码只能由 15 位或 18 位数字组成。

(2)固定电话由区号、连字符"－"和号码组成,格式如 010－54845216。其中区号由 3 位或者 4 位数字组成,号码由 7 位或者 8 位数字组成。

(3)邮政编码由 6 位数字组成。

(4)当身份证号码、固定电话、邮政编码对应的文本框失去焦点时,进行即时验证。

(5)点击图 10-3 中的"Submit"按钮,对用户输入的身份证号、固定电话、邮政编码等信息进行统一的验证。

2.运行效果图

运行效果如图 10-3 所示。

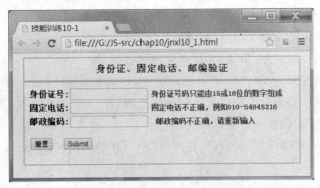

图 10-3 技能训练 10-1 运行效果图

10.2 信用卡申请页面的正则表达式验证

10.2.1 实例程序

【例 10-2】 使用正则表达式进行信用卡申请页面用户输入信息的合法性验证。

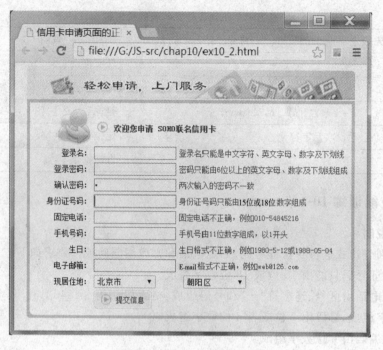

图 10-4 例 10-2 运行效果图

1. 需求说明

使用正则表达式对用户输入信息进行合法性验证。运行效果如图 10-4 所示。要求如下：

(1) 登录名由中文字符、英文字母、数字及下划线组成。

(2) 登录密码由 6 位及以上的英文字母、数字及下划线组成。

(3) 确认密码要求两次输入的密码一致。

(4) 身份证号码只能由 15 位或 18 位数字组成。

(5) 固定电话由区号、连字符"-"和号码组成，格式如 010-54845216。其中，区号由 3 位或者 4 位数字组成，号码由 7 位或者 8 位数字组成。

(6) 手机号码由 11 位数字组成，以 1 开头。

(7) 生日由年份、连字符"-"、月份、连字符"-"、日期组成，格式如 1980-5-12 或 1988-05-04。其中：

➢ 年份范围为 1900 年到 2019 年。

➢ 月份为 1 到 12 月，1 到 9 月的格式可以在数字前补 0，也可以不补 0。

➢ 日期为 1 到 31 日，1 到 9 日的格式可以在数字前补 0，也可以不补 0。

(8) 邮箱地址由用户名、@和域名组成，例如 abc@163.com.cn。其中：

➢ 用户名由 1 到多个单词字符(字母、数字或下划线字符)组成。

➢ 域名由 1 到多个单词符号、点"."、2 到 3 个字母([A-z])的字符串三部分组成，或者由 1 到多个单词符号、点"."、2 到 3 个字母([A-z])的字符串、点"."、2 到 3 个字母([A-z])的字符串五部分组成。

(9) 当输入信息的文本框失去焦点时，对其进行即时验证。

(10) 当点击图 10-4 中的"提交信息"按钮时,对所有要求输入的信息进行统一验证。

(11) 实现"现居住地"信息的省市二级级联特效。

2. 实例代码

(1) HTML 页面文件,ex10_2.html 代码

```html
<!-- ex10_2.html -->
<!DOCTYPE html PUBLIC "-//W3C//DTD XHTML 1.0 Transitional//EN" "http://www.w3.org/TR/xhtml1/DTD/xhtml1-transitional.dtd">
<html xmlns="http://www.w3.org/1999/xhtml">
<head>
<meta http-equiv="Content-Type" content="text/html; charset=utf-8" />
<title>信用卡申请页面的正则表达式验证</title>
<script src="ex10_2.js"></script>
<link href="ex10_2.css" rel="stylesheet" type="text/css" />
</head>
<body>
<table class="main" border="0" cellspacing="0" cellpadding="0">
    <tr>
        <td><img src="images/ex10-2-top.gif"/></td>
    </tr>
    <form action="success.html" method="post" name="myform">
    <tr>
        <td class="center"><table width="100%" border="0" cellspacing="0" cellpadding="0">
        <tr>
            <td class="left"><img src="images/ex10-2-pic001.gif" /></td>
            <td class="red"><img src="images/ex10-2-pic002.gif" style="vertical-align:bottom;"/>欢迎您申请 SOHO 联名信用卡 </td>
        </tr>
        <tr>
            <td class="left">登录名:</td>
            <td><input id="loginName" type="text" class="inputs" /><div id="login_prompt" class="prompt"></div></td>
        </tr>
        <tr>
            <td class="left">登录密码:</td>
            <td><input id="pwd" type="password" class="inputs" /><div id="pwd_prompt" class="prompt"></div></td>
        </tr>
        <tr>
            <td class="left">确认密码:</td>
            <td><input id="repwd" type="password" class="inputs" /><div id="repwd
```

```html
                _prompt" class="prompt"></div></td>
            </tr>
            <tr>
                <td class="left">身份证号码：</td>
                <td><input id="mycard" type="text" class="inputs" /><div id="mycard_prompt" class="prompt"></div></td>
            </tr>
            <tr>
                <td class="left">固定电话：</td>
                <td><input id="phone" type="text" class="inputs" /><div id="phone_prompt" class="prompt"></div></td>
            </tr>
            <tr>
                <td class="left">手机号码：</td>
                <td><input id="mobile" type="text" class="inputs" /><div id="mobile_prompt" class="prompt"></div></td>
            </tr>
            <tr>
                <td class="left">生日：</td>
                <td><input id="birth" type="text" class="inputs" /><div id="birth_prompt" class="prompt"></div></td>
            </tr>
            <tr>
                <td class="left">电子邮箱：</td>
                <td><input id="email" type="text" class="inputs" /><div id="email_prompt" class="prompt"></div></td>
            </tr>
            <tr>
                <td class="left">现居住地：</td>
                <td> <select id="selProvince">
                        <option>--选择省份--</option>
                    </select>
                    <select id="selCity">
                        <option>--选择城市--</option></select></td>
            </tr>
            <tr>
                <td class="left"> </td>
                <td><input id="btn" type="image" src="images/ex10-2-pic-sb.jpg" /></td>
            </tr>
        </table>
```

```html
        </td>
    </tr>
    </form>
    <tr>
        <td><img src="images/ex10-2-bottom.jpg"/></td>
    </tr>
</table>
</body>
</html>
```

(2) CSS 样式表文件，ex10_2.css 代码

```css
@charset "utf-8";
/* CSS Document */
/* ex10_2.css */
body{
    margin:0;
    padding:0;
    font-size:12px;
    line-height:20px;
}
.main{
    width:528px;
    margin-left:auto;
    margin-right:auto;
}
.center{
    border:solid 5px #ffa3ba;
    border-bottom:0;
    padding-top:10px;
}
.left{
    text-align:right;
    width:100px;
    height:25px;
    padding-right:5px;
}
.red{
    color:#cc0000;
    font-weight:bold;
}
.inputs{
    width:130px;
```

```css
    height:16px;
    border:solid 1px #666666;
    float:left;
    margin-right:5px;
}
.prompt{
    margin-left:10px;
    color:#F00;
}
select{
    width:100px;
    margin-right:38px;
}
```

(3) JS 文件, ex10_2.js 代码

```javascript
// JavaScript Document
// ex10_2.js
window.onload = init;
function init() {
    document.getElementById("loginName").onblur = checkLoginName;
    document.getElementById("pwd").onblur = checkPwd;
    document.getElementById("repwd").onblur = checkRepwd;
    document.getElementById("mycard").onblur = checkMycard;
    document.getElementById("phone").onblur = checkPhone;
    document.getElementById("mobile").onblur = checkMobile;
    document.getElementById("birth").onblur = checkBirth;
    document.getElementById("email").onblur = checkEmail;
    document.forms[0].onsubmit = validForm;
    document.getElementById("selProvince").onchange = changeCity;
    allProvince();
    changeCity();
}


/*验证登录名*/
function checkLoginName(){
    var loginName = document.getElementById("loginName").value;
    var LoginNameId = document.getElementById("login_prompt");
    LoginNameId.innerHTML = "";
    var regLoginName = /^[\u4e00-\u9fa5\w]+$/;                //①
    if(regLoginName.test(loginName) == false){               //②
        LoginNameId.innerHTML = "登录名只能是中文字符、英文字母、数字及下划线";
        return false;
```

```
        }
        return true;
}
/*验证密码*/
function checkPwd(){
        var pwd = document.getElementById("pwd").value;
        var pwdId = document.getElementById("pwd_prompt");
        pwdId.innerHTML = "";
        var regPwd = /^\w{6,}$/;                              //③
        if(regPwd.test(pwd) = = false){
                pwdId.innerHTML = "密码只能由6位以上的英文字母、数字及下划线组成";
                return false;
        }
        return true;
}
/*验证两次输入的密码是否一致*/
function checkRepwd(){
        var pwd = document.getElementById("pwd").value;
        var repwd = document.getElementById("repwd").value;
        var repwdId = document.getElementById("repwd_prompt");
        repwdId.innerHTML = "";
        if(pwd! = = repwd){
                repwdId.innerHTML = "两次输入的密码不一致";
                return false;
        }
        return true;
}

/*验证身份证号码*/
function checkMycard(){
        var mycard = document.getElementById("mycard").value;
        var mycardId = document.getElementById("mycard_prompt");
        mycardId.innerHTML = "";
        var regMycard = /^\d{15}$|^\d{18}$/;                  //④
        if(regMycard.test(mycard) = = false){
                mycardId.innerHTML = "身份证号码只能由15位或18位数字组成";
                return false;
        }
        return true;
}
```

```javascript
/*验证固定电话*/
function checkPhone(){
    var phone = document.getElementById("phone").value;
    var phone_prompt = document.getElementById("phone_prompt");
    phone_prompt.innerHTML = "";
    var reg = /^\d{3,4}-\d{7,8}$/;                    //⑤
    if(reg.test(phone) == false){
        phone_prompt.innerHTML = "固定电话不正确,例如 010-54845216";
        return false;
    }
    return true;
}
function checkMobile(){
    var mobile = document.getElementById("mobile").value;
    var mobileId = document.getElementById("mobile_prompt");
    mobileId.innerHTML = "";
    var regMobile = /^1\d{10}$/;
    if(regMobile.test(mobile) == false){
        mobileId.innerHTML = "手机号由11位数字组成,以1开头";
        return false;
    }
    return true;
}
/*生日验证*/
function checkBirth(){
    var birth = document.getElementById("birth").value;
    var birthId = document.getElementById("birth_prompt");
    birthId.innerHTML = "";
    var reg = /^((19\d{2})|(201\d))-(0?[1-9]|1[0-2])-(0?[1-9]|[1-2]\d|3[0-1])$/;    //⑥
    if(reg.test(birth) == false){
        birthId.innerHTML = "生日格式不正确,例如 1980-5-12 或 1988-05-04";
        return false;
    }
    return true;
}
/*验证邮箱*/
function checkEmail(){
    var email = document.getElementById("email").value;
    var email_prompt = document.getElementById("email_prompt");
    email_prompt.innerHTML = "";
```

```
            var reg=/^\w+@\w+(\.[a-zA-Z]{2,3}){1,2}$/;           //⑦
            if(reg.test(email)==false){
                email_prompt.innerHTML="Email格式不正确,例如 web@126.com";
            return false;
                }
            return true;
}
function validForm(){
        if(checkLoginName()&&checkPwd()&&checkRepwd()&&checkMycard()&&checkPhoto()
        &&checkMobile()&&checkEmail()&&checkBirth()){
            return true ;
        }
        return false;
}
var cityList = new Array();
        cityList['北京市'] = ['朝阳区','东城区','西城区','海淀区','宣武区','丰台区','怀
        柔','延庆','房山'];
        cityList['上海市'] = ['宝山区','长宁区','奉贤区','虹口区','黄浦区','青浦区','南汇
        区','徐汇区','卢湾区'];
        cityList['广东省'] = ['广州市','惠州市','汕头市','珠海市','佛山市','中山市','东
        莞市'];
        cityList['重庆市'] = ['俞中区','南岸区','江北区','沙坪坝区','九龙坡区','渝北
        区','大渡口区','北碚区'];
        cityList['天津市'] = ['和平区','河西区','南开区','河北区','河东区','红桥区','塘
        沽区','开发区'];
        cityList['江苏省'] = ['南京市','苏州市','无锡市'];
        cityList['浙江省'] = ['杭州市','宁波市','温州市'];
        cityList['四川省'] = ['成都市','绵阳市'];
        cityList['海南省'] = ['海口市'];
        cityList['福建省'] = ['福州市','厦门市','泉州市','漳州市'];
        cityList['山东省'] = ['济南市','青岛市','烟台市'];
        cityList['江西省'] = ['南昌市','九江市'];
        cityList['广西壮族自治区'] = ['柳州市','南宁市'];
        cityList['安徽省'] = ['合肥市','芜湖市','蚌埠市','宿州市','淮北市'];
        cityList['河北省'] = ['邯郸市','石家庄市'];
        cityList['河南省'] = ['郑州市','洛阳市'];
        cityList['湖北省'] = ['武汉市','宜昌市'];
        cityList['湖南省'] = ['长沙市','张家界市'];
        cityList['陕西省'] = ['西安市','延安市'];
        cityList['山西省'] = ['太原市','大同市'];
        cityList['黑龙江省'] = ['哈尔滨市','齐齐哈尔市'];
```

```
            cityList['国外'] = ['国外'];
            cityList['其他'] = ['其他'];
        function changeCity(){
            var province = document.getElementById("selProvince").value;
            var city = document.getElementById("selCity");
            city.options.length = 0;    //清除当前 city 中的选项
            for (var i in cityList){
                if (i = = province){
                    for (var j in cityList[i]){
                        city.options[j] = new Option(cityList[i][j]);
                        city.options[j].value = cityList[i][j];
                    }
                }
            }
        }
        function allProvince(){
            var province = document.getElementById("selProvince");
            var idx = 0;
            for (var i in cityList){
                province.options[idx] = new Option(i);
                province.options[idx].value = i;
                idx + + ;
            }
        }
```

10.2.2 代码解析

对例 10-2 的 ex10_2.js 文件中部分代码进行解析。

1. 函数 init( )功能

该函数实现的功能如下：

（1）为各个输入信息文本框绑定失去焦点事件处理程序，去调用各自相应的验证函数进行各种信息的合法性验证。

（2）为表单绑定提交事件处理程序，调用 validForm 函数去验证所有输入信息的合法性。

（3）为省份下拉列表框绑定其内容变化事件处理程序，调用 changeCity 函数去改变城市下拉列表框的列表项，实现省市二级级联特效。

（4）调用函数 allProvince()，实现为省份下拉列表添加列表项。

（5）调用函数 changeCity()，实现根据省份下拉列表框选中的内容（value 属性值）添加城市下拉列表项。

2. 函数 checkLoginName( )功能

代码①处，regLoginName = /^[\u4e00－\u9fa5\w]＋$/，定义正则表达式。其中，

\u4e00－\u9fa5表示中文字符的 Unicode 码，[\u4e00－\u9fa5\w]匹配的范围是中文汉字和单词符号(英文字母、数字、下划线)。该正则表达式定义了登录名的验证规则。

代码②处，if(regLoginName.test(loginName)==false){……}，test()方法为正则表达式对象的检索方法，参数为要检索的字符串，实现在字符串 loginName 中检索指定的值(正则表达式 regLoginName 匹配的模式)，若匹配正则表达式定义的模式规则，则返回 true，否则返回 false。

该函数完成对登录名输入信息的验证，代码实现步骤如下：

(1)获取登录名文本框对象的 value 值，用 loginName 变量引用。
(2)获取登录名出错信息提示对象，用 LoginNameId 变量引用，并将其内容清空。
(3)定义登录名验证规则的正则表达式，用 regLoginName 变量引用。
(4)使用正则表达式的 test()方法，检索登录名文本框中输入的字符串。若不能匹配，则显示出错信息提示，函数返回 false；若能匹配，函数返回 true。

3. 函数 checkPwd( )功能

代码③处，regPwd=/^\w{6,}$/，该正则表达式定义了密码的验证规则。其中，\w{6,}匹配至少 6 个单词符号(英文字母、数字、下划线)的字符串。

该函数完成对密码输入信息的验证，代码实现步骤同函数 checkLoginName()。

4. 函数 checkMycard( )功能

代码④处，regMycard=/^\d{15}$|^\d{18}$/，该正则表达式定义了身份证号码的验证规则。其中，^\d{15}$ 匹配 15 个数字的字符串，^\d{18}$ 匹配 18 个数字的字符串，两者通过或运算符"|"连接。

该函数完成对身份证号码输入信息的验证，代码实现思路同函数 checkLoginName()。

5. 函数 checkPhone( )功能

代码⑤处，reg=/^\d{3,4}－\d{7,8}$/，该正则表达式定义了固定电话的验证规则。该正则表达式匹配的模式是：开头是 3 个数字或者 4 个数字组成的字符串(表示区号)，接着跟一个连字符"－"，最后是以 7 个数字或者 8 个数字组成的字符串(表示电话号码)。

该函数完成对固定电话输入信息的验证，代码实现步骤同函数 checkLoginName()。

6. 函数 checkBirth( )功能

代码⑥处，reg=/^((19\d{2})|(201\d))－(0?[1－9]|1[0－2])－(0?[1－9]|[1－2]\d|3[0－1])$/，该正则表达式定义了生日的验证规则。其中：

➢ ^((19\d{2})|(201\d))匹配以 19XX 或者 201X(X 为 0 到 9 中的一个数字)开头的字符串，是生日中年份验证规则的正则表达式。

➢ (0?[1－9]|1[0－2])是生日中月份验证规则的正则表达式。因为：①0?，匹配 0 字符 0 次或 1 次，即 0 字符是可选的。②0?[1－9]，匹配 0X 或者 X(X 为 0 到 9 中的一个数字)模式，即月份不大于 9 的字符串。③1[0－2]，匹配"10"、"11"、"12"月份的字符串。

➢ (0?[1－9]|[1－2]\d|3[0－1])$ 是生日中日期验证规则的正则表达式。该表达式由三部分组成，是由"或"运算符"|"连接的。①0?[1－9]，匹配日期不大于 9 的字符串。②[1－2]\d，匹配日期范围在 10 到 29 的字符串。③3[0－1]，匹配"30"、"31"日期的字符串。这三部分通过圆括号()组成日期整体，并通过 $ 标记结束。

该函数完成对生日输入信息的验证，代码实现步骤同函数 checkLoginName()。

7. 函数 checkEmail() 功能

代码⑦处，reg=/^\w+@\w+(\.[a-zA-Z]{2,3}){1,2}$/，该正则表达式定义了电子邮箱的验证规则，由三部分构成，用户名＋@＋域名（＋为连接运算符）。详述如下：

> 用户名部分，^\w+，匹配开头是以1个或多个单词符号组成的字符串。
> @部分，为一个@符号本身。
> 域名部分，\w+(\.[a-zA-Z]{2,3}){1,2}$。其中：

① (\.[a-zA-Z]{2,3})为一整体，\.为通过转义符来匹配点"."，[a-zA-Z]{2,3}匹配由2个或3个a到Z的英文字母组成的字符串。因此(\.[a-zA-Z]{2,3})匹配 .YY 或 .YYY（Y 为 a 到 Z 的英文字母）模式，命名为机构类别模式。

② (\.[a-zA-Z]{2,3}){1,2}，匹配机构类别模式出现1次或2次。

③ 当机构类别模式匹配1次时，域名部分正则表达式为\w+(\.[a-zA-Z]{2,3})，则域名由1到多个单词符号、"."、2到3个字母([A-z])的字符串三部分组成。

④ 当机构类别模式匹配2次时，域名部分正则表达式展开形式为\w+(\.[a-zA-Z]{2,3})(\.[a-zA-Z]{2,3})，则域名由1到多个单词符号、"."、2到3个字母([A-z])的字符串、"."、2到3个字母([A-z])的字符串等五部分组成。

该函数完成对电子邮箱输入信息的验证，代码实现步骤同函数 checkLoginName()。

8. 其他函数功能

例 10-2 的 ex10_2.js 文件中还包含函数 checkRepwd()、checkMobile()、validForm()、changeCity()、allProvince()，这里只给出这些函数的功能，其具体实现方法在前面章节中已经讲述，这里不再赘述。

checkRepwd() 完成对两次输入的密码信息是否一致的验证。

checkMobile() 完成对手机输入信息的验证。

validForm() 完成对表单中所有的用户输入信息进行统一验证。

changeCity() 完成根据省份下拉列表选中的内容（value 属性值）添加城市下拉列表项，实现省市二级级联特效。

allProvince() 完成为省份下拉列表添加列表项。

10.2.3 RegExp 对象

RegExp 对象表示正则表达式，它是对字符串执行模式匹配的强大工具。

1. 创建 RegExp 对象

创建 RegExp 对象的语法有：

（1）直接量语法

```
/pattern/attributes；
```

（2）创建 RegExp 对象的语法

```
new RegExp(pattern, attributes);
```

2. RegExp 对象的属性

RegExp 对象定义了实例属性，也定义了大量的静态属性。RegExp 对象的静态属性如表 10-5 所示。RegExp 对象的实例属性如表 10-6 所示。

表 10-5　RegExp 对象的常用静态属性

属性	说明
index	只读属性,返回字符串中第一次与模式相匹配的子字符串的开始位置,其初始值为-1
input	只读属性,返回当前正则表达式模式所作用的字符串
lastIndex	只读属性,返回上一次匹配文本之后的第一个字符的位置,其初始值为-1,其值会随着匹配的不同而被修改
lastMatch	只读属性,返回任何正则表达式搜索过程中的最后匹配的字符
lastParen	只读属性,返回任何正则表达式查找过程中最后用圆括号括起来的子匹配
leftContext	只读属性,返回被查找的字符串中从字符串开始位置到最后匹配之前的位置之间的字符
rightContext	只读属性,返回被搜索的字符串中从最后一个匹配位置开始到字符串结尾之间的字符
$1—$9	代表$1、$2、…、$9等九个属性,全部为只读属性,返回九个在模式匹配期间找到的、最近保存的部分

表 10-6　RegExp 对象的实例属性

属性	说明
global	RegExp 对象是否具有标志 g
ignoreCase	RegExp 对象是否具有标志 i
multiline	RegExp 对象是否具有标志 m
source	正则表达式的源文本

3. RegExp 对象的方法

RegExp 对象的常用方法如表 10-7 所示。

表 10-7　RegExp 对象的常用方法

方法	说明
exec()	检索字符串中指定的值,返回找到的值,并确定其位置
test()	检索字符串中指定的值,返回 true 或 false

(1)test()方法

test()方法用于检测一个字符串是否匹配某个模式。其语法格式为:

　　RegExpObject.test(string);

参数 string 是必需的,为被检测的字符串。

返回值为:如果字符串 string 中含有与 RegExpObject 匹配的文本,则返回 true,否则返回 false。

例如,例 10-2 的 ex10-2.js 文件中代码②处,regLoginName.test(loginName),参数 loginName 为被检索的字符串,实现在字符串 loginName 中检索指定的正则表达式 regLoginName 的匹配,若匹配正则表达式定义的模式,则返回 true,否则返回 false。

(2)exec()方法

exec()方法用于检索字符串中的正则表达式的匹配。其语法格式为:

array = RegExpObject.exec(string);

参数 string 是必需的,为被检索的字符串。

该方法返回一个数组,其中存放匹配的结果。如果未找到匹配,则返回值为 null。

说明:

➢ 如果 exec()找到了匹配的文本,则返回一个结果数组,否则返回 null。

➢ 返回数组的第 0 个元素是与正则表达式相匹配的文本,第 1 个元素是与 RegExpObject 的第 1 个子表达式相匹配的文本(如果有的话),第 2 个元素是与 RegExpObject 的第 2 个子表达式相匹配的文本(如果有的话),以此类推。

➢ 除了数组元素和 length 属性之外,exec()方法还返回两个属性。index 属性声明的是匹配文本的第一个字符的位置。input 属性则存放的是被检索的字符串 string。可以看出,在调用非全局的 RegExp 对象的 exec()方法时,返回的数组与调用方法 String.match()返回的数组是相同的。

➢ 但是,当 RegExpObject 是一个全局正则表达式时,exec()的行为就稍微复杂一些。它会在 RegExpObject 的 lastIndex 属性指定的字符处开始检索字符串 string。当 exec()找到了与表达式相匹配的文本时,在匹配后,它将把 RegExpObject 的 lastIndex 属性设置为匹配文本的最后一个字符的下一个位置。这就是说,可以通过反复调用 exec()方法来遍历字符串中的所有匹配文本。当 exec()再也找不到匹配的文本时,它将返回 null,并把 lastIndex 属性重置为 0。

➢ 也就是说,如果在创建 RegExp 对象时设置了全局标志(g),可以通过多次调用 exec()在字符串中进行连续搜索,每次都是从 RegExp 对象的 lastIndex 属性值指定的位置开始搜索字符串。如果没有设置全局标志(g),则 exec()将忽略 RegExp 对象的 lastIndex 属性值,从字符串的开始位置进行搜索。

➢ 另外,exec()方法返回的数组有 3 个特殊的属性,分别是 input 属性、index 属性和 lastIndex 属性。

　　• input 属性:返回当前正则表达式模式所作用的字符串。

　　• index 属性:返回字符串中第一次与模式相匹配的子字符串的开始位置。

　　• lastIndex 属性:返回上一次匹配文本之后的第一个字符的位置。

➢ 重要事项:如果在一个字符串中完成了一次模式匹配之后要开始检索新的字符串,就必须手动把 lastIndex 属性重置为 0。

4. exec()方法的应用

【例 10-3】 正则表达式方法 exec()的应用。

(1)需求说明

在页面中输入正则表达式和要匹配的字符串,通过正则表达式的 exec()方法匹配字符串,输出匹配的相关结果。

运行效果如图 10-5 到图 10-9 所示。

(2)HTML 页面文件,ex10_3.html 代码

```
<!-- ex10_3.html -->
<!DOCTYPE html PUBLIC "-//W3C//DTD XHTML 1.0 Transitional//EN" "http://www.w3.org/TR/xhtml1/DTD/xhtml1-transitional.dtd">
```

```html
<html xmlns="http://www.w3.org/1999/xhtml">
<head>
<meta http-equiv="Content-Type" content="text/html; charset=utf-8" />
<title>正则表达式方法 exec()的应用</title>
<script src="ex10_3.js"></script>
<link href="ex10_3.css" rel="stylesheet" type="text/css" />
</head>
<body>
<h3 class="centered textcenter">正则表达式方法 exec()的应用</h3>
<div class="centered">
    <span class="txt">正则表达式:</span>
    <input id="regString" type="text" size="60" value="W3Sch(o+)(l)"> <input type="button" value="执行" id="ok" class="txt">
    <p><span class="txt">匹配字符串:</span>
        <input id="info" type="text" size="100" value="Visit W3School, W3School is a place to study web technology. W3Schol"></p>

</div>
<div id="show" class="centered">结果显示区</div>
</body>
</html>
```

(3) CSS 样式表文件,ex10_3.css 代码

```css
@charset "utf-8";
/* CSS Document */
/* ex10_3.css */
.centered{
    width:740px;
    margin:0 auto;
    text-align:left;
    border:2px solid #FFA3BA;
    padding:10px;
    vertical-align:top;
    font-size:14px;
}
h3.centered{
    text-align:center;
    font-size:20px;
}
.txt{
    font-weight:bold;
}
```

```css
.red{
    font-weight:bold;
    color:#F00;
    font-size:18px;
}
```

(4)JS 文件,ex10_3.js 代码

```javascript
// JavaScript Document
// ex10_3.js
function $(id) {
    return document.getElementById(id);
}
window.onload = init;
function init() {
    $("ok").onclick = showResult;
}
function showResult(){
    var regString = $("regString").value;
    var info = $("info").value;
    var reg = new RegExp(regString,"ig");                                    //①
    var s = "";
    var result;
    var idx = 0;
    while ((result = reg.exec(info)) != null) {                              //②
        if(idx = = 0){
            s + = "input 的值为:" + RegExp.input + "<br />";                  //③
        }
        s + = "第" + (+ + idx) + "次匹配<br />";
        s + = "匹配结果的长度为:";
        s + = "<span class = 'red'>" + result.length + "</span>  ";
        s + = "匹配结果为:";
        s + = "<span class = 'red'>" + result + "</span><br />";             //④
        s + = "$1 的值为:";
        s + = "<span class = 'red'>" + RegExp.$1 + "  </span>";    //⑤
        s + = "$2 的值为:";
        s + = "<span class = 'red'>" + RegExp.$2 + "</span>  ";
        s + = "$3 的值为:";
        s + = "<span class = 'red'>" + RegExp.$3 + "</span><br />";
        s + = "lastIndex 的值为:";
        s + = "<span class = 'red'>" + reg.lastIndex + "</span>  "; //⑥
        s + = "lastMatch 的值为:";
        s + = "<span class = 'red'>" + RegExp.lastMatch + "</span>  "; //⑦
```

```
            s + = "lastParen 的值为:";
            s + = "<span class = 'red'>" + RegExp.lastParen + "</span><br />"    //⑧
            s + = "leftContext 的值为:";
            s + = "<span class = 'red'>" + RegExp.leftContext + "</span><br />";
                                                                                  //⑨
            s + = "rightContext 的值为:";
            s + = "<span class = 'red'>" + RegExp.rightContext + "</span><br />"
                                                                                  //⑩
            s + = "<br/><br/>";
        }
        var showInfo = $("show");
        showInfo.innerHTML = s;
    }
```

(5)代码解析

代码①处,reg＝new RegExp(regString,"ig"),定义了正则表达式 reg,参数 regString 为页面正则表达式文本框输入的内容,参数"ig"设置了标志,在匹配时忽略大小写且全局匹配。

代码②处,while ((result = reg.exec(info)) != null){……},result = reg.exec(info)通过 exec()方法按照正则表达式 reg 定义的模式,对字符串 info 进行匹配,返回匹配的结果数组 result。通过 while 语句对 info 的内容进行全局和多次匹配,直到匹配的结果为 null。

result 数组的第 0 个元素是与正则表达式相匹配的文本,第 1 个元素是与 RegExpObject 的第 1 个子表达式相匹配的文本(如果有的话),第 2 个元素是与 RegExpObject 的第 2 个子表达式相匹配的文本(如果有的话),以此类推。

代码③处,s += "input 的值为:" + RegExp.input + "<br />",RegExp.input 返回当前正则表达式模式所作用的字符串,即页面匹配字符串文本框输入的内容,为 info 的值。

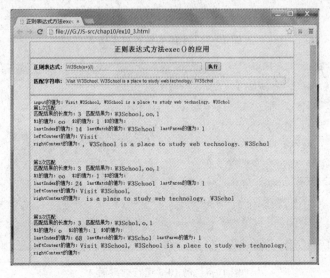

图 10-5 例 10-3 运行效果图 1

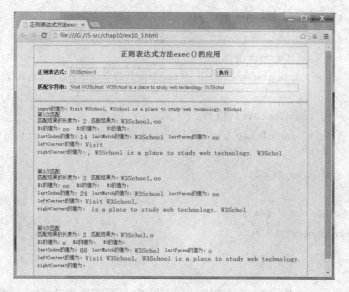

图 10-6　例 10-3 运行效果图 2

图 10-7　例 10-3 运行效果图 3

图 10-8　例 10-3 运行效果图 4

第10章　正则表达式

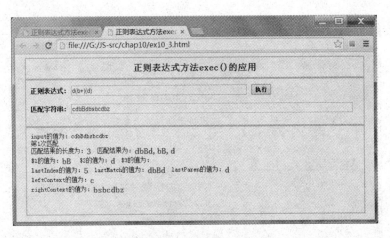

图10-9　例10-3运行效果图5

代码④处以及上一行，result为该次匹配的结果数组，result.length为数组的长度。

代码⑤处，RegExp.$1为result数组的下标为1的元素，是与RegExp的第1个子表达式(对于图10-5输入的正则表达式/W3Sch(o+)(l)/，第1个子表达式为(o+)，第2个子表达式为(l)，无第3个子表达式)相匹配的文本。

同样，RegExp.$2是与RegExp的第2个子表达式(对于图10-5中，第2个子表达式为(l))相匹配的文本，RegExp.$3是与RegExp的第3个子表达式(对于图10-5中，无第3个子表达式)相匹配的文本。

代码⑥处，reg.lastIndex为字符串info中上一次匹配文本之后的第一个字符的位置。

代码⑦处，RegExp.lastMatch为正则表达式RegExp最后匹配的字符串。

代码⑧处，RegExp.lastParen为正则表达式RegExp最后用圆括号括起来的子匹配。

代码⑨处，RegExp.leftContext为字符串info从开始位置到匹配之前位置之间的字符。

代码⑩处，RegExp.rightContext为字符串info从最后一个匹配位置开始到字符串结尾之间的字符。

(6)运行结果

➢ 当正则表达式输入为W3Sch(o+)(l)，字符串输入为Visit W3School，W3School is a place to study web technology. W3Schol时，运行结果如图10-5所示。

➢ 当正则表达式输入为W3Sch(o+)l，字符串输入为Visit W3School，W3School is a place to study web technology. W3Schol时，运行结果如图10-6所示。

➢ 当正则表达式输入为db+d，字符串输入为cdbBdbsbcdbz时，运行结果如图10-7所示。

➢ 当正则表达式输入为d(b+)d，字符串输入为cdbBdbsbcdbz时，运行结果如图10-8所示。

➢ 当正则表达式输入为d(b+)(d)，字符串输入为cdbBdbsbcdbz时，运行结果如图10-9所示。

10.2.4 技能训练 10-2

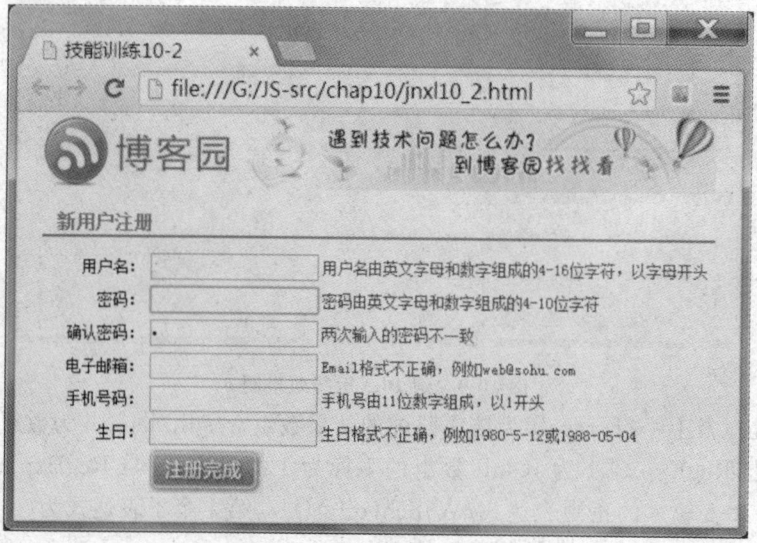

图 10-10 技能训练 10-2 运行效果图

1. 需求说明

使用正则表达式实现博客园网注册页面验证。要求如下：

(1) 用户名是由英文字母和数字组成的 4－16 位字符串，以字母开头。

(2) 密码是由英文字母和数字组成的 4－10 位字符串。

(3) 确认密码要求两次输入的密码一致。

(4) 电子邮箱地址由用户名、@和域名组成，例如 abc@163.com.cn。其中：

➢ 用户名由 1 到多个单词字符（字母，数字或下划线字符）组成。

➢ 域名由 1 到多个单词符号、点"."、2 到 3 个字母（[A－z]）的字符串等三部分组成，或者由 1 到多个单词符号、点"."、2 到 3 个字母（[A－z]）的字符串、点"."、2 到 3 个字母（[A－z]）的字符串等五部分组成。

(5) 手机号码由 11 位数字组成，以 1 开头。

(6) 生日由年份、连字符"－"、月份、连字符"－"、日期组成，格式如 1980－5－12 或 1988－05－04。其中：

➢ 年份范围为 1900 年到 2019 年。

➢ 月份为 1 到 12 月，1 到 9 月的格式可以在数字前补 0，也可以不补 0。

➢ 日期为 1 到 31 日，1 到 9 日的格式可以在数字前补 0，也可以不补 0。

(7) 当输入信息的文本框失去焦点时，对其进行即时验证。

(8) 当点击图 10-10 中的"注册完成"按钮时，对所有要求输入的信息进行统一验证。

2. 运行效果图

运行效果如图 10-10 所示。

10.3 字符串处理

10.3.1 实例程序

【例 10-4】 字符串处理。

1. 需求说明

（1）输入正则表达式和字符串，点击"查找"按钮、"替换"按钮、"全局替换"按钮、"匹配"按钮、"全局匹配"按钮，利用正则表达式对字符串进行相应的处理，处理结果展示在结果显示区。

（2）在多行文本框的姓名列表，每行输入一个姓名，名字在前，姓氏在后，中间用空格分隔。

（3）点击"提取与翻转"按钮，对多行文本框姓名列表中的每行姓名进行翻转，由原来的名字＋""＋姓氏格式，翻转为姓氏＋","＋名字格式。处理结果展示在结果显示区。

（4）点击"格式化与排序"按钮，对多行文本框中的每行姓名进行翻转，由原来的名字＋""＋姓氏格式，翻转为姓氏＋","＋名字格式，并且将姓氏和名字的首字符大写，其他字符小写，最后对姓名进行排序。处理结果展示在结果显示区。

（5）运行效果如图 10-11 至图 10-17 所示。

对于图 10-11 中输入的正则表达式、字符串、姓名列表，点击各按钮的运行效果如下（图 10-12 至图 10-17 仅给出结果显示区的图片）：

➢ 点击"查找"按钮，运行效果如图 10-11 所示。
➢ 点击"替换"按钮，运行效果如图 10-12 所示。
➢ 点击"全局替换"按钮，运行效果如图 10-13 所示。
➢ 点击"匹配"按钮，运行效果如图 10-14 所示。
➢ 点击"全局匹配"按钮，运行效果如图 10-15 所示。
➢ 点击"提取与翻转"按钮，运行效果如图 10-16 所示。
➢ 点击"格式化与排序"按钮，运行效果如图 10-17 所示。

图 10-11 例 10-4 点击"查找"按钮运行效果图

> 结果显示区
> 替换结果为：支持正则表达式的String对象的方法，search$方法用于查找，replace()方法用于替换，match()用于匹配，split()用于拆分

图 10-12　例 10-4 点击"替换"按钮运行效果图

> 结果显示区
> 全局替换结果为：支持正则表达式的String对象的方法，search$方法用于查找，replace$方法用于替换，match$用于匹配，split$用于拆分

图 10-13　例 10-4 点击"全局替换"按钮运行效果图

> 结果显示区
> 匹配结果为：()

图 10-14　例 10-4 点击"匹配"按钮运行效果图

> 结果显示区
> 全局匹配结果为：(),(),(),()

图 10-15　例 10-4 点击"全局匹配"按钮运行效果图

> 结果显示区
> 提取与翻转结果为：
> zhang, chengshu
> wang, xiaoming
> spoilsport, Ralph
> Bialovsky, BettyJo
> Farber, Audrey
> Haber, Melanie
> Tirebiter, Porgy
> Danger, Nick

图 10-16　例 10-4 点击"提取与翻转"按钮运行效果图

> 结果显示区
> 格式化与排序结果为：
> Bialovsky, Bettyjo
> Danger, Nick
> Farber, Audrey
> Haber, Melanie
> Spoilsport, Ralph
> Tirebiter, Porgy
> Wang, Xiaoming
> Zhang, Chengshu

图 10-17　例 10-4 点击"格式化与排序"按钮运行效果图

2. 实例代码

（1）HTML 页面文件，ex10_4.html 代码

```
<!-- ex10_4.html -->
```

```html
<!DOCTYPE html PUBLIC "-//W3C//DTD XHTML 1.0 Transitional//EN" "http://www.w3.org/TR/xhtml1/DTD/xhtml1-transitional.dtd">
<html xmlns="http://www.w3.org/1999/xhtml">
<head>
<meta http-equiv="Content-Type" content="text/html; charset=utf-8" />
<title>字符串处理</title>
<script src="ex10_4.js"></script>
<link href="ex10_4.css" rel="stylesheet" type="text/css" />
</head>
<body>
<h3 class="centered">字符串处理</h3>
<div class="centered">
    <span class="txt">正则表达式:</span>
    <input id="regString" type="text" size="45" value="\(\)">
    <p><span class="txt">字符串:</span>
        <input id="info" type="text" size="120" value="支持正则表达式的String对象的方法,search()方法用于查找,replace()方法用于替换,match()用于匹配,split()用于拆分"></p>
    <p><input type="button" value="查找" id="search">
        <input type="button" value="替换" id="replace">
        <input type="button" value="全局替换" id="globalreplace">
        <input type="button" value="匹配" id="match">
        <input type="button" value="全局匹配" id="globalMatch"></p>
</div>
<div class="centered">
    <span class="txt">姓名列表:</span>
    <textarea id="nameField" class="nameList" rows="10" cols="50">
chengshu zhang
xiaoming wang
Ralph spoilsport
BettyJo Bialovsky
Audrey Farber
Melanie Haber
Porgy Tirebiter
Nick Danger
    </textarea>
    <input type="button" id="fetchReverse" value="提取与翻转"/>
    <input type="button" id="formatSort" value="格式化与排序"/>
</div>
<div class="centered">
    <span class="txt">结果显示区</span>
```

```html
        <p id="show"></p>
    </div>
</body>
</html>
```

(2) CSS 样式表文件，ex10_4.css 代码

```css
@charset "utf-8";
/* CSS Document */
/* ex10_4.css */
.centered{
    width: 800px;
    margin: 0 auto;
    text-align: left;
    border: 2px solid #FFA3BA;
    padding: 10px;
    vertical-align: top;
    font-size:14px;
}
h3.centered{
    text-align:center;
    font-size:18px;
}
.txt{
    vertical-align: top;
    font-weight:bold;
}
#fetchReverse,#formatSort{
    vertical-align: top;
}
```

(3) JS 文件，ex10_4.js 代码

```javascript
// JavaScript Document
// ex10_4.js
function $(id){
    return document.getElementById(id);
}
window.onload = init;
function init(){
    $("search").onclick = searchString;
    $("replace").onclick = replaceString;
    $("globalreplace").onclick = globalReplace;
    $("match").onclick = matchString;
    $("globalMatch").onclick = globalMatch;
```

```javascript
    $("fetchReverse").onclick = fetchReverse;
    $("formatSort").onclick = formatSort;
}
function searchString(){
    var regString = $("regString").value;
    var info = $("info").value;
    var reg = new RegExp(regString,"i");
    var result = info.search(reg);                          //①
    var show = $("show");
    if(result! = -1){
        show.innerHTML = "找到了与正则表达式 /" + regString + "/ 相匹配的字符串,位置在"
            + result;
    }else{
        show.innerHTML = "没找到与正则表达式 /" + regString + "/ 相匹配的字符";
    }
}
function replaceString(){
    var regString = $("regString").value;
    var info = $("info").value;
    var reg = new RegExp(regString,"i");
    var result = info.replace(reg,"$");                     //②
    var show = $("show");
    show.innerHTML = "替换结果为:" + result;
}
function globalReplace(){
    var regString = $("regString").value;
    var info = $("info").value;
    var reg = new RegExp(regString,"ig");                   //③
    var result = info.replace(reg,"$");
    var show = $("show");
    show.innerHTML = "全局替换结果为:" + result;
}
function matchString(){
    var regString = $("regString").value;
    var info = $("info").value;
    var reg = new RegExp(regString,"i");
    var result = info.match(reg);                           //④
    var show = $("show");
    show.innerHTML = "匹配结果为:" + result;
}
function globalMatch(){
```

```javascript
    var regString = $("regString").value;
    var info = $("info").value;
    var reg = new RegExp(regString,"ig");
    var result = info.match(reg);
    var show = $("show");
    show.innerHTML = "全局匹配结果为:" + result;
}
function fetchReverse(){
    var nameValue = $("nameField").value;
    var idx = nameValue.search(/\w/);
    nameValue = nameValue.substring(idx);
    var re = /\s*\n\s*/;                                    //⑤
    var nameList = nameValue.split(re);                     //⑥
    var newNames = new Array;
    re = /(\S+)\s(\S+)/;                                    //⑦
    for (var k = 0; k<nameList.length; k++) {
        newNames[k] = nameList[k].replace(re,"$2, $1");     //⑧
    }
    var newNameField = "";
    for (k = 0; k<newNames.length; k++) {
        newNameField += newNames[k] + "<br/>";
    }
    var show = $("show");
    show.innerHTML = "提取与翻转结果为:<br/>" + newNameField;
}
function formatSort(){
    var nameValue = $("nameField").value;
    var idx = nameValue.search(/\w/);
    nameValue = nameValue.substring(idx);
    var re = /\s*\n\s*/;
    var nameList = nameValue.split(re);
    var newNames = new Array;
    re = /^(\S)(\S+)\s(\S)(\S+)$/;                          //⑨
    for (var k = 0; k<nameList.length; k++) {
        if (nameList[k]) {
            re.exec(nameList[k]);
            newNames[k] = RegExp.$3.toUpperCase() + RegExp.$4.toLowerCase() + ",
            " + RegExp.$1.toUpperCase() + RegExp.$2.toLowerCase();   //⑩
        }
    }
    newNames.sort();
```

```
            var newNameField = "";
            for (k = 0; k<newNames.length; k++){
                newNameField += newNames[k] + "<br/>";
            }
            var show = $("show");
            show.innerHTML = "格式化与排序结果为:<br/>" + newNameField;
        }
```

10.3.2 代码解析

对例 10-4 的 ex10_4.js 文件中部分代码进行解析。

1. 函数 init()功能

为页面上的各个按钮绑定鼠标点击事件处理程序,去调用相应函数进行字符串处理。

2. 函数 searchString()功能

点击"查找"按钮调用该函数。

代码①处,result=info.search(reg),通过字符串的 search()方法,使用正则表达式 reg 去查找字符串 info 中相匹配的文本,若找到,则返回第一个与 reg 相匹配的子串的起始位置;若没找到,返回 -1。

该函数实现:获取页面输入的正则表达式文本框信息 regString、字符串信息 info;根据 regString 创建正则表达式对象 reg,并标记为忽略大小写匹配;检索 info 字符串与 reg 正则表达式相匹配的子字符串,将匹配结果显示在结果显示区。

3. 函数 replaceString()功能

点击"替换"按钮调用该函数。该函数实现用"$"去替换字符串中一个与正则表达式匹配的子串。

代码②处,result=info.replace(reg,"$"),通过字符串的 replace()方法,使用"$"去替换字符串 info 中和正则表达式 reg 相匹配的文本。因为正则表达式 reg 不具有全局标志 g,所以只替换第一个匹配子串。

该函数的其他代码同函数 searchString(),不再赘述。

4. 函数 globalReplace()功能

点击"全局替换"按钮调用该函数。该函数实现用"$"去替换字符串中所有与正则表达式匹配的子串。

代码③处,reg= new RegExp(regString,"ig"),定义正则表达式 reg 具有全局标志 g。因此,其下一句代码,result=info.replace(reg,"$"),通过字符串的 replace()方法使用"$"去替换字符串 info 中所有和正则表达式 reg 相匹配的文本,实现全部替换。

该函数的其他代码同函数 replaceString(),不再赘述。

5. 函数 matchString()功能

点击"匹配"按钮调用该函数。该函数实现在字符串中找到一个正则表达式的匹配。

代码④处,result=info.match(reg),又因为正则表达式 reg 不具有全局标志 g,所以通过 match()方法在字符串 info 中找到一个和正则表达式 reg 相匹配的文本。

该函数的其他代码同函数 replaceString(),不再赘述。

6. 函数 globalMatch( )功能

点击"全局匹配"按钮调用该函数。该函数实现在字符串中找到所有的正则表达式的匹配。

因为正则表达式 reg 具有全局标志 g，所以通过 match( )方法在字符串 info 中找到所有和正则表达式 reg 相匹配的文本。

7. 函数 fetchReverse( )功能

点击"提取与翻转"按钮调用该函数。该函数实现将多行文本框中的姓名进行提取和翻转，由原来的名字＋""＋姓氏格式，翻转为姓氏＋","＋名字格式。

代码⑤处前的代码，实现滤去多行文本框内容（姓名列表）中单词符号（字母、数字、下划线）前的字符。

代码⑤处，re＝/\s*\n\s*/，正则表达式 re 匹配前后可以有空白符的换行符。

代码⑥处，nameList＝nameValue.split(re)，通过 split( )方法对姓名列表 nameValue 按照正则表达式 re 匹配的模式进行拆分，拆分出多人姓名存放到数组 nameList 中。

代码⑦处，re ＝ /(\S+)\s(\S+)/，re 匹配中间为空白符，前后是非空白符的模式，并且包含两个子表达式，分别去匹配名字和姓氏字符子串。

代码⑧处，newNames[k] ＝ nameList[k].replace(re,"$2, $1")，$2 是和正则表达式 re 第二个子表达式相匹配的文本，$1 是和 re 第一个子表达式相匹配的文本；通过 replace( )方法用"$2, $1"去替换字符串 nameList[k]中和其相匹配的文本，实现姓名的提取和翻转，原来为名字＋""＋姓氏的格式，现翻转为姓氏＋","＋名字的格式。

8. 函数 fetchReverse( )功能

点击"格式化与排序"按钮调用该函数。该函数实现将多行文本框中的姓名进行提取和翻转，由原来的名字＋""＋姓氏格式，翻转为姓氏＋","＋名字格式，并且对姓名进行格式化，将姓氏和名字的首字符大写，其他字符小写，最后对姓名进行排序。处理结果展示在结果显示区。

代码⑨处以前的代码，实现滤去多行文本框中姓名列表的单词符号前的字符。

代码⑨处，re ＝ /ˆ(\S)(\S+)\s(\S)(\S+)$/，re 匹配中间为空白符、前后是非空白符的模式，并且包含 4 个子表达式，分别去匹配字符串：名字首字符、名字其他字符、姓氏首字符和姓氏其他字符。

代码⑩处，RegExp.$3 为匹配得到的姓氏首字符文本，方法 toUpperCase( )将其转化为大写。同样，RegExp.$4.toLowerCase( )将姓氏其他字符匹配出来，且转化为小写；RegExp.$1.toUpperCase( )将名字首字符匹配出来，且转化为大写；RegExp.$2.toLowerCase( )将名字其他字符匹配出来，且转化为小写。

代码⑩处，实现将姓名翻转，由原来的名字＋""＋姓氏格式，翻转为姓氏＋","＋名字格式，并且将姓氏和名字的首字符大写，其他字符小写，完成格式化操作。

10.3.3　支持正则表达式的 String 对象的方法

String 对象在 9.2.3 节中已讲述过，但支持正则表达式的 String 对象的方法没有讲述过。支持正则表达式的 String 对象的方法如表 10-8 所示。

表 10-8 支持正则表达式的 String 对象的方法

方法	说明
search()	检索与正则表达式相匹配的值
match()	找到一个或多个正则表达式的匹配
replace()	替换与正则表达式匹配的子串

1. search()方法

该方法用于检索字符串中指定的子字符串,或检索与正则表达式相匹配的子字符串。其语法格式为:

  stringObject.search(regexp);

参数 regexp 可以是在 stringObject 中检索的子串,也可以是在 stringObject 中检索的正则表达式 RegExp 对象。

返回值为 stringObject 中第一个与 regexp 相匹配的子串的起始位置。如果没有找到任何匹配的子串,则返回-1。

说明:search()方法不执行全局匹配,它将忽略标志 g,并且忽略 regexp 的 lastIndex 属性,总是从字符串的开始位置进行检索,它总是返回 stringObject 第一个匹配的位置。

2. match()方法

match()方法用于使用正则表达式模式对字符串执行匹配。其语法格式为:

  stringObject.match(regexp);

参数 regexp 是必需项,可以是要检索的字符串,也可以是正则表达式 RegExp 对象。

返回与正则表达式相匹配的子字符串组成的数组。该数组的内容依赖于 regexp 是否具有全局标志 g。

说明:

➢ match()方法将检索字符串 stringObject,以找到一个或多个与 regexp 匹配的文本。这个方法的行为在很大程度上依赖于 regexp 是否具有标志 g。

➢ 如果 regexp 没有标志 g,那么 match()方法只能在 stringObject 中执行一次匹配。如果没有找到任何匹配的文本,则 match()将返回 null。否则,它将返回一个数组,该数组的第 0 个元素存放的是匹配文本,其余元素存放的是与正则表达式的子表达式匹配的文本。该数组有三个对象属性:index 属性是匹配文本的起始字符在 stringObject 中的位置,input 属性是对 stringObject 的引用,lastIndex 属性返回上一次匹配文本之后的第一个字符的位置。

➢ 如果 regexp 具有标志 g,则 match()方法将执行全局检索,找到 stringObject 中的所有匹配子字符串。若没有找到任何匹配的子串,则返回 null。如果找到了一个或多个匹配子串,则返回一个数组。数组元素中存放的是 stringObject 中所有的匹配子串,且没有 index 属性或 input 属性。

➢ 需要注意,在全局检索模式下,match()既不提供与子表达式匹配的文本的信息,也不声明每个匹配子串的位置。如果需要这些全局检索的信息,则可以使用 RegExp.exec()。

➢ 该方法类似于 indexOf()和 lastIndexOf(),但是它返回指定的值,而不是字符串的位置。

3. replace( )方法

replace( )方法用于在字符串中用一些字符替换另一些字符,或替换一个与正则表达式匹配的子串。其语法格式为:

stringObject.replace(regexp/substr,replacement);

参数 regexp/substr 是必需的,为 RegExp 对象或字符串,是被替换的字符串或模式。

参数 replacement 是必需的,为一个字符串,是替换文本或生成替换文本的函数。

返回值是一个新的字符串,是用 replacement 替换了 regexp 的第一次匹配或所有匹配之后得到的。

说明:

➤ 字符串 stringObject 的 replace( )方法执行的是查找并替换的操作。它将在 stringObject 中查找与 regexp 相匹配的子字符串,然后用 replacement 来替换这些子串。如果 regexp 具有全局标志 g,那么 replace( )方法将替换所有匹配的子串。否则,它只替换第一个匹配子串。

➤ replacement 如果是字符串,那么每个匹配都将由字符串替换。replacement 中的 $ 字符具有特定的含义,$1、$2...、$99 是与 regexp 中的第 1 到第 99 个子表达式相匹配的文本。

10.3.4 技能训练 10-3

自己动手实现例 10-4 的字符串处理效果。

本章小结

➤ 正则表达式是一种可以用于模式匹配和替换的强大工具,其主要作用有三个:测试字符串的某个模式,进行数据有效性验证;根据模式匹配从字符串中提取一个子字符串;替换文本。

➤ 正则表达式是一个描述字符模式的对象,它由一些特殊符号组成。

➤ 定义正则表达式有两种构造形式,一种是普通方式,另一种是构造函数方式。

➤ 普通方式使用正则表达式直接量,其语法格式为:var reg= /pattern/ attributes;

➤ 使用 RegExp 构造函数创建正则表达式 RegExp 对象的语法格式为:var reg= new RegExp(pattern,[attributes]);

➤ 正则表达式中表达式 pattern 的模式可分为简单模式和复合模式。简单模式是指通过普通字符组合来表达的模式。复合模式是指表达式中含有通配符的模式。

➤ 一个正则表达式就是由普通字符以及特殊字符组成的表达式模式。这些特殊符号有 [ ](方括号)、元字符、量词、定位符、其他符号等。

➤ RegExp 对象表示正则表达式,创建 RegExp 对象的语法有:①直接量语法:/pattern/attributes;②new RegExp(pattern, attributes)。

➤ RegExp 对象定义了实例属性,也定义了大量的静态属性。

➤ RegExp 对象的静态属性有 index、input、lastIndex、lastMatch、lastParen、

leftContext、rightContext、$1-$9。
- RegExp 对象的实例属性有 global、ignoreCase、multiline、source。
- RegExp 对象的常用方法有 exec()、test()。
- 支持正则表达式的 String 对象的方法有 search()、match()、replace()、split()。

习 题

一、不定项选择题

1. 下列正则表达式中(　　)可以匹配首位是小写字母，其他位数是小写字母或数字的最少两位的字符串。
   A. /^\w{2,}$/
   B. /^[a-z]\d+$/
   C. /^[a-z0-9]+$/
   D. /^[a-z][a-z0-9]+$/

2. 能够完全匹配字符串"(010)-62661617"和"01062661617"的正则表达式包括(　　)。
   A. \(?\d{3}\)?-?\d{8}
   B. [0-9()-]+
   C. [0-9(-)]*\d*
   D. [(]?\d*[)-]*\d*

3. 匹配国内电话号码的正则表达式为(　　)，匹配形式如 0551-63865857 或 021-8788822。
   A. \d{3}-\d{8}|\d{4}-\d{8}
   B. \d{3,4}-\d{8}
   C. (\d{3}|\d{4})-\d{8}
   D. (\d{3}|\d{4})(-\d{8})

4. 能够完全匹配字符串"back"和"back-end"的正则表达式包括(　　)。
   A. \w{4}-\w{3}|\w{4}
   B. \w{4}|\w{4}-\w{3}
   C. \S+-\S+|\S+
   D. \w*\b-\b\w*|\w*

5. 能够匹配腾讯 QQ 号的正则表达式为(　　)。腾讯 QQ 号从 10000 开始。
   A. [1-9][0-9]{4,}   B. \d{4,}
   C. [1-9]\d{4,}   D. \d{5,}

二、问答和编程题

1. 使用正则表达式实现图 10-18 所示的表单验证效果。

图 10-18 编程第 1 题效果图

2. 请编写一个正则表达式,以查找下述语句中的所有单词 a,并替换为单词 the:"a dog walked in off a street and ordered a finest beer"

替换之后的语句应为：

"the dog walked in off the street and ordered the finest beer"

第 11 章
阶 段 项 目
——当当网上书店特效 2

本章工作任务
- 完成当当网上书店特效 2 阶段项目的设计、编码、测试和调试等工作任务

本章知识目标
- 巩固 JavaScript 项目开发流程
- 巩固 JavaScript 的 DOM、表单验证、正则表达式、RegExp 对象等相关知识

本章技能目标
- 进一步巩固 JavaScript 项目开发过程
- 巩固 JS 的 DOM、表单验证、正则表达式、RegExp 对象等相关技能
- 总结项目开发过程中所遇到的问题和解决方法,增强项目开发经验

本章重点难点
- 实际项目的开发过程
- JavaScript 项目的编码、调试和测试过程

11.1 阶段项目需求描述

当当网上书店是一个较为常用的网上图书购买商城,可以进行用户的注册、登录,图书的分类浏览,便捷地查看到最畅销图书、最新上架的图书等,并且能够在线购买图书等。本阶段项目要求实现图 11-1 所示的当当网商品展示页面效果、图 11-2 所示的当当网购物车页面效果、图 11-3 所示的当当网登录页面效果、图 11-4 所示的当当网用户注册页面效果。要求页面特效有一定的浏览器兼容性。

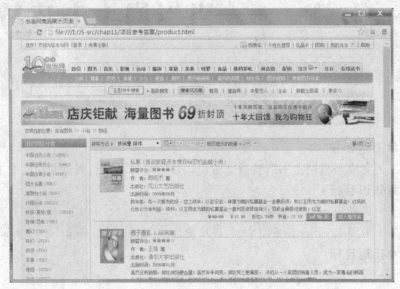

图 11-1 当当网商品展示页面运行效果图

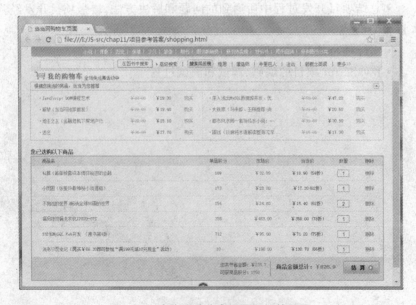

图 11-2 当当网购物车页面运行效果图

图 11-3　当当网登录页面运行效果图

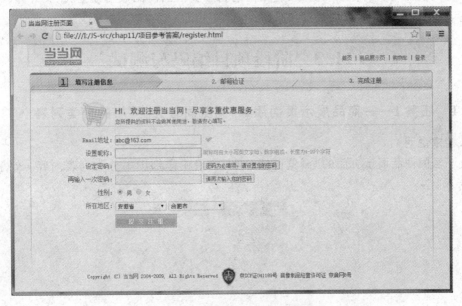

图 11-4　当当网注册页面运行效果图

11.2　阶段项目分析与设计

11.2.1　阶段项目分析

本阶段项目要求在静态页面和样式表的基础上，编写 JavaScript 代码来实现页面元素的增加、删除和修改，表单元素的验证，以及使用正则表达式进行表单验证和字符串的查找、提取、替换、格式化等操作。

通过本阶段项目练习，要求进一步梳理和巩固 JavaScript 的文档对象模型 DOM，表单验证的意义、验证内容、验证思路和验证方法,正则表达式的定义、模式和符号,RegExp 对象等相关知识点和技能点,掌握 JavaScript 的编码方法和调试方法,实现常见的客户端页面特效等。

完成本阶段项目后,要求总结项目开发过程中所遇到的问题和解决方法,增强项目开发经验,提高项目开发和调试能力。

11.2.2 阶段项目开发环境

开发工具采用 Adobe Dreamweaver CS6。
测试工具使用 IE Collection。

11.2.3 阶段项目设计

根据本阶段项目需求,可将项目分解成 6 个阶段子任务。分别为:当当网商品展示页面的添加"浏览同级分类"中的分类列表,当当网商品展示页面的添加图书展示内容,当当网购物车页面的商品列表的显示和隐藏,当当网购物车页面的商品数量改变、相关计算、商品的删除等,当当网用户登录页面特效和验证,当当网注册页面特效和验证。

11.3 阶段项目编码与测试

11.3.1 任务 1——商品展示页面添加"浏览同级分类"中的分类列表

1. 需求说明

在当当网商品展示页面的"浏览同级分类"栏目中添加图书分类列表内容。效果如图 11-5 所示。

图 11-5 商品展示页面的"浏览同级分类"添加的图书分类列表效果图

2. 任务准备

获取页面素材 product.html 并阅读页面代码和样式表代码。

HTML 页面文件，product.html 相关部分代码如下：

```html
……
<body>
……
    <!--左侧菜单开始-->
    <div id="product_left">
        <div id="product_catList">
            <div class="product_catList_top">浏览同级分类</div>
            <div id="product_catList_class"><!--使用 javaScript 显示图书分类--></div>
        </div>
        <div class="product_catList_end">
            <img src="images/product_01.gif" alt="shopping">
            <img src="images/product_02.gif" alt="shopping">
        </div>
    </div>
……
</body>
```

3. 实现特效的 JavaScript 代码

JS 文件，product.js 代码如下：

```javascript
function $(id){
    return document.getElementById(id);
}
/*浏览同级分类的动态添加和显示*/
    var bookSort = new Array("中国当代小说(13880)","中国近现代小...(640)","中国古典小说(1547)","四大名著(696)","港澳台小说(838)","外国小说(5119)","侦探/悬疑/推...(2519)","惊悚/恐怖(798)","魔幻(369)","科幻(513)","武侠(574)","军事(726)","情感(6700)","社会(4855)","都市(949)","乡土(99)","职场(176)","财经(292)","官场(438)","历史(1329)","影视小说(501)","作品集(2019)","世界名著(3273)");

function productList(){
    bookList = $("product_catList_class");
    for(var i in bookSort){
        var bookTitle = "<li><a href='#' class='blue'>" + bookSort[i] + "</a></li>";
        bookList.innerHTML += bookTitle;
    }
}
window.onload = init;
```

```
function init(){
    ……
    productList();
}
```

4. JavaScript 代码解析

对 product.js 文件中的相关代码进行解析。

(1) 全程变量

数组 bookSort 用于存储图书分类的类别内容。

(2) 函数 productList() 功能

代码 bookList= $("product_catList_class")，获取页面元素"浏览同级分类"栏目的"图书分类列表"对象，用 bookList 变量引用。

for(var i in bookSort) 语句遍历数组，将数组元素放入标签 li 中(bookTitle="<li><a href='#' class='blue'>"+bookSort[i]+"</a></li>")，并添加为 bookList 对象的内容(bookList.innerHTML+=bookTitle)。

该函数实现将图书分类数组元素的值添加到页面"浏览同级分类"栏目的"图书分类列表"中，构建其内容，并在页面显示。

(3) 函数 init() 功能

页面元素加载完成后自动调用 init() 函数，init() 函数调用函数 productList()，实现在当当网商品展示页面的"浏览同级分类"栏目中添加和显示图书分类列表内容。

5. 代码调试

使用 IE 的开发人员工具调试代码。

6. 测试代码的运行效果

在 IE 和 Chrome 浏览器中测试代码的运行效果。

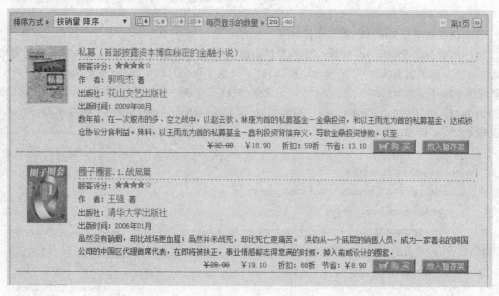

图 11-6 当当网商品展示页面添加的图书展示内容效果图

11.3.2 任务2——商品展示页面的添加图书展示内容

1. 需求说明

在当当网商品展示页面的图书展示区添加图书内容。效果如图 11-6 所示。

2. 任务准备

获取页面素材 product.html 并阅读页面代码和样式表代码。

HTML 页面文件，product.html 相关部分代码如下：

```
……
<body>
……
<!--图书排列开始-->
    <div class="product_storyList_content">
        <div id="storyBooksssss"><!--使用 javaScript 显示图书列表--></div>

        <!--列表开始-->
        <div class="product_storyList_content_left">
            <img src="images/product_list_01.jpg" alt="图书列表"></div>
        <div class="product_storyList_content_right">
            <ul>
……
```

3. 实现特效的 JavaScript 代码

JS 文件，product.js 实现该特效的关键代码如下：

```javascript
/*右侧图书动态显示*/
var catalog = new Array();
catalog['私募(首部披露资本博弈秘密的金融小说)'] = ['product_list_01.jpg',4,'郭现杰','花山文艺出版社','2009年08月','数年前,在一次股市的多、空之战中,以赵云狄、林康为首的私募基金——金鼎投资,和以王雨龙为首的私募基金,达成锁仓协议分食利益。殊料,以王雨龙为首的私募基金——鑫利投资背信弃义,导致金鼎投资惨败。以至...','13.10','59折','￥18.90','￥32.00'];
catalog['圈子圈套.1.战局篇'] = ['product_list_02.jpg',4,'王强','清华大学出版社','2006年01月','虽然没有硝烟,却比战场更血腥;虽然并未战死,却比死亡更痛苦。洪钧从一个底层的销售人员,成为一家著名的跨国公司的中国区代理首席代表,在即将被扶正,事业情感都志得意满的时候,掉入俞威设计的圈套,...','￥8.90','68折','￥19.10','￥28.00'];
function bookList(){
    var content = "";
    for(var i in catalog){
        content += "<div class='product_storyList_content_left'><img src='images/"+catalog[i][0]+"' alt='图书列表'></div>";
        content += "<div class='product_storyList_content_right'><ul>";
```

```
            content += "<li class='product_storyList_content_dash'><a href='#' class
        ='blue_14'>" + i + "</a></li>";
            content += "<li>顾客评分:";
            for(var k=0;k<5;k++){
                if(k<catalog[i][1]){
                    content += "<img src='images/star_red.gif' alt='star'>";
                }else{
                    content += "<img src='images/star_gray.gif' alt='star'>";
                }
            }
            content += "</li>";
            content += "<li>作  者:<a href='#' class='blue_14'>" + catalog[i][2] + "
        </a> 著</li>";
            content += "<li>出版社:<a href='#' class='blue_14'>" + catalog[i][3] + "
        </a></li>";
            content += "<li>出版时间:" + catalog[i][4] + "</li>";
            content += "<li>" + catalog[i][5] + "</li>";
            content += "<li> <dl class='product_content_dd'>";
            content += "<dd><img src='images/product_buy_02.gif' alt='shopping'></
        dd>";
            content += "<dd><img src='images/product_buy_01.gif' alt='shopping'></
        dd>";
            content += "<dd>节省:" + catalog[i][6] + "</dd>";
            content += "<dd>折扣:" + catalog[i][7] + "</dd>";
            content += "<dd class='footer_dull_red'>" + catalog[i][8] + "</dd>";
            content += "<dd class='product_content_delete'>" + catalog[i][9] + "</
        dd>";
            content += "</dl></li> </ul></div>";
            content += "<div class='product_storyList_content_bottom'></div>";
        }
        $("storyBooksssss").innerHTML = content;
    }
    window.onload = init;
    function init(){
        bookList();
        ……
    }
```

4. 代码解析

对 product.js 文件中的相关代码进行解析。

（1）全程变量

数组 catalog 用于存储各个图书的相关内容。

（2）函数 bookList() 功能

变量 content 用于构建图书内容在页面中的表达。

通过 for(var i in catalog){……} 语句，遍历数组 catalog，将数组元素的值添加到页面元素相应的标签中，构建变量 content 的内容。

代码 $("storyBooksssss").innerHTML=content，最后将 content 的值作为 storyBooksssss 对象的内容，在页面中显示。

该函数实现将图书内容数组中两个数组元素的值添加到页面的"图书列表"中，并在页面显示。

（3）函数 init() 功能

init() 函数调用函数 bookList()，实现在当当网商品展示页面的图书列表展示区添加两个图书内容，并在页面显示。

5. 代码调试

使用 IE 的开发人员工具调试代码。

6. 测试代码的运行效果

在 IE 和 Chrome 浏览器中测试代码的运行效果。

11.3.3 任务 3——购物车页面商品列表的显示和隐藏

1. 需求说明

在当当网购物车页面，单击箭头图标，可以隐藏或显示商品列表。当商品列表显示时，图标箭头向上，效果如图 11-7 所示。当商品列表隐藏时，图标箭头向下，效果如图 11-8 所示。

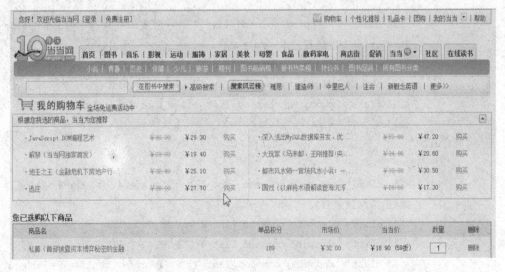

图 11-7 商品列表显示时图标箭头向上效果图

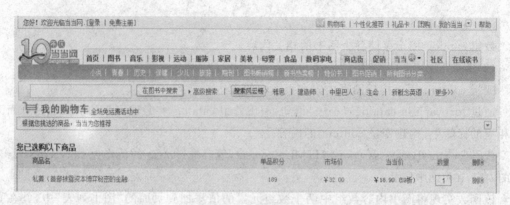

图 11-8　商品列表隐藏时图标箭头向下效果图

2. 任务准备

阅读页面 shopping.html 相关代码和其对应的样式表代码。

HTML 页面文件，shopping.html 相关部分代码如下：

```
……
<body>
……
<!-- 为您推荐商品开始 -->
  <div class="shopping_commend">
    <div class="shopping_commend_left">根据您挑选的商品，当当为您推荐</div>
    <div class="shopping_commend_right"><img src="images/shopping_arrow_up.gif" alt="shopping" id="shopping_commend_arrow"></div>
  </div>
  <div id="shopping_commend_sort">
  <div class="shopping_commend_sort_left">
    <ul>
      <li class="shopping_commend_list_1">·<a href="#" class="blue">JavaScript DOM 编程艺术</a></li>
      <li class="shopping_commend_list_2">￥39.00</li>
      <li class="shopping_commend_list_3">￥29.30</li>
      <li class="shopping_commend_list_4"><a href="#" class="shopping_yellow">购买</a></li>
    </ul>
    <ul>
      <li class="shopping_commend_list_1">·<a href="#" class="blue">解禁（当当网独家首发）</a></li>
      <li class="shopping_commend_list_2">￥28.00</li>
      <li class="shopping_commend_list_3">￥19.40</li>
      <li class="shopping_commend_list_4"><a href="#" class="shopping_yellow">购买</a></li>
    </ul>
```

```html
<ul>
    <li class="shopping_commend_list_1">·<a href="#" class="blue">地王之王(金融危机下房地产行...</a></li>
    <li class="shopping_commend_list_2">¥32.80</li>
    <li class="shopping_commend_list_3">¥25.10</li>
    <li class="shopping_commend_list_4"><a href="#" class="shopping_yellow">购买</a></li>
</ul>
<ul>
    <li class="shopping_commend_list_1">·<a href="#" class="blue">逃庄</a></li>
    <li class="shopping_commend_list_2">¥36.00</li>
    <li class="shopping_commend_list_3">¥27.70</li>
    <li class="shopping_commend_list_4"><a href="#" class="shopping_yellow">购买</a></li>
</ul>
</div>
<div class="shopping_commend_sort_mid"></div>
<div class="shopping_commend_sort_left">
    <ul>
        <li class="shopping_commend_list_1">·<a href="#" class="blue">深入浅出MySQL数据库开发、优...</a></li>
        <li class="shopping_commend_list_2">¥59.00</li>
        <li class="shopping_commend_list_3">¥47.20</li>
        <li class="shopping_commend_list_4"><a href="#" class="shopping_yellow">购买</a></li>
    </ul>
    <ul>
        <li class="shopping_commend_list_1">·<a href="#" class="blue">大玩家(马未都、王刚推荐！央...</a></li>
        <li class="shopping_commend_list_2">¥34.80</li>
        <li class="shopping_commend_list_3">¥20.60</li>
        <li class="shopping_commend_list_4"><a href="#" class="shopping_yellow">购买</a></li>
    </ul>
    <ul>
        <li class="shopping_commend_list_1">·<a href="#" class="blue">都市风水师--官场风水小说：一...</a></li>
        <li class="shopping_commend_list_2">¥39.80</li>
        <li class="shopping_commend_list_3">¥30.50</li>
        <li class="shopping_commend_list_4"><a href="#" class="shopping_
```

```html
                yellow">购买</a></li>
            </ul>
            <ul>
                <li class="shopping_commend_list_1">·<a href="#" class="blue">国
                戏(以麻将术语解读宦海沉浮...</a></li>
                <li class="shopping_commend_list_2">￥25.00</li>
                <li class="shopping_commend_list_3">￥17.30</li>
                <li class="shopping_commend_list_4"><a href="#" class="shopping_
                yellow">购买</a></li>
            </ul>
        </div>
    </div>
......
```

3. 实现特效的 JavaScript 代码

JS 文件，shopping.js 相关代码如下：

```javascript
// JavaScript Document
//shopping.js
/* 通用函数，$是一个函数名，实现根据页面元素的 id 属性值获取对象的功能 */
function $(id){
    return document.getElementById(id);
}
/* 根据您挑选的商品,当当为您推荐部分的显示和隐藏 */
function shopping_commend_show(){
    var imgId = $("shopping_commend_arrow");    //箭头图片
    var sortId = $("shopping_commend_sort");    //推荐的商品
    if(sortId.style.display == "none"){
        sortId.style.display = "block";
        imgId.src = "images/shopping_arrow_up.gif";
    }else{
        sortId.style.display = "none";
        imgId.src = "images/shopping_arrow_down.gif";
    }
}
window.onload = init;
function init(){
    $("shopping_commend_arrow").onclick = shopping_commend_show;
    ......
}
```

4. JavaScript 代码解析

对 shopping.js 文件中相关部分代码进行解析。

(1) 函数 init() 相关部分功能

$("shopping_commend_arrow")获取页面中的箭头图标对象,为其 onclick 事件处理程序绑定函数 shopping_commend_show,实现商品列表的隐藏或显示。

(2)函数 shopping_commend_show()功能

获取箭头图片对象、推荐的商品对象。若推荐的商品对象的显示属性值是"none"(隐藏的),则将商品列表显示,图标箭头向上;否则,将商品列表隐藏,图标箭头向下。

5. 代码调试

使用 IE 的开发人员工具调试代码。

6. 测试代码的运行效果

在 IE 和 Chrome 浏览器中测试代码的运行效果。

11.3.4 任务 4——购物车页面的商品数量改变、相关计算、商品删除等

1. 需求说明

在当当网购物车页面实现下列效果,效果如图 11-9 所示。

(1)鼠标悬停在商品上时,该行背景颜色变为白色;鼠标移出时,该行背景颜色变为粉红色。

(2)改变商品数量文本框中商品的数量,当其失去焦点时,计算商品的金额总计、为用户共节省金额、可获商品积分等,并在页面显示。

(3)点击删除超链接,删除该行商品。

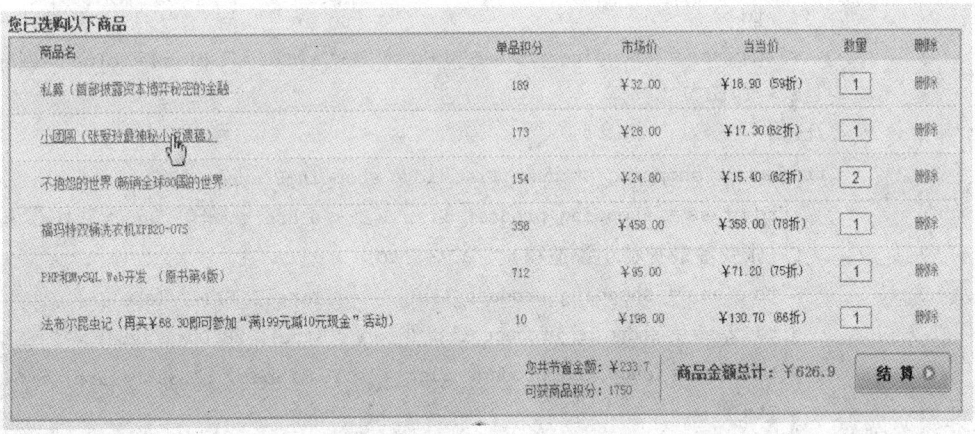

图 11-9 购物车页面的商品数量修改、相关计算、商品删除、鼠标悬停等效果图

2. 任务准备

阅读页面 shopping.html 相关代码及其对应的样式表代码。

HTML 页面文件,shopping.html 相关部分代码如下:

```
……
<body>
……
<div class="shopping_list_top">您已选购以下商品</div>
<div class="shopping_list_border">
    <table width="100%" border="0" cellspacing="0" cellpadding="0">
        <tr class="shopping_list_title">
```

```html
            <td class="shopping_list_title_1">商品名</td>
            <td class="shopping_list_title_2">单品积分</td>
            <td class="shopping_list_title_3">市场价</td>
            <td class="shopping_list_title_4">当当价</td>
            <td class="shopping_list_title_5">数量</td>
            <td class="shopping_list_title_6">删除</td>
        </tr>
    </table>
    <table width="100%" border="0" cellspacing="0" cellpadding="0" id="myTableProduct">
        <tr class="shopping_product_list" id="shoppingProduct_01">
            <td class="shopping_product_list_1"><a href="#" class="blue">私募（首部披露资本博弈秘密的金融...</a></td>
            <td class="shopping_product_list_2"><label>189</label></td>
            <td class="shopping_product_list_3">¥<label>32.00</label></td>
            <td class="shopping_product_list_4">¥<label>18.90</label>（59折）</td>
            <td class="shopping_product_list_5"><input type="text" value="1"></td>
            <td class="shopping_product_list_6"><a href="" class="blue">删除</a></td>
        </tr>
        <tr class="shopping_product_list" id="shoppingProduct_02">
            <td class="shopping_product_list_1"><a href="#" class="blue">小团圆（张爱玲最神秘小说遗稿）</a></td>
            <td class="shopping_product_list_2"><label>173</label></td>
            <td class="shopping_product_list_3">¥<label>28.00</label></td>
            <td class="shopping_product_list_4">¥<label>17.30</label>（62折）</td>
            <td class="shopping_product_list_5"><input type="text" value="1"></td>
            <td class="shopping_product_list_6"><a href="" class="blue">删除</a></td>
        </tr>
        <tr class="shopping_product_list" id="shoppingProduct_03">
            <td class="shopping_product_list_1"><a href="#" class="blue">不抱怨的世界（畅销全球80国的世界...</a></td>
            <td class="shopping_product_list_2"><label>154</label></td>
            <td class="shopping_product_list_3">¥<label>24.80</label></td>
            <td class="shopping_product_list_4">¥<label>15.40</label>（62折）</td>
```

```html
            <td class="shopping_product_list_5"><input type="text" value="2">
            </td>
            <td class="shopping_product_list_6"><a href="" class="blue">删除</a></td>
        </tr>
        <tr class="shopping_product_list" id="shoppingProduct_04">
            <td class="shopping_product_list_1"><a href="#" class="blue">福玛特双桶洗衣机 XPB20-07S</a></td>
            <td class="shopping_product_list_2"><label>358</label></td>
            <td class="shopping_product_list_3">¥<label>458.00</label></td>
            <td class="shopping_product_list_4">¥<label>358.00</label>（78折）</td>
            <td class="shopping_product_list_5"><input type="text" value="1">
            </td>
            <td class="shopping_product_list_6"><a href="" class="blue">删除</a></td>
        </tr>
        <tr class="shopping_product_list" id="shoppingProduct_05">
            <td class="shopping_product_list_1"><a href="#" class="blue">PHP和MySQL Web开发（原书第4版）</a></td>
            <td class="shopping_product_list_2"><label>712</label></td>
            <td class="shopping_product_list_3">¥<label>95.00</label></td>
            <td class="shopping_product_list_4">¥<label>71.20</label>（75折）</td>
            <td class="shopping_product_list_5"><input type="text" value="1">
            </td>
            <td class="shopping_product_list_6"><a href="" class="blue">删除</a></td>
        </tr>
        <tr class="shopping_product_list" id="shoppingProduct_06">
            <td class="shopping_product_list_1"><a href="#" class="blue">法布尔昆虫记</a>（再买¥68.30即可参加"满199元减10元现金"活动）</td>
            <td class="shopping_product_list_2"><label>10</label></td>
            <td class="shopping_product_list_3">¥<label>198.00</label></td>
            <td class="shopping_product_list_4">¥<label>130.70</label>（66折）</td>
            <td class="shopping_product_list_5"><input type="text" value="1">
            </td>
            <td class="shopping_product_list_6"><a href="" class="blue">删除</a></td>
```

```html
            </tr>
        </table>
            <div class="shopping_list_end">
                <ul>
                    <li class="shopping_list_end_1"><input name="" type="image" src="images/shopping_balance.gif"></li>
                    <li class="shopping_list_end_2">¥<label id="product_total"></label></li>
                    <li class="shopping_list_end_3">商品金额总计:</li>
                    <li class="shopping_list_end_4">您共节省金额:¥<label class="shopping_list_end_yellow" id="product_save"></label><br/>
                        可获商品积分:<label class="shopping_list_end_yellow" id="product_integral"></label>
                    </li>
                </ul>
            </div>
        </div>
```
……

3. 实现特效的 JavaScript 代码

JS 文件,shopping.js,实现该特效的关键代码如下:

```javascript
// JavaScript Document
//shopping.js
/* 通用函数,$ 是一个函数名,实现根据页面元素的 id 属性值获取对象的功能 */
function $(id){
    return document.getElementById(id);
}
window.onload = init;
function init(){
    ……
    productCount();
    var goods_list = document.getElementsByClassName("shopping_product_list")
    for(i=0;i<goods_list.length;i++){
        if(i<10){
            goods_list[i].id = 'shoppingProduct_0' + (i+1);
        }else{
            goods_list[i].id = 'shoppingProduct_' + (i+1);
        }
        goods_list[i].onmouseover = productOver;
        goods_list[i].onmouseout = productOut;
    }
```

```
var inputObj = $("myTableProduct").getElementsByTagName("input");
for(i = 0;i<inputObj.length;i++){
    inputObj[i].onblur = productCount;
}

var aObj = $("myTableProduct").getElementsByTagName("a");
var idx = 0;
for(i = 0;i<aObj.length;i++){
    if(aObj[i].innerHTML = ="删除"){
        idx++;
        if(idx<10){
            aObj[i].id = 'shoppingProduct_0' + idx;
        }else{
            aObj[i].id = 'shoppingProduct_' + idx;
        }
        aObj[i].onclick = deleteProduct;
    }
}
}

/*鼠标移到产品上时*/
function productOver(){
    varelement = $(this.id);
    element.style.backgroundColor = "#ffffff";
}

/*鼠标离开产品上时*/
function productOut(){
    varelement = $(this.id);
    element.style.backgroundColor = "#fefbf2";
}

/*自动计算商品的总金额、总共节省的金额和积分*/
function productCount(){
    var total = 0;        //商品金额总计
    var save = 0;         //您共节省的金额
    var integral = 0;     //可获商品积分

    var point;            //每一行商品的单品积分
    var price;            //每一行商品的市场价格
    var ddPrice;          //每一行商品的当当价格
```

```javascript
        var number;        //每一行商品的数量

        /*访问 ID 为 myTableProduct 表格中所有的行数*/
        var myTableTr = $("myTableProduct").getElementsByTagName("tr");
        for(var i = 0;i<myTableTr.length;i + + ){
    point = myTableTr[i].getElementsByTagName("td")[1].getElementsByTagName("label")
[0].innerHTML;
    price = myTableTr[i].getElementsByTagName("td")[2].getElementsByTagName("label")
[0].innerHTML;
     ddPrice = myTableTr[i].getElementsByTagName("td")[3].getElementsByTagName("
     label")[0].innerHTML;
    number = myTableTr[i].getElementsByTagName("td")[4].getElementsByTagName("input")
[0].value;
        integral + = point * number;
        total + = ddPrice * number;
        save + = (price - ddPrice) * number;
    }
    total = parseInt(total * 100)/100;
    save = parseInt(save * 100)/100;
    integral = parseInt(integral * 100)/100;
    $("product_total").innerHTML = total;
    $("product_save").innerHTML = save;
    $("product_integral").innerHTML = integral;
}

/*删除产品*/
function deleteProduct(){
    var delElement = $(this.id);    //删除元素的 id
    var flag = confirm("你确定要删除此商品吗?");
    if(flag = = true){
        delElement.parentNode.removeChild(delElement);
        productCount();
    }
    return false;
}
```

4. 代码解析
对 shopping.js 文件中相关部分代码进行解析。
(1)函数 init()相关部分功能
调用函数 productCount()自动计算商品的总金额、总共节省的金额和积分。
代码 goods_list = document.getElementsByClassName("shopping_product_list"),通过类样式名获取商品列表(表格)中各个商品所在的行对象的集合,变量 goods_list 引用该

集合。

for(i=0;i<goods_list.length;i++){……}语句遍历 goods_list 集合。首先为每个行对象 goods_list[i]添加属性 id,存储页面该行标签<tr>的 id 属性值,如"shoppingProduct_01"。然后,为每个行对象 goods_list[i]的鼠标悬停事件处理程序 onmouseover 绑定函数 productOver(代码 goods_list[i].onmouseover=productOver),实现鼠标悬停在商品上时,该行背景颜色变为白色效果。最后为每个行对象 goods_list[i]的鼠标移出事件处理程序 onmouseout 绑定函数 productOut(代码 goods_list[i].onmouseout=productOut),实现鼠标移出商品时,该行背景颜色变为粉红色效果。

代码 inputObj=$("myTableProduct").getElementsByTagName("input"),先获取商品所在表格对象(代码 $("myTableProduct")),再在该表格对象中通过标签名获取商品数量文本框对象集合(代码 getElementsByTagName("input")),变量 inputObj 引用该集合。

代码 for(i=0;i<inputObj.length;i++){inputObj[i].onblur=productCount;}语句遍历 inputObj 集合,为每个文本框对象的 onblur 失去焦点事件处理程序绑定函数 productCount,完成计算商品的金额总计、为用户共节省金额、可获商品积分等。

代码 aObj=$("myTableProduct").getElementsByTagName("a")获取商品所在表格中的超链接对象集合,变量 aObj 引用该集合。

代码 for(i=0;i<aObj.length;i++){……}遍历该集合。如果集合中元素为"删除"超链接(代码 if(aObj[i].innerHTML=="删除")),那么,首先为每个"删除"超链接对象 aObj[i]添加属性 id,存储页面该行标签<tr>的 id 属性值,如"shoppingProduct_01";然后,为每个"删除"超链接对象 aObj[i]的点击事件处理程序 onclick 绑定函数 deleteProduct(代码 aObj[i].onclick=deleteProduct;),实现点击删除超链接,删除该行商品。

(2) 函数 productOver()功能

当鼠标悬停在商品所在行时,调用该函数,实现鼠标悬停在该行时,该行背景颜色变为白色效果。

代码 element=$(this.id),this.id 为当前鼠标悬停对象的 id 属性值,通过该值获取 element 对象,为鼠标悬停所在的行对象。将该行的背景颜色变为白色(代码 element.style.backgroundColor="#ffffff")。

(3) 函数 productOut()功能

当鼠标移出商品所在行时,调用该函数,实现鼠标移出该行时,该行背景颜色变为粉红色效果。

代码 element=$(this.id),this.id 为当前鼠标移出对象的 id 属性值,通过该值获取 element 对象,为鼠标移出的行对象。将该行的背景颜色变为粉红色(代码 element.style.backgroundColor="#fefbf2")。

(4) 函数 productCount()功能

该函数实现计算商品的总金额、总共节省金额和积分的功能。

变量 total 表示商品金额总计,变量 save 表示共节省的金额,变量 integral 表示可获商品积分。变量 point 表示每一行商品的单品积分,变量 price 表示每一行商品的市场价格,变量 ddPrice 表示每一行商品的当当价格,变量 number 表示每一行商品的数量。

代码 myTableTr＝$("myTableProduct").getElementsByTagName("tr")，myTableTr 引用 id 为 myTableProduct 表格中所有的行的集合。

for(var i=0;i<myTableTr.length;i++){……}对行进行遍历。获取每行商品的单品积分(point=myTableTr[i].getElementsByTagName("td")[1].getElementsByTagName("label")[0].innerHTML)、市场价格、当当价格、数量；计算可获商品总积分 integral、商品金额合计 total、共节省金额 save。

代码 total=parseInt(total*100)/100，对金额合计 total 进行格式化，保留小数点后两位。同样对积分和节省金额进行格式化，然后将这些数值显示在页面中。

(5)函数 deleteProduct()功能

该函数实现点击"删除"超链接删除该行商品。

this.id 为当前鼠标点击的"删除"超链接对象的 id 属性值，通过该值获取"删除"超链接所在的行，delElement 引用该对象。

代码 flag=confirm("你确定要删除此商品吗?")，弹出确认对话框，在删除前询问用户。若用户确认删除，则获取 delElement 对象的父对象(代码 delElement.parentNode)，通过父对象(表格)的 removeChild(delElement)方法，删除该对象(行)，然后调用函数 productCount()计算商品的总金额、总共节省金额和积分。

通过 return false 语句使"删除"超链接不跳转。

5. 代码调试

使用 IE 的开发人员工具调试代码。

6. 测试代码的运行效果

在 IE 和 Chrome 浏览器中分别测试代码的运行效果。

11.3.5 任务5——用户登录页面特效和验证

1. 需求说明

在当当网用户登录页面实现下列效果，如图 11-10 所示。

(1)当文本框(Email 地址或昵称、密码)获得焦点时，文本框边框为实线、1px、灰色，背景为浅绿色。

(2)当文本框(Email 地址或昵称、密码)失去焦点时，文本框边框为实线、1px、灰色，无背景色。

(3)当鼠标悬停在登录按钮时，按钮背景图换为浅橙色。

(4)点击"登录"按钮提交表单，提交表单时验证 Email 地址和密码是否为空。为空不提交表单，否则提交表单。

(5)当鼠标悬停在快速注册新用户按钮时，按钮背景图换为浅绿色。

(6)当点击"快速注册新用户"按钮时，页面跳转到注册页面。

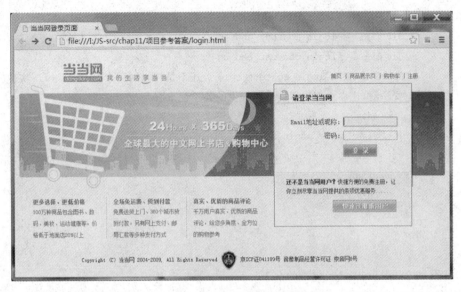

图 11-10　当当网用户登录页面效果图

2. 任务准备

阅读页面 login.html 相关代码和其对应的样式表代码。

(1) HTML 页面文件，login.html 相关部分代码

```html
<!-- login.html -->
……
<body>
……
<div class = "login_main_mid">
    <div class = "login_content_top">请登录当当网</div>
    <div class = "login_content_line"></div>
    <form action = "" method = "post" id = "myForm" >
    <dl class = "login_content">
        <dt>Email 地址或昵称：</dt>
        <dd><input id = "email" type = "text" class = "login_content_input"></dd>
    </dl>
    <dl class = "login_content">
        <dt>密码：</dt>
        <dd><input id = "pwd" type = "password" class = "login_content_input"></dd>
    </dl>
    <dl class = "login_content">
        <dt></dt>
        <dd><input id = "btn" value = " " type = "submit" class = "login_btn_out">
        </dd>
    </dl>
    </form>
```

```html
            <div class="login_content_dotted"></div>
            <div class="login_content_end_bg">
            <div class="login_content_end_bg_top">
            <label class="login_content_bold">还不是当当网用户？</label>快捷方便的免费注册,让你立刻尽享当当网提供的各项优惠服务……
            </div>
            <div class="login_content_end_bg_end">
              <input id="register" class="login_register_out" value="" type="button">
            </div>
            </div>
        </div>
```
……

(2) CSS 文件，layout.css 相关的代码

```css
.login_content{
    clear:both;
    margin:10px 0px 0px 0px;
}
    .login_content_input{
        width:120px;
        height:16px;
        border:solid 1px #999;
    }
    .login_content_input_Focus{
        background-color:#f1ffde;
        width:120px;
        height:16px;
        border:solid 1px #999;
    }
.login_btn_out{
    background-image:url(../images/login_icon_bg_01.gif);
    background-position:0px -30px;
    background-repeat:no-repeat;
    width:77px;
    height:26px;
    border:0px;
    cursor:pointer;
}
.login_btn_over{
    background-image:url(../images/login_icon_bg_01.gif);
    background-position:-78px -30px;
```

```css
        background-repeat:no-repeat;
        width:77px;
        height:26px;
        border:0px;
        cursor:pointer;
}
.login_register_out{
        background-image:url(../images/login_icon_bg_01.gif);
        background-position:0px -3px;
        background-repeat:no-repeat;
        width:144px;
        height:26px;
        border:0px;
        cursor:pointer;
}
.login_register_over{
        background-image:url(../images/login_icon_bg_01.gif);
        background-position:-144px -3px;
        background-repeat:no-repeat;
        width:144px;
        height:2;
}
```

3. 实现特效的 JavaScript 代码

JS 文件,login.js,实现该特效的关键代码如下:

```javascript
// JavaScript Document
// login.js
    function $(id){
    return document.getElementById(id);
}
window.onload = init;
function init(){
    $("myForm").onsubmit = checkLogin;
    $("email").onfocus = emailFocus;
    $("email").onblur = emailBlur;
    $("pwd").onfocus = pwdFocus;
    $("pwd").onblur = pwdBlur;
    $("btn").onmouseover = function (){
        this.className = 'login_btn_over';
    }
    $("btn").onmouseout = function (){
        this.className = 'login_btn_out';
```

```javascript
        }
        $("register").onmouseover = function (){
            this.className = 'login_register_over';
        }
        $("register").onmouseout = function (){
            this.className = 'login_register_out';
        }
        $("register").onclick = jump;
    }
    /* 鼠标在 Email 文本框中时 */
    function emailFocus(){
        var email = $("email");
        email.className = "login_content_input login_content_input_Focus";
    }
    /* 鼠标离开 Email 文本框中时 */
    function emailBlur(){
        var email = $("email");
        email.className = "login_content_input";
    }
    /* 鼠标在密码文本框中时 */
    function pwdFocus(){
        var pwd = $("pwd");
        pwd.className = "login_content_input login_content_input_Focus";
    }
    /* 鼠标离开密码文本框中时 */
    function pwdBlur(){
        var pwd = $("pwd");
        pwd.className = "login_content_input";
    }
    /* 单击登录按钮时,验证 Email 地址和密码是否为空 */
    function checkLogin(){
        var email = $("email").value;
        var pwd = $("pwd").value;
        if(email == ""){
            alert("请输入 Email 地址或昵称");
            return false;
        }
        if(pwd == ""){
            alert("请输入密码");
            return false;
        }
```

```
        return true;
    }
    /*单击快速注册进入注册页面*/
    function jump(){
        window.location.href = "register.html";
    }
```

4. 代码解析

对 login.js 文件中相关部分代码进行解析。

(1) 函数 init() 功能

获取表单对象,为其提交事件处理程序 onsubmit 绑定函数 checkLogin,实现表单验证需求。

获取 Email 地址或昵称文本框对象、密码文本框对象,分别为其获取焦点事件处理程序 onfocus 绑定函数 emailFocus、pwdFocus,实现文本框获取焦点时的需求;分别为其失去焦点事件处理程序 onblur 绑定函数 emailBlur、pwdFocus,实现文本框失去焦点时的需求。

获取登录按钮对象,为其鼠标悬停事件处理程序 onmouseover 绑定匿名函数,该函数将其类样式改为'login_btn_over',实现鼠标悬停时的需求;为其鼠标移出事件处理程序 onmouseout 绑定匿名函数,该函数将其类样式改为'login_btn_out',实现鼠标移出时的需求。

获取快速注册新用户按钮对象,为其鼠标悬停事件处理程序 onmouseover 绑定匿名函数,该函数将其类样式改为'login_register_over',实现鼠标悬停时的需求;为其鼠标移出事件处理程序 onmouseout 绑定匿名函数,该函数将其类样式改为'login_register_out',实现鼠标移出时的需求;为其鼠标点击事件处理程序 onclick 绑定函数 jump,实现点击该按钮时页面跳转的需求。

(2) 函数 emailFocus() 功能

获取 Email 地址或昵称文本框对象,将其类样式改为"login_content_input"和"login_content_input_Focus"同时起作用,文本框边框为实线、1px、灰色,背景为浅绿色,实现文本框获取焦点时的需求。

(3) 函数 emailBlur() 功能

获取 Email 地址或昵称文本框对象,将其类样式改为"login_content_input",文本框边框为实线、1px、灰色,无背景色,实现文本框失去焦点时的需求。

(4) 函数 pwdFocus() 和 pwdBlur() 功能

实现思路同函数 emailFocus() 和 emailBlur(),不再赘述。

(5) 函数 checkLogin() 功能

获取 Email 地址或昵称、密码文本框对象,若文本框中没有输入内容,则给出出错信息提示,函数返回 false;若两个文本框中都输入了内容,则函数返回 true,实现表单验证需求。

(6) 函数 jump() 功能

点击"快速注册新用户"按钮时调用该函数,将窗口的地址栏对象的 href 属性设置为"register.html",实现点击该按钮时页面跳转到注册页面的需求。

5. 代码调试

使用 IE 的开发人员工具调试代码。

6. 测试代码的运行效果

在 IE 和 Chrome 浏览器中分别测试代码的运行效果。

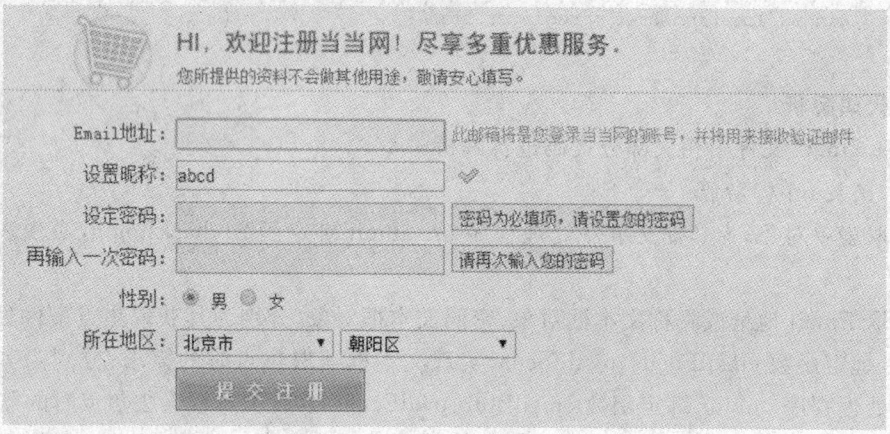

图 11-11 注册页面效果图

11.3.6 任务 6——注册页面特效和验证

1. 需求说明

（1）特效

当文本框（包括 Email 地址、昵称、密码、再输入一次密码等）获得焦点时，文本框边框为实线、1px、灰色，背景为浅灰色，其后显示相应的提示信息，且提示信息为灰色字体样式。效果如图 11-11 的 Email 地址所在的行。

当文本框失去获得焦点时，对输入的信息进行验证。若验证通过，则文本框边框为实线、1px、灰色，无背景色，其后的提示信息为对号，效果如图 11-11 的设置昵称所在的行；否则，文本框边框为实线、1px、灰色，背景为淡橙色，其后显示出错提示信息，且提示信息为淡橙色背景，红色字体，效果如图 11-11 的设定密码所在的行。

（2）验证规则

➢ Email 地址不能为空，且由用户名、@和域名组成，例如 abc@163.com 或者 abc@163.com.cn。其中：

• 用户名由 1 到多个单词字符（字母，数字或下划线字符）组成。

• 域名由 1 到多个单词符号、点"."、2 到 3 个字母（[A—z]）的字符串等三部分组成，或者由 1 到多个单词符号、点"."、2 到 3 个字母（[A—z]）的字符串、点"."、2 到 3 个字母（[A—z]）的字符串等五部分组成。

➢ 昵称可由大小写英文字母、数字组成，长度为 4~20 个字符。

➢ 密码不能为空，由大小写英文字母、数字组成，长度为 4~20 个字符。

➢ 再输入一次密码不能为空，且两次输入的密码要相同。

（3）验证时机

当文本框失去获得焦点时，对输入的信息进行即时验证。

当点击"提交注册"按钮提交表单时,对输入的所有信息进行统一验证。

2. 任务准备

阅读页面 register.html 相关代码及其对应的样式表代码。

(1) HTML 页面文件,register.html 相关部分代码

```html
<!-- register.html -->
……
<body>
……
<div class="register_message">
    <form action="" method="post" id="myform">
        <dl class="register_row">
            <dt>Email 地址:</dt>
            <dd><input id="email" type="text" class="register_input"></dd>
            <dd><div id="email_prompt"></div></dd>
        </dl>
        <dl class="register_row">
            <dt>设置昵称:</dt>
            <dd><input id="nickName" type="text" class="register_input"></dd>
            <dd><div id="nickName_prompt"></div></dd>
        </dl>
        <dl class="register_row">
            <dt>设定密码:</dt>
            <dd><input id="pwd" type="password" class="register_input"></dd>
            <dd><div id="pwd_prompt"></div></dd>
        </dl>
        <dl class="register_row">
            <dt>再输入一次密码:</dt>
            <dd><input id="repwd" type="password" class="register_input"></dd>
            <dd><div id="repwd_prompt"></div></dd>
        </dl>
        <dl class="register_row">
            <dt>性别:</dt>
            <dd><input name="sex" id="man" type="radio" value="男" checked="checked"> <label for="man">男</label></dd>
            <dd><input name="sex" id="woman" type="radio" value="女"> <label for="woman">女</label></dd>
        </dl>
        <dl class="register_row">
            <dt>所在地区:</dt>
            <dd><select id="province"  style="width:120px;">
                <option>请选择省/城市</option>
```

```html
            </select> </dd>
        <dd><select id="city" style="width:130px;">
            <option>请选择城市/地区</option>
        </select></dd>
    </dl>
    <div class="registerBtn"><input id="registerBtn" type="image" src="images/register_btn_out.gif" ></div>
</form>
</div>
……
```

(2) CSS 文件,layout.css 相关的代码

```css
.register_input{
    width:200px;
    height:18px;
    border:solid 1px #999;
    margin:0px 0px 8px 0px;
}
.register_input_Blur{
    background-color:#fef4d0;
    width:200px;
    height:18px;
    border:solid 1px #999;
    margin:0px 0px 8px 0px;
}
.register_input_Focus{
    background-color:#f1ffde;
    width:200px;
    height:18px;
    border:solid 1px #999;
    margin:0px 0px 8px 0px;
}
.register_prompt{
    font-size:12px;
    color:#999;
}
.register_prompt_error{
    font-size:12px;
    color:#C8180B;
    border:solid 1px #999;
    background-color:#fef4d0;
    padding:0px 5px 0px 5px;
```

```css
        height:18px;
}
.register_prompt_ok{
        background-image:url(../images/register_write_ok.gif);
        background-repeat:no-repeat;
        width:15px;
        height:11px;
        margin:5px 0px 0px 5px;
}
```

3. 实现特效的 JavaScript 代码

JS 文件，register.js 实现该特效的关键代码如下：

```javascript
// JavaScript Document
//register.js
function $(id){
        return document.getElementById(id);
}
……
window.onload = init;
function init(){
        ……
        var email = $("email")
        email.onfocus = emailFocus;
        email.onblur = emailBlur;
        var nickName = $("nickName");
        nickName.onfocus = nickNameFocus;
        nickName.onblur = nickNameBlur;
        var pwd = $("pwd");
        pwd.onfocus = pwdFocus;
        pwd.onblur = pwdBlur;
        var repwd = $("repwd");
        repwd.onfocus = repwdFocus;
        repwd.onblur = repwdBlur;
        var myform = $("myform");
        myform.onsubmit = checkRegister;
}
/* 鼠标在 Email 文本框中时 */
function emailFocus(){
        var email = $("email");
        var promptId = $("email_prompt");
        email.className = "register_input register_input_Focus";
        promptId.innerHTML = "此邮箱将是您登录当当网的账号,并将用来接收验证邮件";
```

```javascript
        promptId.className = "register_prompt";
}
/*鼠标离开Email文本框中时*/
function emailBlur(){
        var email = $("email");
        var promptId = $("email_prompt");
        promptId.innerHTML = "";
        var reg = /^\w+@\w+(\.[a-zA-Z]{2,3}){1,2}$/;
    if(email.value == ""){
            promptId.innerHTML = "电子邮箱是必填项,请输入您的Email地址";
            promptId.className = "register_prompt_error";
            email.className = "register_input register_input_Blur";
            return false;
        }
        if(reg.test(email.value) == false){
            promptId.innerHTML = "电子邮箱格式不正确,请重新输入";
            promptId.className = "register_prompt_error";
            email.className = "register_input register_input_Blur";
            return false;
        }
        promptId.className = "register_prompt_ok";
        email.className = "register_input";
        return true;
}
/*鼠标在昵称文本框中时*/
function nickNameFocus(){
        var nickName = $("nickName");
        var nickNameId = $("nickName_prompt");
        nickName.className = "register_input register_input_Focus";
        nickNameId.innerHTML = "昵称可由大小写英文字母、数字组成,长度为4-20个字符";
        nickNameId.className = "register_prompt";
}
/*鼠标离开昵称文本框中时*/
function nickNameBlur(){
        var nickName = $("nickName");
        var nickNameId = $("nickName_prompt");
        nickNameId.innerHTML = "";
        var reg = /^[a-zA-Z0-9]{4,20}$/;
        if(nickName.value == ""){
            nickNameId.innerHTML = "昵称为必填项,请输入您的昵称";
```

```
            nickNameId.className = "register_prompt_error";
            nickName.className = "register_input register_input_Blur";
            return false;
        }
        if(reg.test(nickName.value) == false){
            nickNameId.innerHTML = "昵称格式错误,请用大小写英文字母、数字,长度4-20
                个字符";
            nickNameId.className = "register_prompt_error";
            nickName.className = "register_input register_input_Blur";
            return false;
        }
        nickNameId.className = "register_prompt_ok";
        nickName.className = "register_input";
        return true;
}
/*鼠标在密码文本框中时*/
function pwdFocus(){
        var pwd = $("pwd");
        var pwdId = $("pwd_prompt");
        pwd.className = "register_input register_input_Focus";
        pwdId.innerHTML = "密码可由大小写英文字母、数字组成,长度6-20个字符";
        pwdId.className = "register_prompt";
}
/*鼠标离开密码文本框中时*/
function pwdBlur(){
        var pwd = $("pwd");
        var pwdId = $("pwd_prompt");
        pwdId.innerHTML = "";
        var reg = /^[a-zA-Z0-9]{6,20}$/;
        if(pwd.value == ""){
            pwdId.innerHTML = "密码为必填项,请设置您的密码";
            pwdId.className = "register_prompt_error";
            pwd.className = "register_input register_input_Blur";
            return false;
        }
        if(reg.test(pwd.value) == false){
            pwdId.innerHTML = "密码格式错误,请用大小写英文字母、数字,长度6-20个
                字符";
            pwdId.className = "register_prompt_error";
            pwd.className = "register_input register_input_Blur";
            return false;
```

```javascript
        }
        pwdId.className = "register_prompt_ok";
        pwd.className = "register_input";
        return true;
}
/*鼠标在再输入一次密码文本框中时*/
function repwdFocus(){
        var repwd = $("repwd");
        repwd.className = "register_input register_input_Focus";
}
/*鼠标离开再输入一次密码文本框中时*/
        function repwdBlur(){
        var pwd = $("pwd");
        var repwd = $("repwd");
        var repwdId = $("repwd_prompt");
        repwdId.innerHTML = "";
        if(repwd.value = = ""){
            repwdId.innerHTML = "请再次输入您的密码";
            repwdId.className = "register_prompt_error";
            repwd.className = "register_input register_input_Blur";
            return false;
        }
        if(pwd.value! = repwd.value){
            repwdId.innerHTML = "两次输入密码不一致,请重新输入";
            repwdId.className = "register_prompt_error";
            repwd.className = "register_input register_input_Blur";
            return false;
        }
        repwdId.className = "register_prompt_ok";
        repwd.className = "register_input";
        return true;
}
/*单击提交注册页面时,对页面内容进行验证*/
function checkRegister(){
        var flagEmail = emailBlur();
        var flagNickName = nickNameBlur();
        var flagPwd = pwdBlur();
        var flagRepwd = repwdBlur();
        if(flagEmail = = true &&flagNickName = = true &&flagPwd = = true &&flagRepwd = = true){
            return true;
```

```
        }
        else{
            return false;
        }
    }
```

4. 代码解析

对 register.js 文件中相关部分代码进行解析。

(1) 函数 init()相关部分功能

获取 Email 地址文本框对象、昵称文本框对象、密码文本框对象、再输入一次密码文本框对象,为它们获取焦点事件处理程序 onfocus 分别绑定函数 emailFocus、nickNameFocus、pwdFocus、repwdFocus,实现文本框获取焦点时的需求;为它们失去焦点事件处理程序 onblur 分别绑定函数 emailBlur、nickNameBlur、pwdBlur、repwdBlur,实现文本框失去焦点时的需求。

获取表单对象,为其提交事件处理程序 onsubmit 绑定函数 checkRegister,该函数实现表单统一验证需求。点击"提交注册"按钮时,触发该事件。

(2) 函数 emailFocus()功能

获取 Email 地址文本框对象,将其类样式改为"register_input"和"register_input_Focus"同时起作用,使文本框边框为实线、1px、灰色,背景为淡灰色。

获取其后的信息提示对象,设置信息提示内容和样式,样式为"register_prompt",为灰色字体样式。

Email 地址文本框对象获得焦点时调用该函数。

(3) 函数 emailBlur()功能

获取 Email 地址文本框对象,用 Email 引用。

获取其后的信息提示对象,用 promptId 引用,并将其内容清空。

根据 Email 地址的验证规则定义正则表达式 reg。

若 Email 地址文本框的输入内容为空或者不能正确匹配正则表达式 reg,则在 promptId 对象中显示相应的出错提示信息,设置 promptId 的类样式为出错提示样式"register_prompt_error",为淡橙色背景,红色字体;设置 Email 文本框对象的类样式为"register_input"和"register_input_Blur"同时起作用,文本框边框为实线、1px、灰色,背景为淡橙色;函数返回 false。

若 Email 地址文本框的输入内容正确匹配正则表达式 reg,则设置 promptId 的类样式为正确提示样式"register_prompt_ok",为对号;设置 Email 文本框对象的类样式为"register_input",文本框边框为实线、1px、灰色,无背景色;函数返回 true。

Email 地址文本框对象失去焦点时调用该函数。

(4) 函数 nickNameFocus()、pwdFocus()、repwdFocus()功能

函数 nickNameFocus()、pwdFocus()、repwdFocus()的功能和实现代码都类似于函数 emailFocus(),这里不再赘述。

(5) 函数 nickNameBlur()、pwdBlur()、repwdblur()功能

函数 nickNameBlur()、pwdBlur()、repwdblur()的功能和实现代码都类似于函数

emailBlur(),这里不再赘述。

(6) 函数 checkRegister()功能

该函数实现表单统一验证需求,点击"提交注册"按钮时,调用该函数。

调用函数 emailBlur()、nickNameBlur()、pwdBlur()、repwdBlur(),若它们运行后都返回 true,则该函数返回 true,否则返回 false。

5. 代码调试

使用 IE 的开发人员工具调试代码。

6. 测试代码的运行效果

在 IE 和 Chrome 浏览器中分别测试代码的运行效果。

本章小结

➢ 项目开发过程包括需求分析、项目分析、设计、编码和测试等阶段。

➢ 通过项目开发巩固 DOM、表单验证、正则表达式、RegExp 对象、和正则表达式相关的 String 对象的方法等知识点和技能点。

➢ 通过项目开发巩固 JavaScript 项目开发流程。

➢ 总结项目开发过程中所遇到的问题和解决方法,增强项目开发经验。

第 12 章 jQuery

本章工作任务
- "我的当当"下拉菜单的自动显示与隐藏
- 带数字的循环显示广告图片特效
- 博客园网注册页面验证及特效
- Tab 切换效果
- 树形菜单
- 订单处理

本章知识目标
- 掌握 jQuery 库的使用方法、$(document).ready() 与 window.onload 的区别
- 掌握 DOM 对象和 jQuery 对象、jQuery 语法结构
- 掌握 jQuery 选择器
- 掌握 jQuery 事件
- 掌握 jQuery 动画效果
- 掌握 jQuery 中的 DOM 操作

本章技能目标
- 使用 jQuery 程序库进行 Web 客户端编程
- 使用 jQuery 的选择器获取页面元素
- 应用 jQuery 的事件和动画进行事件和特效处理
- 应用 jQuery 中的 DOM 操作实现页面元素的增删改查

本章重点难点
- jQuery 的选择器
- jQuery 的事件和动画
- jQuery 中的 DOM 操作

第 11 章完成了"当当网上书店特效 2"阶段项目,进一步复习和巩固了 JavaScript 的 DOM、表单验证、正则表达式、RegExp 对象等相关的知识和技能;了解了实际项目的开发过程,JavaScript 项目的编码、调试和测试过程;总结了项目开发过程中所遇到的问题和解决方法,有助于增强项目开发经验。

本章主要介绍 jQuery 库、jQuery 对象、jQuery 语法结构、jQuery 选择器、jQuery 事件、jQuery 动画效果、jQuery 中的 DOM 操作等,并应用这些知识和技能实现下拉菜单的自动显示与隐藏、带数字的循环显示广告图片特效、博客园网注册页面验证及特效、Tab 切换效果、树形菜单和订单处理。

12.1 下拉菜单的显示和隐藏

12.1.1 实例程序

【例 12-1】 "我的当当"下拉菜单的自动显示与隐藏。

1. 需求说明

在当当网站导航部分,实现"我的当当"下拉菜单的自动显示与隐藏。

当鼠标悬停在"我的当当"上时,下拉菜单自动显示,当鼠标移出"我的当当"或下拉菜单时,下拉菜单隐藏。

运行效果如图 12-1 所示。

图 12-1　网站导航部分的下拉菜单效果图

2. 实例代码

该实例完整的 HTML 代码和 CSS 代码分别见附录 A 和附录 B。

该实例代码在 ex12_1 文件夹中。

(1) HTML 页面文件,head.html 相关代码

```
<!--head.html-->
……
<head>
……
<script type="text/javascript" src="js/jquery-1.8.3.js"></script>
<script src="js/header.js" type="text/javascript"></script>
</head>
```

```html
<body>
<!--顶部开始-->
<div class="header_top">
    <div class="header_top_left">您好!欢迎光临当当网[<a href="login.html" target="_parent">登录</a> | <a href="register.html" target="_parent">免费注册</a>]</div>
    <div class="header_top_right">
    <ul>
        <li><a href="#" target="_self">帮助</a></li>
        <li>|</li>
        <li id="myDangDang"><a href="#" target="_self">我的当当</a><img src="images/dd_arrow_down.gif" alt="arrow" />
            <div id="dd_menu_top_down">
                <a href="#" target="_self">我的订单</a><br />
                <a href="#" target="_self">账户余额</a><br />
                <a href="#" target="_self">购物礼券</a><br />
                <a href="#" target="_self">我的会员积分</a><br />
            </div>
        </li>
        <li>|</li>
        <li><a href="#" target="_self">团购</a></li>
        <li>|</li>
        <li><a href="#" target="_self">礼品卡</a></li>
        <li>|</li>
        <li><a href="#" target="_self">个性化推荐</a></li>
        <li>|</li>
        <li><a href="shopping.html" target="_parent">购物车</a></li>
        <li><img src="images/dd_header_shop.gif" alt="shopping"/></li>
    </ul>
    </div>
</div>
……
</body>
```

(2)JS文件,header.js代码

```javascript
// JavaScript Document
// header.js
/*导航部分(我的当当)下拉菜单*/
$(document).ready(function(){                              //①
    $("#myDangDang").mouseover(function(){                 //②
        $("#dd_menu_top_down").css("display","block");     //③
    })
```

```
            $("#myDangDang").mouseout(function(){                    //④
                $("#dd_menu_top_down").css("display","none");        //⑤
            })
        });
        /* $(function(){                                              //⑥
            $("#myDangDang").mouseenter(function(){                  //⑦
                $("#dd_menu_top_down").slideDown(1000);              //⑧
            }).mouseleave(function(){                                //⑨
                $("#dd_menu_top_down").slideUp(1000);                //⑩
            });
        });*/
```

12.1.2 代码解析

对例 12-1 的 header.js 文件中部分代码进行解析。

1. 代码①处

代码①处,$(document).ready(function(){……},ready()为 jQuery 的函数,需要运行的 jQuery 代码要放在该函数内。该函数的作用相当于 JavaScript 的 window.onload(),但两者又有区别,其区别见表 12-2。该函数内的代码都将在 DOM 加载完毕后(只要 DOM 在浏览器中被注册完毕,页面全部内容(包括图片等)不一定完全加载完毕),即不是在页面所有内容(例如图片)加载完毕后执行。jQuery 代码格式如下:

```
$(document).ready(function(){
    //将 jQuery 代码放在这里
}
```

"$"等同于"jQuery"。

$(document).ready() = jQuery(document).ready()。

$(function(){……}) = jQuery(function(){……})。

2. 代码②处

代码②处,$("#myDangDang").mouseover(function(){……}),$()为工厂函数,"#myDangDang"为 ID 选择器,$("#myDangDang")获取页面 id 属性值为"myDangDang"的 jQuery 对象(页面中"我的当当"所在的列表对象)。mouseover()为该 jQuery 对象绑定鼠标悬停事件处理方法。mouseover(function(){……})中的 function(){……}为匿名函数,当鼠标悬停事件发生时,执行该匿名函数中的代码③。

3. 代码③处

代码③处,$("#dd_menu_top_down").css("display","block"),获取页面 id 属性值为"dd_menu_top_down"的 jQuery 对象(页面中"我的当当"下面的下拉菜单对象),通过 css()方法,将其"display"样式属性设置为"block",将该对象显示出来。

4. 代码④处、⑦处、⑨处

代码④处、⑦处、⑨处类似于代码②处,只是绑定的事件处理方法不同,分别绑定为鼠标移出事件处理方法 mouseout()、鼠标进入事件处理方法 mouseenter()、鼠标离开事件处理方法 mouseleave(),并为这些方法定义匿名函数,去实现相应的功能。

$("♯myDangDang").mouseenter(function(){……}).mouseleave(function(){……}),代码⑨处,是链式操作方式。即发生在同一个 jQuery 对象上的一组动作,可以直接连写而无需重复获取对象。这一特点使 jQuery 的代码无比优雅。

5. 代码⑤处、⑧处、⑩处

代码⑤处、⑧处、⑩处类似于代码③处。

代码⑤处,将下拉菜单对象通过 css()方法,将其"display"样式属性设置为"none",将该对象隐藏起来。

代码⑧处,通过 slideDown(1000)方法,用 1000 毫秒(1 秒)将下拉菜单对象向下动画展出。

代码⑩处,通过 slideUp(1000)方法,用 1 秒将下拉菜单对象向上收起隐藏。

6. 代码⑥处

代码⑥处是代码①处的简写形式,即可以将 $(document).ready(function(){……})简写为 $(function(){……})。

代码⑥处段和代码①处段都能实现将下拉菜单对象显示或隐藏特效,只是代码⑥处段有动画效果。这两段代码选一段执行即可。

12.1.3 JavaScript 程序库

JavaScript 自身存在 3 个弊端:复杂的文档对象模型(DOM),不一致的浏览器实现,缺乏便捷的开发、调试工具。为了简化 JavaScript 的开发,一些 JavaScript 程序库诞生了。JavaScript 程序库封装了很多预定义的对象和使用函数,并且兼容各大浏览器。

比较流行的 JavaScript 程序库有:Prototype(http://www.prototypejs.org/)、Dojo(http://dojotoolkit.org/)、YUI(http://developer.yahoo.com/yui/)(Yahoo! UI, The Yahoo! User Interface Library)、Ext JS(http://www.extjs.com/)、MooTools(http://mootools.net/)、jQuery(http://jquery.com)。

每个 JavaScript 程序库都有各自的优点和缺点。但 jQuery 从诞生起,其关注度一直稳步上升,已渐渐从其他 JavaScript 库中脱颖而出,成为 Web 开发人员的最佳选择。

12.1.4 jQuery 简介

jQuery 由美国人 John Resig 于 2006 年创建,是对 JavaScript 对象和函数的封装,其设计理念是写得少,做得多(write less, do more)。jQuery 独特的选择器、链式操作、事件处理机制和封装完善的 DOM 和 Ajax 都是其他 JavaScript 库望尘莫及的,是目前最流行的 JavaScript 程序库。

jQuery 凭借简洁的语法和跨平台的兼容性,极大地简化了 JavaScript 开发人员遍历 HTML 文档、操作 DOM、处理事件、执行动画和开发 Ajax 的操作。其独特而又优雅的代码风格改变了 JavaScript 程序员的设计思路和编写程序的方式。总之,无论是网页设计师、后台开发者、业余爱好者,还是项目管理者,也无论是 JavaScript 初学者,还是 JavaScript 高手,都有足够多的理由去学习 jQuery。

1. jQuery 能做什么

➢ 访问和操作 DOM 元素。

➢ 控制页面样式。
➢ 对页面事件进行处理。
➢ 扩展新的 jQuery 插件。
➢ 与 Ajax 技术完美结合。

说明：jQuery 能做的，JavaScript 也都能做，但使用 jQuery 能大幅度提高开发效率。

2. jQuery 的优势

(1)轻量级。jQuery 非常轻巧，压缩后，大小保持在 30KB 左右。

(2)强大的选择器。jQuery 允许开发者使用从 CSS 1 到 CSS 3 几乎所有的选择器，以及 jQuery 独创的高级而复杂的选择器，甚至开发者可以编写属于自己的选择器。

(3)出色的 DOM 操作的封装。jQuery 封装了大量常用的 DOM 操作，使开发者在编写 DOM 操作相关程序的时候能够得心应手。

(4)可靠的事件处理机制。jQuery 的事件处理机制吸收了 JavaScript 专家 Dean Edwards 编写的事件处理函数的精华，使得 jQuery 在处理事件绑定的时候相当可靠。

(5)完善的 Ajax。jQuery 将所有的 Ajax 操作封装到一个函数$.ajax()里，使得开发者处理 Ajax 的时候能够专心处理业务逻辑而无需关心复杂的浏览器兼容性和 XMLHttpRequest 对象的创建和使用的问题。

(6)不污染顶级变量。jQuery 只建立一个名为 jQuery 的对象，其所有的函数方法都在这个对象之下。其别名$也可以随时交出控制权，绝对不会污染其他的对象。该特性使 jQuery 可以与其他 JavaScript 库共存，在项目中放心地引用而不需要考虑后期可能的冲突。

(7)出色的浏览器兼容性。jQuery 能够在 IE 6.0＋、FF 3.6＋、Safari 5.0＋、Opera 和 Chrome 等浏览器下正常运行。jQuery 同时修复了一些浏览器之间的差异，使开发者不必在开展项目前建立浏览器兼容库。

(8)链式操作方式。jQuery 中最有特色的莫过于它的链式操作方式——即对发生在同一个 jQuery 对象上的一组动作，可以直接连写而无需重复获取对象。这一特点使 jQuery 的代码无比优雅。从最开始就培养良好的编程习惯，将受益无穷。

(9)隐式迭代。jQuery 里的方法都被设计成自动操作对象集合，而不是单独的对象，这使得大量的循环结构变得不再必要，从而大幅度减少了代码量。

(10)行为层与结构层的分离。开发者可以使用 jQuery 选择器选中元素，然后直接给元素添加事件。这种将行为层与结构层完全分离的思想，可以使 jQuery 开发人员和 HTML 或其他页面开发人员各司其职，摆脱过去开发冲突或个人单干的开发模式。同时，后期维护也非常方便，不需要在 HTML 代码中寻找某些函数和重复修改 HTML 代码。

(11)丰富的插件支持。jQuery 的易扩展性，吸引了来自全球的开发者来编写 jQuery 的扩展插件。目前已经有成百上千的官方支持插件，而且还不断有新插件问世。

(12)完善的文档。jQuery 的文档非常丰富，不管是英文文档，还是中文文档。

(13)开源。jQuery 是一个开源的产品，任何人都可以自由地使用并提出改进意见。

12.1.5 使用 jQuery 库

1. 获取 jQuery

进入 jQuery 官网：http://jquery.com/，下载最新的 jQuery 库文件。

jQuery 库可分为开发版和发布版。它们的区别如表 12-1 所示。

表 12-1 jQuery 库类型比较

名称	大小	说明
jquery.js(开发版)	约 229KB	完整无压缩版本，主要用于测试、学习和开发
jquery.min.js(发布版)	约 31KB	经过工具压缩或服务器开启 Gzip 压缩，主要应用于发布的产品和项目

2. 在页面中引入 jQuery

jQuery 不需要安装，把下载的 jquery.js 放到网站一个公共的位置，某个页面使用 jQuery 时，只需在相关的 HTML 文档中引入该库文件即可。

本书将 jquery.js 放在目录 js 下，引用时使用相对路径。

在页面代码的<head>标签内引入 jQuery 库，就可以使用 jQuery 库了。例如，例 12-1 中引入 jQuery 库的代码如下：

```
<head>
……
<script type="text/javascript" src="js/jquery-1.8.3.js"></script>
……
</head>
```

12.1.6 $(document).ready() 与 window.onload 比较

$(document).ready() 与 window.onload 类似，但也有区别，其区别如表 12-2 所示。

表 12-2 $(document).ready() 与 window.onload 的比较

比较项目	window.onload	$(document).ready()
执行时机	必须等待网页中所有的内容加载完毕后(包括图片、flash、视频等)才能执行	网页中所有 DOM 文档结构绘制完毕后即刻执行，与 DOM 元素关联的内容(包括图片、flash、视频等)可能并没有加载完

编写个数	同一页面不能同时编写多个，例如：
	window.onload = function(){
	    alert("test1");
	};
	window.onload = function(){
	    alert("test2");
	};
	结果只会输出"test2"
		同一页面能同时编写多个，例如：
		$(document).ready(function(){
		    alert("test1");
		});
		$(document).ready(function(){
		    alert("test2");
		});
		结果两次都会输出

简化写法	无	$(function(){ //执行代码});

12.1.7 DOM 对象和 jQuery 对象

1. DOM 对象

DOM 对象为直接使用 JavaScript 获取的节点对象。例如：

var objDOM = document.getElementById("title");

var objHTML = objDOM.innerHTML;

objDOM 和 objHTML 都是 DOM 对象。

2. jQuery 对象

jQuery 对象是使用 jQuery 包装 DOM 对象后产生的对象，它使用 jQuery 中的方法。例如：

$("#myDangDang").html();

等同于 document.getElementById("myDangDang").innerHTML;

$("#myDangDang")为 jQuery 对象。

3. DOM 对象与 jQuery 对象的转化

DOM 对象和 jQuery 对象分别拥有一套独立的方法，不能混用。DOM 对象只能使用 DOM 中的方法，jQuery 对象不可以使用 DOM 中的方法，但 jQuery 对象提供了一套更加完善的工具用于操作 DOM。DOM 对象和 jQuery 对象可以相互转化，转化方法如下：

(1) DOM 对象转 jQuery 对象

➤ 使用$()函数进行转化：$(DOM 对象)。例如：

var txtName = document.getElementById("txtName"); //DOM 对象

var $txtName = $(txtName);   //jQuery 对象

(2) jQuery 对象转 DOM 对象

jQuery 对象是一个类似数组的对象，可以通过[index]方法得到相应的 DOM 对象。例如：

var $txtName = $("#txtName");   //jQuery 对象

var txtName = $txtName[0];   //DOM 对象

➤ 通过 get(index)方法得到相应的 DOM 对象。例如：

var $txtName = $("#txtName");   //jQuery 对象

var txtName = $txtName.get(0);   //DOM 对象

(3) 说明

jQuery 对象命名一般约定以$开头。

在事件中经常使用$(this)，this 是触发该事件的对象。

12.1.8 jQuery 语法结构

jQuery 语法结构如下：

$(selector).action();

➤ 工厂函数$()：将 DOM 对象转化为 jQuery 对象。

➤ 选择器 selector：获取需要操作的 DOM 元素。

➤ 方法 action()：jQuery 中提供的方法，包括绑定事件处理的方法。

例如,例 12-1 的 header.js 中的代码：

```
$("#myDangDang").mouseover(function(){          //②
    $("#dd_menu_top_down").css("display","block");   //③
});
```

12.1.9 技能训练 12-1

1. 需求说明

制作问答特效。点击"什么是受益人?"标题,使其背景色变为蓝绿色("#CCFFFF")并显示其下面的答案。

2. 运行效果图

运行效果如图 12-2 所示。

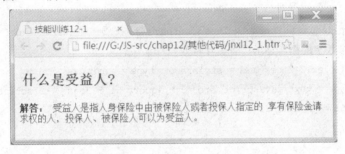

图 12-2 技能训练 12-1 运行效果图

3. 提示

可以通过标签选择器获取页面元素对应的 jQuery 对象,例如,$("h2")、$("p")等。

12.2 带数字的循环显示广告图片特效

12.2.1 实例程序

【例 12-2】带数字的循环显示广告图片特效。

图 12-3 例 12-2 运行效果图

1. 需求说明

实现带数字的循环显示广告图片特效。运行效果如图 12-3 所示。要求如下：

(1) 广告图片自动循环显示，并且显示到第几张图，其对应数字的样式和其他数字不同。

(2) 若鼠标悬停在某个数字上，则显示对应图片，该数字的样式和其他数字不同。鼠标移开后，广告图片又自动循环显示。

2. 实例代码

(1) HTML 页面文件，ex12_2.html 代码

```html
<!-- ex12_2.html -->
<!DOCTYPE html PUBLIC "-//W3C//DTD XHTML 1.0 Transitional//EN" "http://www.w3.org/TR/xhtml1/DTD/xhtml1-transitional.dtd">
<html xmlns="http://www.w3.org/1999/xhtml">
<head>
<meta http-equiv="Content-Type" content="text/html; charset=utf-8" />
<title>带数字的循环显示广告图片特效</title>
<link href="ex12_2.css" rel="stylesheet" type="text/css" />
<script type="text/javascript" src="js/jquery-1.8.3.js"></script>
<script src="js/ex12_2.js"></script>
</head>
<body>
<div id="container">
    <img id="myImg" src="images/ex12-2-1.jpg" width="540" height="360" />
    <ul>
        <li>1</li>
        <li>2</li>
        <li>3</li>
        <li>4</li>
        <li>5</li>
    </ul>
</div>
</body>
</html>
```

(2) CSS 样式表文件，ex12_2.css 代码

ex12_2.css 代码同 ex5_2.css 代码，这里不再赘述。

(3) JS 文件，ex12_2.js 代码

```javascript
// JavaScript Document
// ex12_2.js
var timer;
var num = 0;
$(function(){
    $("li").mouseover(function(){                    //①
        window.clearInterval(timer);                  //②
```

```
            showImg($(this).html());                    //③
    }).mouseout(function(){                             //④
            timer = window.setInterval(showImg,1500);   //⑤
    });
    showImg();
    timer = window.setInterval(showImg,1500);
    function showImg(digit){
            if(digit){                                  //⑥
                num = digit;
            }else{
                num++;
                if(num>5){
                    num = 1
                }
            }
            var $myImg = $("#myImg");                   //⑦
            $myImg.attr("src","images/ex12-2-" + num + ".jpg");   //⑧
            $("li").each(function() {                   //⑨
                if($(this).html() == num){              //⑩
                    $(this).css("color","#0F0");
                }else{
                    $(this).css("color","#FFF");
                }
            });
    }
});
```

12.2.2 代码解析

对例 12-2 的 ex12_2.js 文件中部分代码进行解析。

1. 全程变量

变量 timer 表示定时器。程序中通过该变量设置或取消定时器。
变量 num 表示当前要显示图片的序号,初始值为 0。

2. 代码①到④处

(1) 代码①处

代码①处, $("li") 为标签选择器"li",获得页面中所有<li>标签元素对应的 jQuery 对象集合。 $("li").mouseover(function(){……}).mouseout(function(){……}),为该 jQuery 对象集合中的所有元素绑定鼠标悬停事件处理方法和鼠标移出事件处理方法,且分别定义匿名函数进行相应的事件处理。

(2) $("li").mouseover(function(){……})

在 $("li").mouseover(function(){……})鼠标悬停事件处理方法中定义了匿名函数。

在该匿名函数中：

代码②，通过 JavaScript 中 window 对象的 clearInterval(timer)方法，清除定时器。

代码③处，$(this)为当前鼠标悬停的页面数字(列表)元素对应的 jQuery 对象，$(this).html()相当于 JavaScript 中页面元素的 innerHTML。html()方法，没有参数时为取值；有参数时为设置标签的内容。showImg($(this).html())调用函数 showImg()，参数为当前鼠标悬停的数字列表对象的内容(这里为 1 到 5 中的某个数字)，函数实现鼠标悬停在某个数字上，显示对应图片，该数字的样式和其他数字不同。因此该匿名函数实现当鼠标悬停在某个数字上时，清除定时器，不再循环显示，并且显示其对应的图片，该数字的样式和其他数字不同。

(3) $("li").mouseout(function(){……})

在 $("li").mouseout(function(){……})鼠标移出事件处理方法中定义了匿名函数。在该匿名函数中，代码④处，设置定时器，每隔 1500 毫秒去调用函数 showImg()，且不传参数，使广告图片自动循环显示，并且显示到第几张图，其对应数字的样式和其他数字不同。

3. 代码⑤处及下一行代码

代码⑤处，函数 showImg()，且不传参数，使广告图片自动循环显示，并且显示到第几张图，其对应数字的样式和其他数字不同。

代码 timer=window.setInterval(showImg,1500)，同代码④处，设置定时器。

4. 函数 showImg(digit)功能

代码⑥处，若参数 digit 有值(鼠标悬停在某个数字上的事件发生)，则其值赋给 num，作为要显示图片的序号。若参数 digit 无值，则 num 设置为下一张要显示图片的序号。因此，⑥处代码段完成为 num 赋值，即设置好要显示图片的序号。

代码⑦处，$myImg = $("#myImg")，利用 id 选择器，获取页面中 id 属性值为"myImg"元素对应的 jQuery 对象(这里为图片对象)，变量 $myImg 引用该图片对象。

代码⑧处，attr()为对象属性方法，若该方法有一个参数，则取该属性的值；若有两个参数，则设置该属性的值。这里通过设置图片对象的"src"属性值为"images/ex12-2-"+num+".jpg"，来实现显示序号为 num 的图片。

代码⑨处，each()方法遍历 $("li")集合中的每个对象，对每个数字对象执行如下操作：若当前遍历的对象(数字)的内容和 num 序号相同，则该数字的颜色设置为绿色("#0F0")；否则，该数字的颜色设置为白色("#FFF")。

该函数实现将序号为 num 的图片显示出来，且其对应的数字样式和其他数字不同。

12.2.3 jQuery 选择器

jQuery 的选择器完全继承了 CSS 风格。利用 jQuery 选择器，可以方便快捷地找到特定的 DOM 元素，然后为它们添加行为，而无需担心浏览器是否支持。

jQuery 选择器功能强大，种类也很多，分类如下：

➢ 类 CSS 选择器。类 CSS 选择器又分类如下：

• 基本选择器。

• 层次选择器。

• 属性选择器。

➢ 过滤选择器。过滤选择器又分类如下：
- 基本过滤选择器。
- 可见性过滤选择器。
- 表单对象过滤选择器。
- 内容过滤选择器、子元素过滤选择器……

12.2.4　基本选择器

基本选择器包括标签选择器、类选择器、ID 选择器、并集选择器、交集选择器和全局选择器。其描述如表 12-3 所示。

表 12-3　基本选择器

名称	语法	描述	返回	示例
标签选择器	element	根据给定的标签名匹配元素	集合	$("p")选取所有<p>元素
类选择器	.class	根据给定的 class 匹配元素	集合	$(".title")选取所有 class 为 title 的元素
ID 选择器	#id	根据给定的 id 匹配元素	单个元素	$("#title")选取 id 为 title 的元素
并集选择器	selector1,selector2,...,selectorN	将每一个选择器匹配的元素合并后一起返回	集合	$("div,p,.title")选取所有 div、p 和拥有 class 为 title 的元素
交集选择器	element.class 或 element#id	匹配指定 class 或 id 的某元素或元素集合	集合	$("h2.title")选取所有拥有 class 为 title 的 h2 元素
全局选择器	*	匹配所有元素	集合	$("*")选取所有元素

12.2.5　层次选择器

层次选择器通过 DOM 元素之间的层次关系来获取元素，包括后代选择器、子选择器、相邻元素选择器、同辈元素选择器。其描述如表 12-4 所示。

表 12-4　层次选择器

名称	语法	描述	返回	示例
后代选择器	ancestor escendant	选取 ancestor 元素里的所有 descendant(后代)元素	集合	$("#menu span")选取#menu 下的<span>元素
子选择器	parent>child	选取 parent 元素下的 child（子）元素	集合	$("#menu>span")选取#menu 的子元素<span>
相邻元素选择器	prev+next	选取紧邻 prev 元素之后的 next 元素	集合	$("h2+dl")选取紧邻<h2>元素之后的同辈元素<dl>
同辈元素选择器	prev~sibings	选取 prev 元素之后的所有 siblings 元素	集合	$("h2~dl")选取<h2>元素之后所有的同辈元素<dl>

12.2.6 属性选择器

属性选择器通过 HTML 元素的属性来选择元素。其描述如表 12-5 所示。

表 12-5 属性选择器

名称	语法	描述	返回	示例
属性选择器	[attribute]	选取包含给定属性的元素	集合	$("[href]")选取含有 href 属性的元素
	[attribute=value]	选取给定属性等于某个特定值的元素	集合	$("[href='#']")选取 href 属性值为"#"的元素
	[attribute!=value]	选取给定属性不等于某个特定值的元素	集合	$("[href!='#']")选取 href 属性值不为"#"的元素
	[attribute^=value]	选取给定属性是以某些特定值开始的元素	集合	$("[href^='en']")选取 href 属性值以 en 开头的元素
	[attribute$=value]	选取给定属性是以某些特定值结尾的元素	集合	$("[href$='.jpg']")选取 href 属性值以.jpg 结尾的元素
	[attribute*=value]	选取给定属性是包含某些值的元素	集合	$("[href*='txt']")选取 href 属性值中含有 txt 的元素
	[selector][selector2][selectorN]	选取满足多个条件的复合属性的元素	集合	$("li[id][title=新闻要点]")选取含有 id 属性和 title 属性为新闻要点的<li>元素

12.2.7 技能训练 12-2

1. 需求说明

点击相关按钮,选择不同页面元素,将其背景色设置为黄绿色(#bbffaa),按钮说明如下:

(1)基本选择器

➢ 点击 id 为 btn1_1 的按钮,选择 id 为 one 的元素,效果如图 12-5 所示。

➢ 点击 id 为 btn1_2 的按钮,选择 class 为 mini 的所有元素,效果如图 12-6 所示。

➢ 点击 id 为 btn1_3 的按钮,选择元素名是 div 的所有元素,效果如图 12-7 所示。

➢ 点击 id 为 btn1_4 的按钮,选择所有的 span 元素和 id 为 two 的元素,效果如图 12-8 所示。

(2)层次选择器

➢ 点击 id 为 btn2_1 的按钮,选择 body 内的所有 div 元素,效果如图 12-7 所示。

➢ 点击 id 为 btn2_2 按钮,在 body 内,选择子元素是 div 的,效果如图 12-9 所示。

➢ 点击 id 为 btn2_3 的按钮,选择所有 class 为 one 的下一个 div 元素,效果如图 12-10 所示。

➢ 点击 id 为 btn2_4 的按钮,选择 id 为 two 的元素后面的所有 div 兄弟元素,效果如图 12-11 所示。

(3)属性选择器

➢ 点击 id 为 btn3_1 的按钮,选择含有属性 title 的 div 元素,效果如图 12-12 所示。

➢ 点击 id 为 btn3_2 的按钮,选取属性 title 值等于"test"的 div 元素,效果如图 12-13 所示。

➢ 点击 id 为 btn3_3 的按钮,选取属性 title 值不等于"test"的 div 元素(没有属性 title 的也将被选中),效果如图 12-14 所示。

➢ 点击 id 为 btn3_4 的按钮,选取属性 title 值以"te"开始的 div 元素,效果如图 12-15 所示。

➢ 点击 id 为 btn3_5 的按钮,选取属性 title 值以"est"结束的 div 元素,效果如图 12-13 所示。

➢ 点击 id 为 btn3_6 的按钮,选取属性 title 值含有"es"的 div 元素,效果如图 12-15 所示。

➢ 点击 id 为 btn3_7 的按钮,组合属性选择器,首先选取有属性 id 的 div 元素,然后在结果中选取属性 title 值含有"es"的元素,效果如图 12-16 所示。

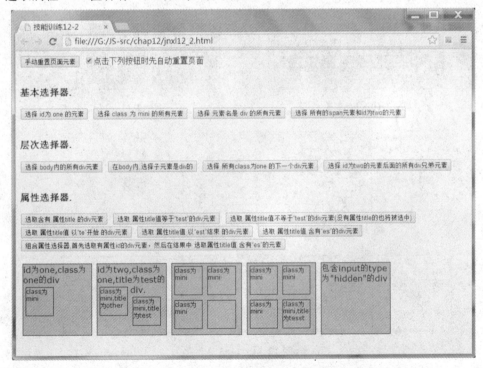

图 12-4　技能训练 12-2 初始界面

2. 运行效果图

运行效果如图 12-4 至图 12-16 所示。图 12-4 为初始效果图。图 12-5 至图 12-16 分别表示点击按钮 btn1_1,btn1_2,……,btn3_7 的效果图。

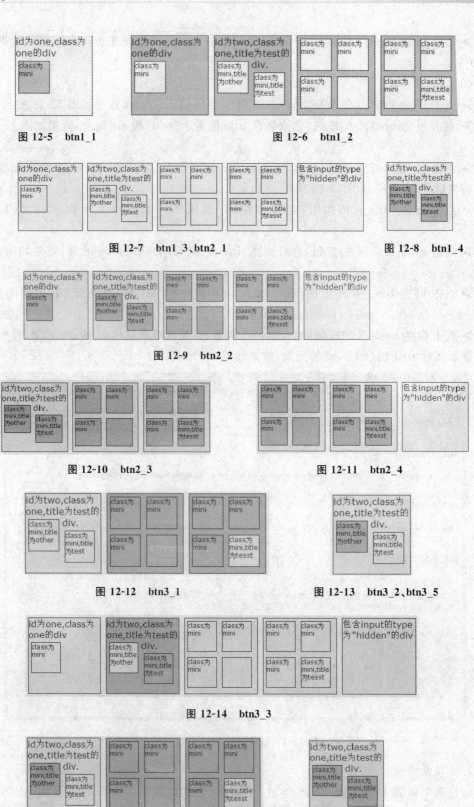

图 12-5　btn1_1

图 12-6　btn1_2

图 12-7　btn1_3、btn2_1

图 12-8　btn1_4

图 12-9　btn2_2

图 12-10　btn2_3

图 12-11　btn2_4

图 12-12　btn3_1

图 12-13　btn3_2、btn3_5

图 12-14　btn3_3

图 12-15　btn3_4、btn3_6

图 12-16　btn3_7

12.3 博客园网注册页面验证

12.3.1 实例程序

【例 12-3】 使用正则表达式和 jQuery 实现博客园网注册页面验证及特效。

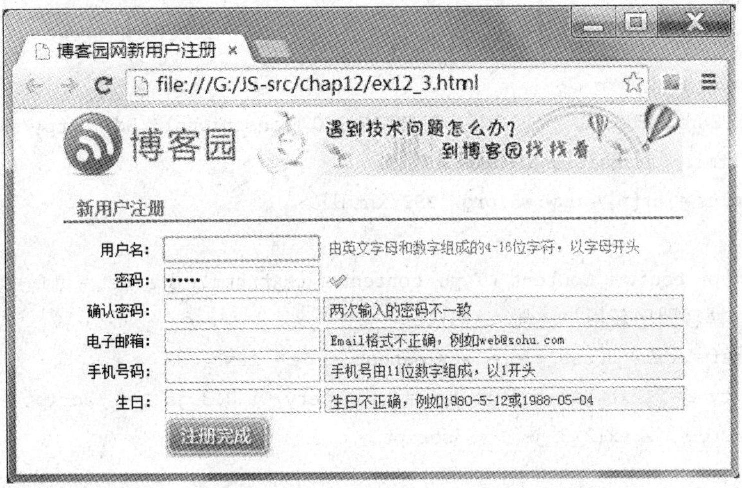

图 12-17 例 12-3 运行效果图

1. 需求说明

(1) 特效

当文本框(包括用户名、密码、确认密码、电子邮箱、手机号码、生日等)获得焦点时,其后显示相应的提示信息,且提示信息为灰色字体样式。效果如图 12-17 用户名文本框后的提示信息。

当文本框失去获得焦点时,对输入的信息进行验证。若验证通过,其后的提示信息为对号,效果如图 12-17 密码文本框后的提示信息;否则,其后显示出错提示信息,且提示信息为淡橙色背景,红色字体,效果如图 12-17 确认密码文本框后的提示信息。

(2) 博客园网注册页面验证。要求如下:
➢ 用户名是由英文字母和数字组成的 4－16 位字符串,以字母开头。
➢ 密码是由英文字母和数字组成的 4－10 位字符串。
➢ 确认密码要求两次输入的密码一致。
➢ 电子邮箱地址由用户名、@和域名组成,例如 abc@163.com.cn。其中:
• 用户名由 1 到多个单词字符(字母,数字或下划线字符)组成。
• 域名由 1 到多个单词符号、点".""、2 到 3 个字母([A－z])的字符串 3 部分组成,或者由 1 到多个单词符号、点".""、2 到 3 个字母([A－z])的字符串、点".""、2 到 3 个字母([A－z])的字符串 5 部分组成。
➢ 手机号码由 11 位数字组成,以 1 开头。
➢ 生日由年份、连字符"－"、月份、连字符"－"、日期组成,格式如 1980－5－12 或 1988

—05—04。其中:
- 年份范围为1900年到2019年。
- 月份为1到12月,1到9月的格式可以在数字前补0,也可以不补0。
- 日期为1到31日,1到9日的格式可以在数字前补0,也可以不补0。

➢ 当输入信息的文本框失去焦点时,对其进行即时验证。
➢ 当点击图12-17中的"注册完成"按钮时,对所有要求输入的信息进行统一验证。

2. 实例代码

(1) HTML页面文件,ex12_3.html代码

```html
<!-- ex12_3.html -->
<!DOCTYPE html PUBLIC "-//W3C//DTD XHTML 1.0 Transitional//EN" "http://www.w3.org/TR/xhtml1/DTD/xhtml1-transitional.dtd">
<html xmlns="http://www.w3.org/1999/xhtml">
<head>
<meta http-equiv="Content-Type" content="text/html; charset=utf-8" />
<title>博客园网新用户注册</title>
<link href="ex12_3.css" rel="stylesheet" type="text/css" />
<script type="text/javascript" src="js/jquery-1.8.3.js"></script>
<script src="js/ex12_3.js"></script>
</head>
<body>
<table class="main" border="0" cellspacing="0" cellpadding="0">
    <tr>
        <td><img src="images/ex12-3-logo.jpg" alt="logo" /><img src="images/ex12-3-banner.jpg" alt="banner" /></td>
    </tr>
    <tr>
        <td class="hr_1">新用户注册</td>
    </tr>
    <tr>
        <td style="height:10px;"></td>
    </tr>
    <form action="" method="post" name="myform">
    <tr>
        <td><table width="100%" border="0" cellspacing="0" cellpadding="0">
        <tr>
            <td class="left">用户名:</td>
            <td class="center"><input id="user" type="text" class="in" /></td>
            <td><div id="user_prompt"></div></td>
        </tr>
        <tr>
        <td class="left">密码:</td>
```

```html
                <td class="center"><input id="pwd" type="password" class="in"></td>
                <td><div id="pwd_prompt"></div></td>
        </tr>
        <tr>
                <td class="left">确认密码:</td>
                <td class="center"><input id="repwd" type="password" class="in"/></td>
                <td><div id="repwd_prompt"></div></td>
        </tr>
        <tr>
                <td class="left">电子邮箱:</td>
                <td class="center"><input id="email" type="text" class="in" /></td>
                <td><div id="email_prompt"></div></td>
        </tr>
        <tr>
                <td class="left">手机号码:</td>
                <td class="center"><input id="mobile" type="text" class="in"/></td>
                <td><div id="mobile_prompt"></div></td>
        </tr>
        <tr>
                <td class="left">生日:</td>
                <td class="center"><input id="birth" type="text" class="in" /></td>
                <td><div id="birth_prompt"></div></td>
        </tr>
        <tr>
                <td class="left"> </td>
                <td class="center"><input name="" type="image" src="images/ex12-3-register.jpg" /></td>
                <td> </td>
        </tr>
    </table>
  </td>
    </tr>
    </form>
</table>
</body>
</html>
```

(2) CSS 样式表文件,ex12_3.css 代码

```css
@charset "utf-8";
/* CSS Document */
/* ex12_3.css */
body{
```

```css
    margin:0;
    padding:0;
    font-size:12px;
    line-height:20px;
}
.main{
    width:525px;
    margin-left:auto;
    margin-right:auto;
}
.hr_1 {
    font-size: 14px;
    font-weight: bold;
    color: #3275c3;
    height: 35px;
    border-bottom-width: 2px;
    border-bottom-style: solid;
    border-bottom-color: #3275c3;
    vertical-align:bottom;
    padding-left:12px;
}
.left{
    text-align:right;
    width:80px;
    height:25px;
    padding-right:5px;
}
.center{
    width:135px;
}
.in{
    width:130px;
    height:16px;
    border:solid 1px #79abea;
}
.input_Focus{
    background-color:#f1ffde;
    border:solid 1px #999;
    margin:0px 0px 8px 0px;
}
.prompt{
```

```css
    font-size:12px;
    color:#666;
    padding:0px 5px 0px 5px;
}
.prompt_error{
    font-size:12px;
    color:#C8180B;
    border:solid 1px #999;
    background-color:#fef4d0;
    padding:0px 5px 0px 5px;
    height:18px;
}
.prompt_ok{
    background-image:url(images/ex12-3-ok.gif);
    background-repeat:no-repeat;
    width:15px;
    height:11px;
    margin:5px 0px 0px 5px;
}
```

(3)JS 文件，ex12_3.js 代码

```javascript
// JavaScript Document
// ex12_3.js
$(function(){
    $("#user").focus(function(){                                    //①
        $("#user_prompt").html("由英文字母和数字组成的 4-16 位字符串,以字母开
        头").removeClass().addClass("prompt");                      //②
    }).blur(function(){
        checkUser();                                                //③
    });
    $(":password:first").focus(function(){                          //④
        $("#pwd_prompt").html("密码由英文字母和数字组成的 4-10 位字符串").
        removeClass().addClass("prompt");
    }).blur(function(){
        checkPwd();
    });
    $(":password:eq(1)").focus(function(){          //⑤
        $("#repwd_prompt").html("两次输入的密码必须一致").removeClass().addClass("
        prompt");
    }).blur(function(){
        checkRepwd();
    });
```

```
    $(":text[id='email']").focus(function(){           //⑥
        $("#email_prompt").html("正确输入 Email,例如 web@sohu.com").removeClass().
        addClass("prompt");
    }).blur(function(){
        checkEmail();
    });
    $("#mobile").focus(function(){
        $("#mobile_prompt").html("手机号由 11 位数字组成,以 1 开头").removeClass().
        addClass("prompt");
    }).blur(function(){
        checkMobile();
    });
    $("#birth").focus(function(){
        $("#birth_prompt").html("年份 1900 至 2019 年,格式如:1980-5-12 或 1988-05
        -04").removeClass().addClass("prompt");
    }).blur(function(){
        checkBirth();
    });
    $("form[name='myform']").submit(function(){        //⑦
        var flag = true;
        if(!checkUser()){flag = false;}
        if(!checkPwd()){flag = false;}
        if(!checkRepwd()){flag = false;}
        if(!checkEmail()){flag = false;}
        if(!checkMobile()){flag = false;}
        if(!checkBirth()){flag = false;}
        return flag;
    })


//用户名验证
function checkUser(){
    var user = $("#user").val();                       //⑧
    var userId = $("#user_prompt");
    var reg = /^[a-zA-Z][a-zA-Z0-9]{3,15}$/;
    if(reg.test(user) = = false){
        userId.html("用户名不正确").removeClass().addClass("prompt_error");
                                                        //⑨
        return false;
    }
    userId.html("").removeClass().addClass("prompt_ok");  //⑩
    return true;
```

```javascript
}
//密码验证
function checkPwd(){
    var pwd = $("#pwd").val();
    var pwdId = $("#pwd_prompt");
    var reg = /^[a-zA-Z0-9]{4,10}$/;
    if(reg.test(pwd) == false){
        pwdId.html("密码不能含有非法字符,长度在4-10之间").removeClass().
        addClass("prompt_error");
        return false;
    }
    pwdId.html("").removeClass().addClass("prompt_ok");
    return true;
}
//确认密码验证
function checkRepwd(){
    var repwd = $("#repwd").val();
    var pwd = $("#pwd").val();
    var repwdId = $("#repwd_prompt");
    if(pwd != repwd){
        repwdId.html("两次输入的密码不一致").removeClass().addClass("prompt_error");
        return false;
    }
    repwdId.html("").removeClass().addClass("prompt_ok");
    return true;
}
//验证邮箱
function checkEmail(){
    var email = $("#email").val();
    var email_prompt = $("#email_prompt");
    var reg = /^\w+@\w+(\.[a-zA-Z]{2,3}){1,2}$/;
        if(reg.test(email) == false){
            email_prompt.html("Email格式不正确,例如web@sohu.com").removeClass().
            addClass("prompt_error");
            return false;
        }
        email_prompt.html("").removeClass().addClass("prompt_ok");
        return true;
}
//验证手机号码
```

```
function checkMobile(){
    var mobile = $("#mobile").val();
    var mobileId = $("#mobile_prompt");
    var regMobile = /^1\d{10}$/;
    if(regMobile.test(mobile) == false){
        mobileId.html("手机号由 11 位数字组成,以 1 开头").removeClass().addClass("prompt_error");
        return false;
    }
    mobileId.html("").removeClass().addClass("prompt_ok");
    return true;
}
//生日验证
function checkBirth(){
    var birth = $("#birth").val();
    var birthId = $("#birth_prompt");
    var reg = /^((19\d{2})|(201\d))-(0?[1-9]|1[0-2])-(0?[1-9]|[1-2]\d|3[0-1])$/;
    if(reg.test(birth) == false){
        birthId.html("生日不正确,例如 1980-5-12 或 1988-05-04").removeClass().addClass("prompt_error");
        return false;
    }
    birthId.html("").removeClass().addClass("prompt_ok");
    return true;
}
})
```

12.3.2 代码解析

对例 12-3 的 ex12_3.js 文件中部分代码进行解析。

1. 代码①到③处

代码①处,$("#user").focus(function(){……}).blur(function(){……}),首先利用 id 选择器获取页面中用户名文本框对象,然后为其绑定获取焦点事件和失去焦点事件处理程序,并且分别定义匿名函数实现相应的事件处理功能。

代码②处,$("#user_prompt")获取用户名提示信息对象,html("……")方法设置其信息提示内容,使用链式操作,通过 removeClass()方法移出其所有的类样式,通过 addClass("prompt")方法再为其添加类样式 prompt。该语句实现当用户名文本框获得焦点时,其后显示相应的提示信息,且提示信息为灰色字体样式。

代码③处,调用函数 checkUser(),实现对用户名文本框输入信息进行验证。

2. 代码④处代码段

代码④处所在的代码段实现密码文本框验证以及相关特效。

代码④处，$(":password:first")，:password 为表单对象过滤选择器，选取类型为密码(type="password")的表单元素集合，:first 为基本过滤选择器，选取集合的第一个元素，并且，这两个选择器连写在一起，为取交集操作。因此，$(":password:first")获取了页面中的密码文本框。

3. 代码⑤处代码段

代码⑤处所在的代码段实现确认密码文本框验证以及相关特效。

代码⑤处，$(":password:eq(1)")，:eq(1)为基本过滤选择器，选取集合中下标为1的元素，因此，$(":password:eq(1)")获取了页面中的确认密码文本框。

4. 代码⑥处代码段

代码⑥处所在的代码段实现电子邮箱文本框验证以及相关特效。

代码⑥处，$(":text[id^='email']")，:text 为表单对象过滤选择器，选取类型为文本(type="text")的表单元素集合，[id^='email']为属性选择器，选取 id 属性值以'email'开头的元素，因此，$(":text[id^='email']")获取了页面中的电子邮箱文本框。

5. 代码⑦处代码段

代码⑦处所在的代码段实现表单提交时对所有输入信息的统一验证以及相关特效。

代码⑦处，$("form[name='myform']")，form 为标签选择器，选取标签<form>元素集合，[name='myform']为属性选择器，选取 name 属性值为'myform'的元素，因此，$("form[name='myform']")获取了页面中的表单对象。.submit()为该表单绑定提交事件处理程序。

6. 函数 checkUser( )功能

代码⑧处，user=$("#user").val()，$("#user")获取用户名文本框；val()方法，若无参数，则为获取对象的 value 属性值，若有参数，则为设置对象的 value 属性值；这里为获取用户名文本框中输入的内容。

代码⑨处，userId.html("……").removeClass().addClass("prompt_error")，为用户名提示信息对象设置出错提示内容，并移除其所有类样式，然后再添加"prompt_error"(输入错误时)类样式。

代码⑩处，userId.html("").removeClass().addClass("prompt_ok")，将用户名提示信息对象内容清空，并移除其所有类样式，然后再添加"prompt_ok"(输入正确时)类样式。

该函数实现：用正则表达式匹配用户名文本框中输入的内容；若匹配不成功，则显示出错信息，并设置为出错时的类样式(提示信息为淡橙色背景，红色字体)，函数返回 false；若匹配成功，则显示提示信息为对号(输入正确时的类样式)，函数返回 true。

7. 其他函数及代码

其他函数的实现思路同函数 checkUser()。代码段⑥后到代码⑦处前的代码所表达的思想同代码①到③处。不再赘述。

8. 说明

代码④到⑥处，都可以使用 id 选择器来简单地获取文本框，这里为了讲述其他选择器而使用了较麻烦的方法。

12.3.3 过滤选择器

过滤选择器通过特定的过滤规则来筛选元素。语法特点是使用":",如使用$("li:first")来选取第一个li元素。主要分类如下：
- 基本过滤选择器。
- 可见性过滤选择器。
- 表单对象过滤选择器。
- 内容过滤选择器、子元素过滤选择器……

12.3.4 基本过滤选择器

基本过滤选择器可以选取第一个元素、最后一个元素、索引为偶数或奇数的元素,根据索引的值选取元素。其描述如表12-6所示。

表12-6 基本过滤选择器

名称	语法	描述	返回	示例
基本过滤选择器	:first	选取第一个元素	单个元素	$("li:first")选取所有<li>元素中的第一个<li>元素
	:last	选取最后一个元素	单个元素	$("li:last")选取所有<li>元素中的最后一个<li>元素
	:even	选取索引是偶数的所有元素(index从0开始)	集合	$("li:even")选取索引是偶数的所有<li>元素
	:odd	选取索引是奇数的所有元素(index从0开始)	集合	$("li:odd")选取索引是奇数的所有<li>元素
	:eq(index)	选取索引等于index的元素(index从0开始)	单个元素	$("li:eq(1)")选取索引等于1的<li>元素
	:gt(index)	选取索引大于index的元素(index从0开始)	集合	$("li:gt(1)")选取索引大于1的<li>元素(注:大于1,不包括1)
	:lt(index)	选取索引小于index的元素(index从0开始)	集合	$("li:lt(1)")选取索引小于1的<li>元素(注:小于1,不包括1)
	:not(selector)	选取所有与给定选择器不相匹配的元素	集合	$("li:not(.three)")选取class不是three的<li>元素
	:header	选取所有标题元素,如h1~h6	集合	$(":header")选取网页中所有标题元素
	:focus	选取当前获取焦点的元素	集合	$(":focus")选取当前获取焦点的元素

12.3.5 可见性过滤选择器

可见性过滤选择器可以通过元素显示状态来选取元素。其描述如表 12-7 所示。

表 12-7 可见性过滤选择器

名称	语法	描述	返回	示例
可见性过滤选择器	:visible	选取所有可见的元素	集合	$(":visible")选取所有可见的元素
	:hidden	选取所有隐藏的元素	集合	$(":hidden")选取所有隐藏的元素

12.3.6 表单对象过滤选择器

表单对象过滤选择器用于选取某些特定的表单元素。
其描述如表 12-8 所示。

表 12-8 表单对象过滤选择器

名称	语法	描述	返回	示例
表单对象过滤选择器	:input	匹配所有 input、textarea、select 和 button 元素	集合	$(":input")选取所有的 input、select 和 button 元素
	:text	匹配所有单行文本框	集合	$(":text")选取所有 \<input type="text"/\>元素
	:password	匹配所有密码框	集合	$(":password")选取所有 \<input type="password"/\>元素
	:radio	匹配所有单项按钮	集合	$(":radio")选取所有 \<input type="radio"/\>元素
	:checkbox	匹配所有复选框	集合	$(":checkbox")选取所有 \<input type="checkbox"/\>元素
	:submit	匹配所有提交按钮	集合	$(":submit")选取所有 \<input type="submit"/\>元素
	:image	匹配所有图像域	集合	$(":image")选取所有 \<input type="image"/\>元素
	:reset	匹配所有重置按钮	集合	$(":reset")选取所有 \<input type="reset"/\>元素
	:button	匹配所有按钮	集合	$(":button")选取所有 button 元素
	:file	匹配所有文件域	集合	$(":file")选取所有 \<input type="file"/\>元素
	:hidden	匹配所有不可见元素,或者 type 为 hidden 的元素	集合	$(":hidden")选取所有 \<input type="hidden"/\>、style="display:none"等元素

12.3.7 选择器中的特殊符号和空格

1. 特殊符号

使用选择器中的特殊符号需要进行转义。

例如：在如下 html 文件中有下列代码：

<li id="id#1">first</li>

<li id="id[2]">second</li>

则获取这两个元素的选择器，错误的代码为：$("#id#1")、$("#id[2]")。

正确的代码为：$("#id\\#1")、$("#id\\[2\\]")。

2. 空格

选择器中的空格表示后代选择器，有着特殊含义。因此，选择器的书写规范很严格，多一个空格或少一个空格，都会影响选择器的效果。

例如：

var $obj1=$("li .test")；//带空格的 jQuery 选择器，选取<li>标签内部（后代）class 为"test"的元素。li 和 .test 之间是后代关系。

var $obj2=$("li.test")；//无空格的 jQuery 选择器，选取标签为<li>且 class 为"test"的元素（即选取 class 为"test"的<li>标签元素）。li 和 .test 之间是并且关系。

12.3.8 技能训练 12-3

自己动手使用其他选择器实现例 12-3 需求。

12.4 Tab 切换特效

12.4.1 实例程序

【例 12-4】 Tab 切换效果。

1. 需求说明

制作 Tab 切换效果。运行效果如图 12-18、图 12-19 所示。

要求：

(1)鼠标悬停在"手机充值"上时，其下面内容显示"手机充值"相关信息。效果如图 12-18 所示。

(2)鼠标悬停在"彩票"上时，其下面内容显示"彩票"相关信息。效果如图 12-19 所示。

第12章　jQuery

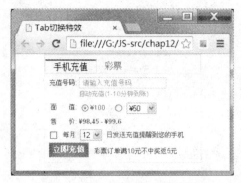

图 12-18　例 12-4"手机充值"效果图

图 12-19　例 12-4"彩票"效果图

2. 实例代码

（1）HTML 页面文件，ex12_4.html 代码

```html
<!-- ex12_4.html -->
<!DOCTYPE html PUBLIC "-//W3C//DTD XHTML 1.0 Transitional//EN" "http://www.w3.org/TR/xhtml1/DTD/xhtml1-transitional.dtd">
<html xmlns="http://www.w3.org/1999/xhtml">
<head>
<meta http-equiv="Content-Type" content="text/html; charset=utf-8" />
<title>Tab 切换特效</title>
<link href="ex12_4.css" rel="stylesheet" type="text/css" />
<script type="text/javascript" src="js/jquery-1.8.3.js"></script>
<script src="js/ex12_4.js"></script>
</head>
<body>
    <div id="container">
        <div class="top">
            <ul>
                <li class="over">手机充值</li>
                <li>彩票</li>
            </ul>
        </div>
        <div class="bottom">
            <img src="images/ex12-4-1.gif"></img>
            <img src="images/ex12-4-2.gif" style="display: none;"></img>
        </div>
    </div>
</body>
</html>
```

（2）CSS 样式表文件，ex12_4.css 代码

ex12_4.css 代码同 ex6_2.css 代码，这里不再赘述。

(3) JS 文件, ex12_4.js 代码

```javascript
// JavaScript Document
// ex12_4.js
$(function(){
    $("#container .top ul li").mouseover(function(){         //①
    // $("li").bind("mouseover",function(){                  //②
        $(this).addClass("over");                            //③
        $(this).siblings("li").removeClass("over");          //④
        $("img").hide();                                     //⑤
        $("img").eq($(this).index()).show();                 //⑥
    });
})
```

12.4.2 代码解析

对例 12-4 的 ex12_4.js 文件中部分代码进行解析。

代码①处，$("#container .top ul li")，通过 id 选择器、类选择器、标签选择器，以及它们之间的空格连接符表示的后代关系，一层层地找到页面中 <li> 标签元素的集合。mouseover(function(){……})，为集合中的所有元素绑定鼠标悬停事件处理程序。

代码②处，和代码①处的功能相同，两者只能取其一。$("li") 同 $("#container .top ul li") 获取相同的对象，为页面中所有 <li> 标签元素的集合。通过 bind("mouseover",function(){……}) 方法为集合中的对象绑定 mouseover 鼠标悬停事件，并定义匿名函数进行事件处理。

代码③处，为当前对象添加 over 类样式。

代码④处，将当前对象的兄弟对象的 over 类样式移除。

代码⑤处，将页面中所有的图片对象隐藏。

代码⑥处，将图片对象集合中索引号和当前对象索引号相同的图片显示。

12.4.3 jQuery 事件

jQuery 事件是对 JavaScript 事件的封装。常用事件可分为基础事件和复合事件。

基础事件分类如下：

➤ window 事件。它是当用户执行某些会影响浏览器的操作时，而触发的事件。例如打开网页时加载页面、关闭窗口、调节窗口大小、移动窗口等操作引发的事件。在 jQuery 中，常用的 window 事件有文档就绪事件，它对应的方法是 ready()。

➤ 鼠标事件。

➤ 键盘事件。

➤ 表单事件。

复合事件是多个事件的组合，其分类如下：

➤ 鼠标光标悬停。

➤ 鼠标连续点击。

12.4.4 基础事件

1. 鼠标事件

鼠标事件是当用户在文档上移动或单击鼠标时而产生的事件,常用鼠标事件对应的方法如表12-9所示。

表 12-9 鼠标事件方法

方法	描述	执行时机
click()	触发或将函数绑定到指定元素的 click 事件	单击鼠标时
mouseover()	触发或将函数绑定到指定元素的 mouseover 事件	鼠标悬停时
mouseout()	触发或将函数绑定到指定元素的 mouseout 事件	鼠标移出时

2. 键盘事件

用户每次按下或者释放键盘上的键时都会产生事件,常用键盘事件对应的方法如表12-10所示。

表 12-10 键盘事件方法

方法	描述	执行时机
keydown()	触发或将函数绑定到指定元素的 keydown 事件	按下按键时
keyup()	触发或将函数绑定到指定元素的 keyup 事件	释放按键时
keypress()	触发或将函数绑定到指定元素的 keypress 事件	产生可打印的字符时

3. 表单事件

当元素获得焦点时,会触发 focus 事件,失去焦点时,会触发 blur 事件,其对应的方法如表12-11所示。

表 12-11 表单事件方法

方法	描述	执行时机
focus()	触发或将函数绑定到指定元素的 focus 事件	获得焦点
blur()	触发或将函数绑定到指定元素的 blur 事件	失去焦点

12.4.5 复合事件

1. 鼠标光标悬停事件

hover()方法相当于 mouseover 与 mouseout 事件的组合。举例如下:

```
$("li").hover(function(){ $("#menu_1").css("display","block"); },
    function(){ $("#menu_1").css("display","none"); }
);
```

2. 鼠标连续点击(click)事件

toggle()方法用于模拟鼠标连续点击(click)事件。toggle()方法用于绑定两个或多个事件处理器函数,以响应被选元素的轮流的点击事件。

如果该方法的参数是两个以上的函数,则toggle()方法将切换所有函数。例如,如果存在三个函数,则第一次点击将调用第一个函数,第二次点击调用第二个函数,第三次点击调用第三个函数。第四次点击再次调用第一个函数,以此类推。

其语法如下:

$(selector).toggle(function1(),function2(),functionN(),...)

参数 function1()必需,function2()必需,functionN(),...可选,为元素在每次被点击时要轮换运行的函数。

12.4.6 事件的绑定和移除

1. 事件绑定

除了使用事件名绑定事件外,还可以使用 bind()方法。bind()方法是为被选元素添加一个或多个事件处理程序,并规定事件发生时运行的函数。语法如下:

(1) $(selector).bind(event,data,function);

- 参数 event,必需,为添加到元素的一个或多个事件,由空格分隔多个有效事件。
- 参数 data,可选,为传递到函数的额外数据。
- 参数 function,必需,为当事件发生时运行的函数。

例如,例 12-4 的 ex12_4.js 中,代码②处:

$("li").bind("mouseover",function(){……});

(2) $(selector).bind({event:function, event:function, ...});

- 参数{event:function, event:function, ...},必需,为事件映射,包含一个或多个添加到元素的事件,以及当事件发生时运行的函数。

例如:

```
$("li").bind({
    mouseover: function () {
        $("ul").css("display", "none");
    },
    mouseout: function () {
        $("ul").css("display", "block");
    }
});
```

2. 事件移除

unbind()方法移除被选元素的事件处理程序。该方法能够移除所有的或被选的事件处理程序,或者当事件发生时终止指定函数的运行。其语法如下:

$(selector).unbind(event,function);

- 参数 event,可选,为删除元素的一个或多个事件,由空格分隔多个事件值。如果只有该参数,则会删除绑定到指定事件的所有函数。
- 参数 function,可选,为元素的指定事件取消绑定的函数名。
- 当 unbind()不带参数时,表示移除所绑定的全部事件。

12.4.7 技能训练 12-4

1. 需求说明

制作团购网主导航。当鼠标悬停在导航项时,导航项改变背景颜色。

2. 运行效果图

运行效果如图 10-20 所示。

图 12-20 技能训练 12-4 运行效果图

12.5 树形菜单

12.5.1 实例程序

【例 12-5】 制作树形菜单。

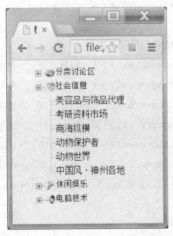

图 12-21 例 12-5 运行效果图

1. 需求说明

制作树形菜单,通过点击一级菜单来显示或隐藏二级菜单。点击一级菜单时,若其对应的二级菜单是隐藏的,则将其显示;若二级菜单是显示的,则将其隐藏。运行效果如图 12-21 所示。

2. 实例代码

(1) HTML 页面文件,ex12_5.html 代码

```
<!--ex12_5.html-->
<!DOCTYPE html PUBLIC "-//W3C//DTD XHTML 1.0 Transitional//EN" "http://www.w3.org/TR/
```

```html
xhtml1/DTD/xhtml1-transitional.dtd">
    <html xmlns="http://www.w3.org/1999/xhtml">
    <head>
    <meta http-equiv="Content-Type" content="text/html; charset=utf-8" />
    <title>树形菜单</title>
    <link href="ex12_5.css" rel="stylesheet" type="text/css" />
    <script type="text/javascript" src="js/jquery-1.8.3.js"></script>
    <script src="js/ex12_5.js"></script>
    </head>
    <body>
        <div id="main">
            <div><a href="#"><img src="images/ex12-5-1.jpg">分类讨论区</a></div>
            <div id="0" class="level2">
                <img src="images/ex12-5-top.gif">BBS 系统<BR>
                <img src="images/ex12-5-top.gif">共建水木<BR>
                <img src="images/ex12-5-top.gif">站务公告栏<BR>
                <img src="images/ex12-5-top.gif">妆点水木<BR>
                <img src="images/ex12-5-end.gif">申请版主</div>
            <div><a href="#"><img src="images/ex12-5-2.jpg">社会信息</a></div>
            <div id="1" class="level2">
                <img src="images/ex12-5-top.gif">美容品与饰品代理<BR>
                <img src="images/ex12-5-top.gif">考研资料市场<BR>
                <img src="images/ex12-5-top.gif">商海纵横<BR>
                <img src="images/ex12-5-top.gif">动物保护者<BR>
                <img src="images/ex12-5-top.gif">动物世界<BR>
                <img src="images/ex12-5-end.gif">中国风·神州各地</div>
            <div><a href="#"><img src="images/ex12-5-3.jpg">休闲娱乐</a></div>
            <div id="2" class="level2">
                <img src="images/ex12-5-top.gif">ASCIIart 全国转信<BR>
                <img src="images/ex12-5-top.gif">七彩水木<BR>
                <img src="images/ex12-5-top.gif">网友聚会<BR>
                <img src="images/ex12-5-top.gif">醉品人生<BR>
                <img src="images/ex12-5-top.gif">花木园艺<BR>
                <img src="images/ex12-5-end.gif">祝福</div>
            <div><a href="#"><img src="images/ex12-5-4.jpg">电脑技术</a></div>
            <div id="3" class="level2">
                <img src="images/ex12-5-top.gif">BBS 安装管理<BR>
```

```
            <img src="images/ex12-5-top.gif">CAD 技术<BR>
            <img src="images/ex12-5-top.gif">数字图像设计<BR>
            <img src="images/ex12-5-top.gif">电脑音乐制作<BR>
            <img src="images/ex12-5-top.gif">软件加密与解密<BR>
            <img src="images/ex12-5-end.gif">计算机体系结构</div>
        </div>
    </body>
</html>
```

(2)CSS 样式表文件,ex12_5.css 代码说明

样式表文件 ex12_5.css 的代码同 ex6_1.css,不再赘述。

(3)JS 文件,ex12_5.js 代码

```
// JavaScript Document
// ex12_5.js
 $(function(){
      $("a").click(function(){                      //①
         var id = $("a").index($(this));            //②
            var $obj = $("#" + id);                 //③
         if($obj.css("display") == "block"){
            $obj.css("display","none");             //④
            // $obj.hide("slow");
            // $obj.slideUp("1000");
            // $obj.fadeOut("normal");              //⑤
         }else{
            $obj.css("display","block");            //⑥
            // $obj.show("slow");
            // $obj.slideDown("1000");
            // $obj.fadeIn("normal");                //⑦
         }
      });
      /* $("a").click(function(){                   //⑧
         var $obj = $(this).parent().next();        //⑨
          $obj.toggle();                            //⑩
      }); */
 })
```

12.5.2 代码解析

对例 12-5 的 ex12_5.js 文件中部分代码进行解析。

1. 代码①到⑦代码段

代码①处,为页面所有超链接对象(一级菜单),绑定单击事件处理程序,执行代码②到⑦处。

代码②处,var id= $("a").index($(this)),获取当前点击超链接对象在$("a")集合中

的索引,赋给 id 变量,因为该索引值和其对应的二级菜单<div>标签的 id 属性值相同。

代码③处,"#"+id 构建 id 选择器的值,var $obj=$("#"+id)利用 id 选择器获取二级菜单<div>标签对象,$obj 引用该对象。

代码 if($obj.css("display")=="block"){……,表示若$obj 对象(二级菜单对象)是显示的,则执行代码④到⑤,将其隐藏;否则,执行代码⑥到⑦,将其显示。

代码④到⑤处,每句代码都是并列的,选其一句执行,执行结果是将二级菜单对象隐藏,并且带有动画效果。代码 $obj.hide("slow")以"slow"较慢速度将$obj 隐藏。代码 $obj.slideUp("1000")以 1000 毫秒的时间将$obj 对象逐步缩短直至隐藏。代码 $obj.fadeOut("normal")以"normal"正常速度将 $obj 对象淡出。

代码⑥到⑦处,每句代码都是并列的,只能选其一句执行,执行结果是将二级菜单对象显示,并且带有动画效果。代码 $obj.show("slow")以"slow"较慢速度将 $obj 显示。代码 $obj.slideDown("1000")以 1000 毫秒的时间将 $obj 对象逐步延伸显示。代码 $obj.fadeIn("normal")以"normal"正常速度将 $obj 对象淡入。

2. 代码⑧到⑩代码段

代码⑧到⑩代码段的功能同代码①到⑦代码段,这两个代码段选其一执行。

代码⑨处,$obj=$(this).parent().next(),通过对象间的层次关系,获取当前点击超链接(一级菜单)对象对应的二级菜单<div>标签对象,$obj 引用该对象,.parent()获取其父对象,.next()获取其父对象紧邻的下一个对象。

代码⑩处,$obj.toggle(),该方法对被选元素进行隐藏和显示的切换。若被选元素当前是显示的,则将其隐藏;若被选元素当前是隐藏的,则将其显示。

12.5.3　jQuery 动画效果

jQuery 提供了很多动画效果,例如:控制元素显示与隐藏、控制元素淡入淡出、改变元素高度等。

1. 显示及隐藏元素

show()、hide()方法分别在显示、隐藏元素时,可以定义显示、隐藏元素时的效果,如显示速度。显示速度可以取如下值:毫秒(如 1000)、slow、normal、fast。

例如,例 12-5 的 ex12_5.js 中,代码 $obj.hide("slow")和 $obj.show("slow")。

2. 切换元素可见状态

toggle()除了可以模拟鼠标的连续单击事件外,还能用于切换元素的可见状态。

例如,例 12-5 的 ex12_5.js 中,代码 $obj.toggle()。

3. 淡入淡出效果

fadeIn()和 fadeOut()可以通过改变元素的透明度实现淡入淡出效果。

例如,例 12-5 的 ex12_5.js 中,代码 $obj.fadeOut("normal")和 $obj.fadeIn("normal")。

4. 改变元素的高度

slideDown()可以使元素逐步延伸显示,slideUp()则使元素逐步缩短直至隐藏。

例如,例 12-5 的 ex12_5.js 中,代码 $obj.slideUp("1000")和 $obj.slideDown("1000")。

12.5.4 技能训练 12-5

1. 需求说明

制作树形菜单,通过点击一级菜单来显示或隐藏二级菜单。点击一级菜单时,若其对应的二级菜单是隐藏的,则将其显示;若二级菜单是显示的,则将其隐藏。

2. 运行效果图

运行效果如图 12-22 所示。

图 12-22 技能训练 12-5 运行效果图

12.6 订单处理

12.6.1 实例程序

【例 12-6】 订单处理。

1. 需求说明

初始效果如图 12-23 所示。

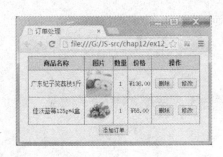

图 12-23 初始效果图

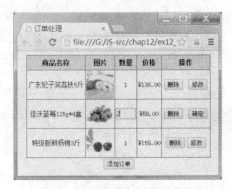

图 12-24 订单添加和修改效果图

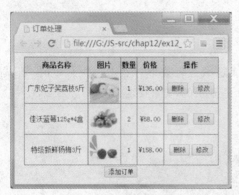
图 12-25 订单修改后效果图

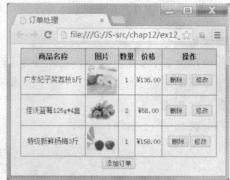
图 12-26 删除订单后效果图

(1)订单添加,点击"添加订单"按钮,在订单最后增加一个订单(增加一行)。效果如图12-24 的第四行所示。

(2)订单修改,点击"修改"按钮,将该行数量单元格中的文本改为文本框,使其内容可修改编辑,并且将"修改"按钮改为"确定"按钮。运行效果从图 12-23 第三行变化到图 12-24 第三行。

(3)订单修改后的确定,点击"确定"按钮,将数量单元格中的文本框改为文本,使其内容不可编辑,并且将"确定"按钮改为"修改"按钮。运行效果从图 12-24 第三行变化到图 12-25 第三行。

(4)订单删除,点击"删除"按钮,删除该订单(即删除订单所在的行)。运行效果如图 12-26 所示。

2. 实例代码

(1)HTML 页面文件,ex12_6.html 代码

```
<!-- ex12_6.html -->
<!DOCTYPE html PUBLIC "-//W3C//DTD XHTML 1.0 Transitional//EN" "http://www.w3.org/TR/xhtml1/DTD/xhtml1-transitional.dtd">
<html xmlns="http://www.w3.org/1999/xhtml">
<head>
<meta http-equiv="Content-Type" content="text/html; charset=utf-8" />
<title>订单处理</title>
<link href="ex12_6.css" rel="stylesheet" type="text/css" />
<script type="text/javascript" src="js/jquery-1.8.3.js"></script>
<script src="js/ex12_6.js"></script>
</head>
<body>
<table border="0" cellspacing="0" cellpadding="0" id="orderTable">
    <tr class="thead">
        <td>商品名称</td>
        <td>图片</td>
        <td>数量</td>
```

```html
        <td>价格</td>
        <td>操作</td>
    </tr>
    <tr id="tr1">
        <td>广东妃子笑荔枝5斤</td>
        <td><img src="images/ex12-6-1.jpg" width="60" height="60" alt="荔枝"/></td>
        <td>1</td>
        <td>&yen;136.00</td>
        <td><input name="del" type="button" value="删除"/>
        <input name="edit" type="button" value="修改"/></td>
    </tr>
    <tr id="tr2">
        <td>佳沃蓝莓125g*4盒</td>
        <td><img src="images/ex12-6-2.jpg" width="60" height="60" alt="蓝莓"/></td>
        <td>1</td>
        <td>&yen;58.00</td>
        <td><input name="del" type="button" value="删除"/>
            <input name="edit" type="button" value="修改"/></td>
    </tr>
</table>
<div><input id="add" type="button" value="添加订单"/></div>
</body>
</html>
```

(2) CSS样式表文件，ex12_6.css代码

```css
@charset "utf-8";
/* CSS Document */
/* ex12_6.css */
table{
    font-size:14px;
    line-height:30px;
    border-top:1px solid #333;
    border-left:1px solid #333;
    width:400px;
    margin:0px auto;
    padding:0px;
}
td{
    border-right:1px solid #333;
    border-bottom:1px solid #333;
```

```css
        text-align:center;
    }
    .thead{
        font-weight:bold;
        background-color:#cccccc;
    }
    div{
        width:400px;
        margin:0px auto;
        text-align:center;
    }
```

(3)JS 文件,ex12_6.js 代码

```javascript
// JavaScript Document
// ex12_6.js
$(function(){
    $("#add").click(function(){                              //①
        var tr = '<tr>';
        tr += '<td>特级新鲜杨梅3斤</td>';
        tr += '<td><img src="images/ex12-6-3.jpg" width="60" height="60" alt="杨梅"/></td>';
        tr += '<td>1</td>';
        tr += '<td>&yen;158.00</td>';
        tr += '<td><input name="del" type="button" value="删除" />';
        tr += '<input name="edit" type="button" value="修改" /></td>';
        tr += '</tr>';
        $("table").append($(tr));                            //②
    });
    $('[name="del"]').live("click",function(){               //③
        if(window.confirm("确定要删除该行吗?")==true){
            $(this).parent().parent().remove();              //④
        }
    });
    $('[name="edit"]').live("click",function(){              //⑤
        var $td3 = $(this).parent().siblings("td").eq(2);    //⑥
        if($(this).val()=="修改"){                           //⑦
            $(this).val("确定");
            var num = $td3.html();                           //⑧
            $td3.html("<input type='text' style='width:40px;' value='"+num+"'/>");
        }else{
            $(this).val("修改");
```

```
                var num = $td3.children("input").val();            //⑨
                $td3.html(num);                                     //⑩
            }
        });
    })
```

12.6.2 代码解析

对例 12-6 的 ex12_6.js 文件中部分代码进行解析。

1. 代码①到②代码段

该代码段实现点击"添加订单"按钮在表格最后添加一行的功能。

代码②处,$("table").append($(tr)),$(tr)为工厂函数,根据字符串 tr 的内容,创建行节点对象,通过 append()方法将其添加为表格最后一行。

2. 代码③到④代码段

该代码段实现点击"删除"按钮,删除该按钮所在的行。

代码③处,$('[name="del"]').live("click",function(){……},通过 live()方法为匹配选择器的当前及未来元素(如由脚本创建的新元素)绑定点击事件处理程序。

代码④处,$(this).parent().parent().remove(),通过 $(this).parent().parent()找到"删除"按钮所在的行,通过 remove()方法将该行删除。

3. 代码⑤到⑩代码段

该代码段实现订单数量的修改和确定。

代码⑤处,$('[name="edit"]').live("click",function(){……},$('[name="edit"]')通过属性选择器获取到"修改"或"确定"按钮对象,为其绑定点击事件处理程序。

代码⑥处,var $td3=$(this).parent().siblings("td").eq(2),$(this).parent()获取到当前点击对象所在的单元格,再通过 siblings("td")获取到其所有的同辈单元格元素,最后通过 eq(2)获取到第 3 个单元格(订单数量单元格),用 $td3 引用第 3 个单元格对象。

代码⑦处,if($(this).val()=="修改"){……},val()方法获取对象的 value 属性值,若该方法有参数,则为设置对象的 value 属性值。

若代码⑦处的 if 语句为真,即如果当前点击按钮的 value 属性值为"修改",则将其 value 属性值设置为"确定";代码⑧处获取商品的数量 num,即 $td3 第 3 个单元格对象中的内容(HTML 代码);最后将第 3 个单元格对象中的内容设置为文本框,使商品数量可以修改。

若代码⑦处的 if 语句为假,即如果当前点击按钮的 value 属性值为"确定",则将其 value 属性值设置为"修改";代码⑨处,$td3.children("input")获取商品数量文本框对象,再通过 val()方法获取文本框的 value 值(商品数量);最后将第 3 个单元格对象中的内容设置为字符文本 num,使商品数量不可以再修改。

12.6.3 jQuery 中的 DOM 操作

jQuery 对 JavaScript 中的 DOM 操作进行了封装,使用起来也更简便。jQuery 中的 DOM 操作可分为:样式操作、内容及 Value 属性值操作、节点操作、节点属性操作、节点遍历、CSS-DOM 操作。

12.6.4 样式、内容及 Value 属性值操作

1. 样式操作

(1) 设置样式

使用 css() 为指定的元素设置样式值,语法如下:

css(name,value); 或 css({name:value, name:value, name:value…});

参数 name 为样式属性名,参数 value 为样式属性值。

(2) 追加和移除样式

➤ 追加样式使用 addClass(),其语法格式如下:

addClass(class); 或 addClass(class1 class2 … classN);

参数 class、class1、…、classN 为类样式名。

➤ 移除样式使用 removeClass(),其语法格式如下:

removeClass(class); 或 removeClass(class1 class2 … classN);

参数 class、class1、…、classN 为类样式名。

若该方法无参数则移除元素所有的类样式。

(3) 切换样式

toggleClass() 模拟了 addClass() 与 removeClass() 实现样式切换的过程,语法格式如下:

toggleClass(class);

参数 class 为类样式名。

2. 内容及 Value 属性值操作

(1) 内容操作

➤ html() 方法

html() 方法可以对 HTML 代码进行操作,类似于 JS 中的 innerHTML。

html() 无参数时为获取对象内的 HTML 代码;有参数时为设置对象内的 HTML 代码。

➤ text() 方法

text() 可以获取或设置元素的文本内容。

text() 无参数时为获取文本内容;有参数时为设置文本内容。

➤ html() 和 text() 的区别

html() 和 text() 的区别如表 12-12 所示。

表 12-12 html() 和 text() 比较

语法	参数	描述
html()	无参数	获取第一个匹配元素的 HTML 内容或文本内容
html(content)	content 为元素的 HTML 内容	设置所有匹配元素的 HTML 内容或文本内容
text()	无参数	获取所有匹配元素的组合的文本内容
text(content)	content 为元素的文本内容	设置所有匹配元素的文本内容

(2) Value 属性值操作

val()可以获取或设置元素的 value 属性值,无参数为获取,有参数为设置。

12.6.5 节点操作、节点属性操作

1. 节点操作

jQuery 中节点操作主要有:查找节点(在选择器章节中已讲)、创建节点、插入节点、替换节点、复制节点、删除节点。

(1) 创建节点

工厂函数 $() 用于获取或创建节点,用法如下:

$(selector):通过选择器获取节点。

$(element):把 DOM 节点转化成 jQuery 节点。

$(html):使用 HTML 字符串创建 jQuery 节点。

(2) 插入子节点

插入子节点的方法如表 12-13 所示。

表 12-13 插入子节点方法

语法	描述
append(content)	$(A).append(B)表示将 B 追加到 A 中 如:$("ul").append($ newNode1);
appendTo(content)	$(A).appendTo(B)表示把 A 追加到 B 中 如:$ newNode1.appendTo("ul");
prepend(content)	$(A).prepend(B)表示将 B 前置插入到 A 中 如:$("ul").prepend($ newNode1);
prependTo(content)	$(A).prependTo(B)表示将 A 前置插入到 B 中 如:$ newNode1.prependTo("ul");

(3) 插入同辈节点

在元素外部插入同辈节点的方法如表 12-14 所示。

表 12-14 插入同辈节点方法

语法	描述
after(content)	$(A).after(B)表示将 B 插入到 A 之后 如:$("ul").after($ newNode1);
insertAfter(content)	$(A).insertAfter(B)表示将 A 插入到 B 之后 如:$ newNode1.insertAfter("ul");
before(content)	$(A).before(B)表示将 B 插入到 A 之前 如:$("ul").before($ newNode1);
insertBefore(content)	$(A).insertBefore(B)表示将 A 插入到 B 之前 如:$ newNode1.insertBefore("ul");

(4) 替换节点

replaceWith()和 replaceAll()用于替换某个节点。

$(A).replaceWith(B); //用 B 替换 A

$(A).replaceAll(B); //用 A 替换所有的 B

(5) 复制节点

clone()用于复制某个节点,方法生成被选元素的副本,包含子节点、文本和属性。其语法格式如下:

$(selector).clone(flag);

参数 flag 为布尔值,表示是否复制元素的所有事件。为 true 时复制事件。

(6) 删除节点

jQuery 提供了三种删除节点的方法,分别如下:

remove():删除整个节点。

detach():删除整个节点,保留元素的绑定事件、附加的数据。

empty():清空节点内容。

2. 获取和设置节点属性

➢ attr()用来获取与设置元素属性,无参数为获取,有参数为设置。

➢ removeAttr()用来从被选元素中移除属性。其语法格式如下:

$(selector).removeAttr(attribute);

参数 attribute,必需,为从指定元素中移除的属性。

12.6.6 节点遍历

1. 遍历子元素

children()方法可以用来获取元素的所有子元素。

2. 遍历同辈元素

jQuery 可以获取紧邻其后、紧邻其前和位于该元素前与后的所有同辈元素,描述如表 12-15 所示。

表 12-15 遍历同辈元素方法

语法	描述
next([expr])	用于获取紧邻匹配元素之后的元素, 如:$("li:eq(1)").next().css("background-color","#F06");
prev([expr])	用于获取紧邻匹配元素之前的元素, 如:$("li:eq(1)").prev().css("background-color","#F06");
slibings([expr])	用于获取位于匹配元素前面和后面的所有同辈元素, 如:$("li:eq(1)").siblings().css("background-color","#F06");

3. 遍历前辈元素

jQuery 中可以遍历前辈元素,方法如下:

parent():获取元素的父元素。

parents():获取元素的祖先元素。

4. 其他

jQuery 提供的其他常用节点遍历方法如表 12-16 所示。

表 12-16 常用节点遍历方法

语法	描述
each()	对 jQuery 对象进行迭代,为每个匹配元素执行函数
eq()	集合中指定索引的元素
filter()	集合中匹配选择器或匹配函数返回值的元素
find()	集合中每个元素的后代,由选择器进行筛选
first()	集合中的第一个元素
has()	包含特定元素的后代的集合
is()	根据选择器检查当前匹配元素集合,如果存在匹配元素,则返回 true
last()	集合中的最后一个元素

12.6.7 CSS-DOM 操作

除 css() 外,还有获取和设置元素高度、宽度、相对位置等的样式操作方法,描述如表 12-17 所示。

表 12-17 CSS-DOM 操作

语法	描述
css()	设置或返回匹配元素的样式属性
height([value])	设置或返回匹配元素的高度
width([value])	设置或返回匹配元素的宽度
offset([value])	返回以像素为单位的 top 和 left 坐标。此方法仅对可见元素有效

12.6.8 技能训练 12-6

制作网上订单页面。

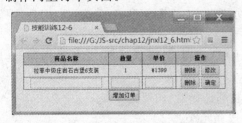

图 12-27 技能训练 12-6 增加订单

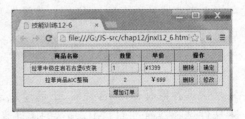

图 12-28 技能训练 12-6 确定和修改订单

1. 需求说明

(1)添加订单:点击"增加订单"按钮,增加订单,自己输入商品名称、数量和单价,如图 12-27 的第三行所示。

(2)确定订单:点击图 12-27 第三行的"确定"按钮,原商品名称、数量和单价从文本框改变为文本,不可编辑,"确定"按钮上的文字变为"修改"。运行效果从图 12-27 的第三行变化到图 12-28 的第三行。

（3）修改订单：点击图12-27第二行的"修改"按钮，商品名称、数量和单价由文本改变为文本框，可编辑修改，"修改"按钮上的文字变为"确定"。运行效果从图12-27的第二行变化到图12-28的第二行。

（4）删除订单：点击"删除"按钮，删除该行。

2. 运行效果图

运行效果如图12-27和图12-28所示。

本章小结

➢ jQuery是对JavaScript对象和函数的封装，其设计理念是写得少，做得多（write less, do more）。jQuery独特的选择器、链式操作、事件处理机制和封装完善的DOM和Ajax都是其他JavaScript库望尘莫及的，是目前最流行的JavaScript程序库。

➢ 在页面中引入jQuery：jQuery不需要安装，把jquery.js放到网站一个公共的位置，使用jQuery时，只需在相关的HTML文档中引入该库文件即可。

➢ $(document).ready()在网页中所有DOM文档结构绘制完毕后即刻执行，可能与DOM元素关联的内容（图片、flash、视频等）并没有加载完。同一页面该代码能同时编写多个。简写形式为：$(function(){ //执行代码 })。

➢ window.onload必须等待网页中所有的内容加载完毕后（包括图片、flash、视频等）才能执行。同一页面该代码不能同时编写多个。无简写形式。

➢ DOM对象为直接使用JavaScript获取的节点对象。jQuery对象是使用jQuery包装DOM对象后产生的对象。DOM对象和jQuery对象分别拥有一套独立的方法，不能混用。使用$()函数，$(DOM对象)，将DOM对象转jQuery对象。jQuery对象是一个类似数组的对象，可以通过[index]获得DOM对象，也可以通过get(index)方法得到相应的DOM对象。

➢ 利用jQuery选择器，可以方便快捷地找到特定的DOM元素，然后为它们添加行为，而无需担心浏览器是否支持。jQuery选择器功能强大，种类也很多，分为：类CSS选择器、过滤选择器。

➢ 基本选择器有：标签选择器、类选择器、ID选择器、并集选择器、交集选择器、全局选择器。

➢ 层次选择器有：后代选择器、子选择器、相邻选择器、同辈选择器。

➢ 属性选择器通过HTML元素的属性来选择元素。

➢ 过滤选择器通过特定的过滤规则来筛选元素。语法特点是使用"："，如使用$("li:first")来选取第一个li元素。主要有：基本过滤选择器、可见性过滤选择器、表单对象过滤选择器等。

➢ jQuery事件是对JavaScript事件的封装。常用事件可分为基础事件和复合事件。

➢ window事件对应方法ready()。

➢ 鼠标事件有：click、mouseover、mouseout。

➢ 键盘事件有：keydown、keyup、keypress。

➤ 表单事件有:focus、blur。
➤ 复合事件有:hover、toggle。
➤ 动画有:show()、hide()、toggle()、fadeIn()、fadeOut()、slideUp()、slideDown()。
➤ jQuery 对 JavaScript 中的 DOM 操作进行了封装,使用起来更简便。jQuery 中的 DOM 操作可分为:样式操作、内容及 Value 属性值操作、节点操作、节点属性操作、节点遍历、CSS-DOM 操作。
➤ 样式操作:css()、addClass()、removeClass()、toggleClass()。
➤ 内容及 Value 属性操作:html()、text()、val()。
➤ 节点操作:查找、创建、插入、替换、复制、删除和遍历。
➤ 节点属性操作:attr()、removeAttr()。
➤ 遍历操作:遍历子元素、遍历同辈元素、遍历前辈元素以及其他操作。

习 题

一、单项选择题

1. 下面( )不是 jQuery 的选择器。
   A. 基本选择器　　　　　　　B. 后代选择器
   C. 类选择器　　　　　　　　D. 一般选择器

2. 在 jQuery 中,如果想要从 DOM 中删除所有匹配的元素,下面( )是正确的。
   A. delete()　　　　　　　　B. empty()
   C. remove()　　　　　　　　D. removeAll()

3. 下面( )不是 jQuery 的方法。
   A. each()　　　　　　　　　B. size()
   C. index(subject)　　　　　D. value()

4. jQuery 中 $(this).get(0)的写法和( )是等价的。
   A. $(this)[0]　　　　　　　B. $(this)(0)
   C. $this[0]　　　　　　　　D. $this.item(0)

二、问答和编程题

1. 用 jQuery 实现当当网购物车页面的如图 12-29 所示效果。需求说明如下:
(1)鼠标悬停在商品上时,该行背景颜色变为白色;鼠标移出时,该行背景颜色变为粉红色。
(2)改变商品数量文本框中商品的数量,当其失去焦点时,计算商品的金额总计,为用户共节省金额、可获商品积分等,并在页面显示。
(3)点击删除超链接,删除该行商品。
说明:所需资源和 11.3.4 节的任务 4 相同。

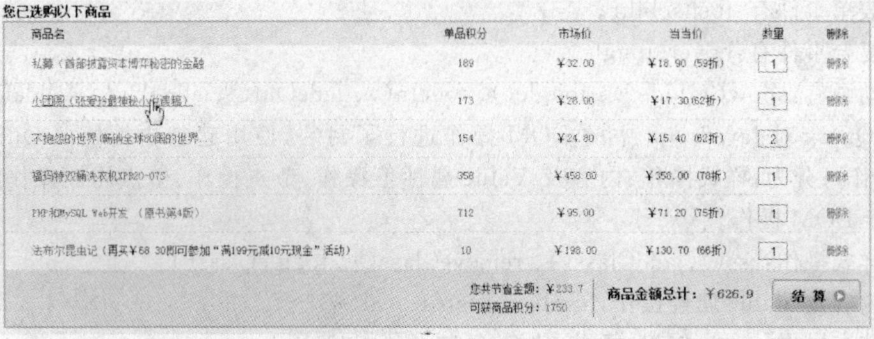

图 12-29 购物车页面的商品数量修改、相关计算、商品删除、鼠标悬停等效果图

附录 A
JavaScript 对象

本附录摘选自 w3school 在线教程,http://www.w3school.com.cn/。
FF 指 Firefox,IE 指 Internet Explorer,各数字表示最低版本号。

1. 顶层函数(全局函数)

函数	描述
decodeURI()	解码某个编码的 URI
decodeURIComponent()	解码一个编码的 URI 组件
encodeURI()	把字符串编码为 URI
encodeURIComponent()	把字符串编码为 URI 组件
escape()	对字符串进行编码
eval()	计算 JavaScript 字符串,并把它作为脚本代码来执行
getClass()	返回一个 JavaObject 的 JavaClass
isFinite()	检查某个值是否为有穷大的数
isNaN()	检查某个值是否是数字
Number()	把对象的值转换为数字
parseFloat()	解析一个字符串并返回一个浮点数
parseInt()	解析一个字符串并返回一个整数
String()	把对象的值转换为字符串
unescape()	对由 escape() 编码的字符串进行解码

2. 顶层属性(全局属性)

函数	描述
Infinity	代表正的无穷大的数值
java	代表 java.* 包层级的一个 JavaPackage
NaN	指示某个值是不是数字值
Packages	根 JavaPackage 对象
undefined	指示未定义的值

3. Array 对象

(1) 属性

属性	描述
constructor	返回对创建此对象的数组函数的引用
length	设置或返回数组中元素的数目
prototype	使您有能力向对象添加属性和方法

（2）方法

方法	描述
concat()	连接两个或更多的数组,并返回结果
join()	把数组的所有元素放入一个字符串,元素通过指定的分隔符进行分隔
pop()	删除并返回数组的最后一个元素
push()	向数组的末尾添加一个或更多元素,并返回新的长度
reverse()	颠倒数组中元素的顺序
shift()	删除并返回数组的第一个元素
slice()	从某个已有的数组返回选定的元素
sort()	对数组的元素进行排序
splice()	删除元素,并向数组添加新元素
toSource()	返回该对象的源代码
toString()	把数组转换为字符串,并返回结果
toLocaleString()	把数组转换为本地数组,并返回结果
unshift()	向数组的开头添加一个或更多元素,并返回新的长度
valueOf()	返回数组对象的原始值

4. Date 对象

（1）属性

属性	描述
constructor	返回对创建此对象的 Date 函数的引用
prototype	使您有能力向对象添加属性和方法

（2）方法

方法	描述
Date()	返回当日的日期和时间
getDate()	从 Date 对象返回一个月中的某一天（1~31）
getDay()	从 Date 对象返回一周中的某一天（0~6）
getMonth()	从 Date 对象返回月份（0~11）
getFullYear()	从 Date 对象以四位数字返回年份
getYear()	请使用 getFullYear() 方法代替
getHours()	返回 Date 对象的小时（0~23）
getMinutes()	返回 Date 对象的分钟（0~59）
getSeconds()	返回 Date 对象的秒数（0~59）

续表

方法	描述
getMilliseconds()	返回 Date 对象的毫秒(0~999)
getTime()	返回 1970 年 1 月 1 日至今的毫秒数
getTimezoneOffset()	返回本地时间与格林尼治标准时间（GMT）的分钟差
getUTCDate()	根据世界时从 Date 对象返回月中的一天（1~31）
getUTCDay()	根据世界时从 Date 对象返回周中的一天（0~6）
getUTCMonth()	根据世界时从 Date 对象返回月份（0~11）
getUTCFullYear()	根据世界时从 Date 对象返回四位数的年份
getUTCHours()	根据世界时返回 Date 对象的小时（0~23）
getUTCMinutes()	根据世界时返回 Date 对象的分钟（0~59）
getUTCSeconds()	根据世界时返回 Date 对象的秒钟（0~59）
getUTCMilliseconds()	根据世界时返回 Date 对象的毫秒（0~999）
parse()	返回 1970 年 1 月 1 日午夜到指定日期（字符串）的毫秒数
setDate()	设置 Date 对象中月的某一天（1~31）
setMonth()	设置 Date 对象中的月份（0~11）
setFullYear()	设置 Date 对象中的年份（四位数字）
setYear()	请使用 setFullYear() 方法代替
setHours()	设置 Date 对象中的小时（0~23）
setMinutes()	设置 Date 对象中的分钟（0~59）
setSeconds()	设置 Date 对象中的秒数（0~59）
setMilliseconds()	设置 Date 对象中的毫秒（0~999）
setTime()	以毫秒设置 Date 对象
setUTCDate()	根据世界时设置 Date 对象中月的某一天（1~31）
setUTCMonth()	根据世界时设置 Date 对象中的月份（0~11）
setUTCFullYear()	根据世界时设置 Date 对象中的年份（四位数字）
setUTCHours()	根据世界时设置 Date 对象中的小时（0~23）
setUTCMinutes()	根据世界时设置 Date 对象中的分钟（0~59）
setUTCSeconds()	根据世界时设置 Date 对象中的秒钟（0~59）
setUTCMilliseconds()	根据世界时设置 Date 对象中的毫秒（0~999）
toSource()	返回该对象的源代码
toString()	把 Date 对象转换为字符串
toTimeString()	把 Date 对象的时间部分转换为字符串

续表

方法	描述
toDateString()	把 Date 对象的日期部分转换为字符串
toGMTString()	请使用 toUTCString() 方法代替
toUTCString()	根据世界时,把 Date 对象转换为字符串
toLocaleString()	根据本地时间格式,把 Date 对象转换为字符串
toLocaleTimeString()	根据本地时间格式,把 Date 对象的时间部分转换为字符串
toLocaleDateString()	根据本地时间格式,把 Date 对象的日期部分转换为字符串
UTC()	根据世界时返回 1970 年 1 月 1 日 到指定日期的毫秒数
valueOf()	返回 Date 对象的原始值

5. Math 对象

(1) 属性

属性	描述
E	返回算术常量 e,即自然对数的底数(约等于 2.718)
LN2	返回 2 的自然对数(约等于 0.693)
LN10	返回 10 的自然对数(约等于 2.302)
LOG2E	返回以 2 为底的 e 的对数(约等于 1.414)
LOG10E	返回以 10 为底的 e 的对数(约等于 0.434)
PI	返回圆周率(约等于 3.14159)
SQRT1_2	返回 2 的平方根的倒数(约等于 0.707)
SQRT2	返回 2 的平方根(约等于 1.414)

(2) 方法

方法	描述
abs(x)	返回数的绝对值
acos(x)	返回数的反余弦值
asin(x)	返回数的反正弦值
atan(x)	以介于 -PI/2 与 PI/2 弧度之间的数值来返回 x 的反正切值
atan2(y,x)	返回从 x 轴到点(x,y)的角度(介于 -PI/2 与 PI/2 弧度之间)
ceil(x)	对数进行上舍入
cos(x)	返回数的余弦
exp(x)	返回 e 的指数
floor(x)	对数进行下舍入

续表

方法	描述
log(x)	返回数的自然对数(底为 e)
max(x,y)	返回 x 和 y 中的最高值
min(x,y)	返回 x 和 y 中的最低值
pow(x,y)	返回 x 的 y 次幂
random()	返回 0~1 之间的随机数
round(x)	把数四舍五入为最接近的整数
sin(x)	返回数的正弦
sqrt(x)	返回数的平方根
tan(x)	返回角的正切
toSource()	返回该对象的源代码
valueOf()	返回 Math 对象的原始值

6. String 对象

(1)属性

属性	描述
constructor	对创建该对象的函数的引用
length	字符串的长度
prototype	允许您向对象添加属性和方法

(2)方法

方法	描述
anchor()	创建 HTML 锚
big()	用大号字体显示字符串
blink()	显示闪动字符串
bold()	使用粗体显示字符串
charAt()	返回在指定位置的字符
charCodeAt()	返回在指定的位置的字符的 Unicode 编码
concat()	连接字符串
fixed()	以打字机文本显示字符串
fontcolor()	使用指定的颜色来显示字符串
fontsize()	使用指定的尺寸来显示字符串
fromCharCode()	从字符编码创建一个字符串

续表

方法	描述
indexOf()	检索字符串
italics()	使用斜体显示字符串
lastIndexOf()	从后向前搜索字符串
link()	将字符串显示为链接
localeCompare()	用本地特定的顺序来比较两个字符串
match()	找到一个或多个正则表达式的匹配
replace()	替换与正则表达式匹配的子串
search()	检索与正则表达式相匹配的值
slice()	提取字符串的片断,并在新的字符串中返回被提取的部分
small()	使用小字号来显示字符串
split()	把字符串分割为字符串数组
strike()	使用删除线来显示字符串
sub()	把字符串显示为下标
substr()	从起始索引号提取字符串中指定数目的字符
substring()	提取字符串中两个指定的索引号之间的字符
sup()	把字符串显示为上标
toLocaleLowerCase()	把字符串转换为小写
toLocaleUpperCase()	把字符串转换为大写
toLowerCase()	把字符串转换为小写
toUpperCase()	把字符串转换为大写
toSource()	代表对象的源代码
toString()	返回字符串
valueOf()	返回某个字符串对象的原始值

7. RegExp 对象

(1) 修饰符

修饰符	描述
i	执行对大小写不敏感的匹配
g	执行全局匹配(查找所有匹配而非在找到第一个匹配后停止)
m	执行多行匹配

(2) 方括号

方括号用于查找某个范围内的字符:

表达式	描述
[abc]	查找方括号之间的任何字符
[^abc]	查找任何不在方括号之间的字符
[0-9]	查找任何从 0 至 9 的数字
[a-z]	查找任何从小写 a 到小写 z 的字符
[A-Z]	查找任何从大写 A 到大写 Z 的字符
[A-z]	查找任何从大写 A 到小写 z 的字符(还包括 A-z 之间 ASOI 字符)
[adgk]	查找给定集合内的任何字符
[^adgk]	查找给定集合外的任何字符
(red|blue|green)	查找任何指定的选项

（3）元字符（元字符(Metacharacter)是拥有特殊含义的字符）

元字符	描述
.	查找单个字符,除了换行和行结束符
\w	查找单词字符
\W	查找非单词字符
\d	查找数字
\D	查找非数字字符
\s	查找空白字符
\S	查找非空白字符
\b	匹配单词边界
\B	匹配非单词边界
\0	查找 NULL 字符
\n	查找换行符
\f	查找换页符
\r	查找回车符
\t	查找制表符
\v	查找垂直制表符
\xxx	查找以八进制数 xxx 规定的字符
\xdd	查找以十六进制数 dd 规定的字符
\uxxxx	查找以十六进制数 xxxx 规定的 Unicode 字符

(4)量词

量词	描述
n+	匹配任何包含至少一个 n 的字符串
n*	匹配任何包含零个或多个 n 的字符串
n?	匹配任何包含零个或一个 n 的字符串
n{X}	匹配包含 X 个 n 的序列的字符串
n{X,Y}	匹配包含 X 或 Y 个 n 的序列的字符串
n{X,}	匹配包含至少 X 个 n 的序列的字符串
n$	匹配任何结尾为 n 的字符串
^n	匹配任何开头为 n 的字符串
?=n	匹配任何其后紧接指定字符串 n 的字符串
?!n	匹配任何其后没有紧接指定字符串 n 的字符串

(5)RegExp 对象属性

属性	描述	FF	IE
global	RegExp 对象是否具有标志 g	1	4
ignoreCase	RegExp 对象是否具有标志 i	1	4
lastIndex	一个整数,标示开始下一次匹配的字符位置	1	4
multiline	RegExp 对象是否具有标志 m	1	4
source	正则表达式的源文本	1	4

(6)RegExp 对象方法

方法	描述	FF	IE
compile	编译正则表达式	1	4
exec	检索字符串中指定的值,返回找到的值,并确定其位置	1	4
test	检索字符串中指定的值,返回 true 或 false	1	4

(7)支持正则表达式的 String 对象的方法

方法	描述	FF	IE
search	检索与正则表达式相匹配的值	1	4
match	找到一个或多个正则表达式的匹配	1	4
replace	替换与正则表达式匹配的子串	1	4
split	把字符串分割为字符串数组	1	4

8. 事件句柄

HTML 4.0 的新特性之一是有能力使 HTML 事件触发浏览器中的动作(action)。下面是属性列表,这些属性可插入 HTML 标签来定义事件动作。

属性	当以下情况发生时,出现此事件	FF	IE
onabort	图像加载被中断	1	4
onblur	元素失去焦点	1	3
onchange	用户改变域的内容	1	3
onclick	鼠标点击某个对象	1	3
ondblclick	鼠标双击某个对象	1	4
onerror	当加载文档或图像时发生某个错误	1	4
onfocus	元素获得焦点	1	3
onkeydown	某个键盘的键被按下	1	3
onkeypress	某个键盘的键被按下或按住	1	3
onkeyup	某个键盘的键被松开	1	3
onload	某个页面或图像被完成加载	1	3
onmousedown	某个鼠标按键被按下	1	4
onmousemove	鼠标被移动	1	3
onmouseout	鼠标从某元素移开	1	4
onmouseover	鼠标被移到某元素之上	1	3
onmouseup	某个鼠标按键被松开	1	4
onreset	重置按钮被点击	1	4
onresize	窗口或框架被调整尺寸	1	4
onselect	文本被选定	1	3
onsubmit	提交按钮被点击	1	3
onunload	用户退出页面	1	3

附录 B
BOM 对象

本附录选自 w3school 在线教程,http://www.w3school.com.cn/

1. Window 对象

(1) Window 对象集合

集合	描述
frames[]	返回窗口中所有命名的框架 该集合是 Window 对象的数组,每个 Window 对象在窗口中含有一个框架或 <iframe>;属性 frames.length 存放数组 frames[] 中含有的元素个数;注意,frames[] 数组中引用的框架可能还包括框架,它们自己也具有 frames[] 数组

(2) Window 对象属性

属性	描述
closed	返回窗口是否已被关闭
defaultStatus	设置或返回窗口状态栏中的默认文本
document	对 Document 对象的只读引用,请参阅 Document 对象
history	对 History 对象的只读引用,请参数 History 对象
innerheight	返回窗口的文档显示区的高度
innerwidth	返回窗口的文档显示区的宽度
length	设置或返回窗口中的框架数量
location	用于窗口或框架的 Location 对象,请参阅 Location 对象
name	设置或返回窗口的名称
Navigator	对 Navigator 对象的只读引用,请参数 Navigator 对象
opener	返回对创建此窗口的窗口的引用
outerheight	返回窗口的外部高度
outerwidth	返回窗口的外部宽度
pageXOffset	设置或返回当前页面相对于窗口显示区左上角的 X 位置
pageYOffset	设置或返回当前页面相对于窗口显示区左上角的 Y 位置
parent	返回父窗口
Screen	对 Screen 对象的只读引用,请参数 Screen 对象
self	返回对当前窗口的引用,等价于 Window 属性
status	设置窗口状态栏的文本
top	返回最顶层的先辈窗口
window	window 属性等价于 self 属性,它包含了对窗口自身的引用
screenLeft screenTop screenX screenY	只读整数,声明了窗口的左上角在屏幕上的 X 坐标和 Y 坐标,IE、Safari 和 Opera 支持 screenLeft 和 screenTop,而 Firefox 和 Safari 支持 screenX 和 screenY

(3)Window 对象方法

方法	描述
alert()	显示带有一段消息和一个确认按钮的警告框
blur()	把键盘焦点从顶层窗口移开
clearInterval()	取消由 setInterval() 设置的 timeout
clearTimeout()	取消由 setTimeout() 方法设置的 timeout
close()	关闭浏览器窗口
confirm()	显示带有一段消息以及确认按钮和取消按钮的对话框
createPopup()	创建一个 pop－up 窗口
focus()	把键盘焦点给予一个窗口
moveBy()	可相对窗口的当前坐标把它移动指定的像素
moveTo()	把窗口的左上角移动到一个指定的坐标
open()	打开一个新的浏览器窗口或查找一个已命名的窗口
print()	打印当前窗口的内容
prompt()	显示可提示用户输入的对话框
resizeBy()	按照指定的像素调整窗口的大小
resizeTo()	把窗口的大小调整到指定的宽度和高度
scrollBy()	按照指定的像素值来滚动内容
scrollTo()	把内容滚动到指定的坐标
setInterval()	按照指定的周期(以毫秒计)来调用函数或计算表达式
setTimeout()	在指定的毫秒数后调用函数或计算表达式

2. Navigator 对象

Navigator 对象包含有关浏览器的信息。

(1)Navigator 对象集合

集合	描述
plugins[]	返回对文档中所有嵌入式对象的引用； 该集合是一个 Plugin 对象的数组,其中的元素代表浏览器已经安装的插件；Plug－in 对象提供的是有关插件的信息,其中包括它所支持的 MIME 类型的列表； 虽然 plugins[] 数组是由 IE 4 定义的,但是在 IE 4 中它却总是空的,因为 IE 4 不支持插件和 Plugin 对象。

(2)Navigator 对象属性

属性	描述
appCodeName	返回浏览器的代码名
appMinorVersion	返回浏览器的次级版本
appName	返回浏览器的名称
appVersion	返回浏览器的平台和版本信息
browserLanguage	返回当前浏览器的语言
cookieEnabled	返回指明浏览器中是否启用 cookie 的布尔值
cpuClass	返回浏览器系统的 CPU 等级
onLine	返回指明系统是否处于脱机模式的布尔值
platform	返回运行浏览器的操作系统平台
systemLanguage	返回 OS 使用的默认语言
userAgent	返回由客户机发送服务器的 user-agent 头部的值
userLanguage	返回 OS 的自然语言设置

(3)Navigator 对象方法

方法	描述
javaEnabled()	规定浏览器是否启用 Java
taintEnabled()	规定浏览器是否启用数据污点（data tainting）

3. Screen 对象

Screen 对象包含有关客户端显示屏幕的信息。

属性	描述
availHeight	返回显示屏幕的高度（除 Windows 任务栏之外）
availWidth	返回显示屏幕的宽度（除 Windows 任务栏之外）
bufferDepth	设置或返回调色板的比特深度
colorDepth	返回目标设备或缓冲器上的调色板的比特深度
deviceXDPI	返回显示屏幕的每英寸水平点数
deviceYDPI	返回显示屏幕的每英寸垂直点数
fontSmoothingEnabled	返回用户是否在显示控制面板中启用了字体平滑
height	返回显示器屏幕的高度
logicalXDPI	返回显示屏幕每英寸的水平方向的常规点数
logicalYDPI	返回显示屏幕每英寸的垂直方向的常规点数

续表

属性	描述
pixelDepth	返回显示屏幕的颜色分辨率（比特每像素）
updateInterval	设置或返回屏幕的刷新率
width	返回显示器屏幕的宽度

4. History 对象

（1）History 对象属性

属性	描述
length	返回浏览器历史列表中的 URL 数量

（2）History 对象方法

方法	描述
back()	加载 history 列表中的前一个 URL
forward()	加载 history 列表中的下一个 URL
go()	加载 history 列表中的某个具体页面

5. Location 对象

（1）Location 对象属性

属性	描述
hash	设置或返回从井号（#）开始的 URL（锚）
host	设置或返回主机名和当前 URL 的端口号
hostname	设置或返回当前 URL 的主机名
href	设置或返回完整的 URL
pathname	设置或返回当前 URL 的路径部分
port	设置或返回当前 URL 的端口号
protocol	设置或返回当前 URL 的协议
search	设置或返回从问号（?）开始的 URL（查询部分）

（2）Location 对象方法

属性	描述
assign()	加载新的文档
reload()	重新加载当前文档
replace()	用新的文档替换当前文档

附录 C
HTML DOM 对象

附录C HTML DOM对象

本附录摘选自 w3school 在线教程，http://www.w3school.com.cn/。

1. Document 对象

每个载入浏览器的 HTML 文档都会成为 Document 对象。

Document 对象使我们可以从脚本中对 HTML 页面中所有元素进行访问。

（1）Document 对象集合

集合	描述
all[]	提供对文档中所有 HTML 元素的访问
anchors[]	返回对文档中所有 Anchor 对象的引用
applets	返回对文档中所有 Applet 对象的引用
forms[]	返回对文档中所有 Form 对象引用
images[]	返回对文档中所有 Image 对象引用
links[]	返回对文档中所有 Area 和 Link 对象引用

（2）Document 对象属性

属性	描述
body	提供对 <body> 元素的直接访问 对于定义了框架集的文档，该属性引用最外层的 <frameset>
cookie	设置或返回与当前文档有关的所有 cookie
domain	返回当前文档的域名
lastModified	返回文档被最后修改的日期和时间
referrer	返回载入当前文档的 URL
title	返回当前文档的标题
URL	返回当前文档的 URL

（3）Document 对象方法

方法	描述
close()	关闭用 document.open() 方法打开的输出流，并显示选定的数据
getElementById()	返回对拥有指定 id 的第一个对象的引用
getElementsByName()	返回带有指定名称的对象集合
getElementsByTagName()	返回带有指定标签名的对象集合
open()	打开一个流，以收集来自任何 document.write() 或 document.writeln() 方法的输出
write()	向文档写 HTML 表达式 或 JavaScript 代码
writeln()	等同于 write() 方法，不同的是在每个表达式之后写一个换行符

2. Element 对象

在 HTML DOM 中，Element 对象表示 HTML 元素。

Element 对象可以拥有类型为元素节点、文本节点、注释节点的子节点。下面的属性和方法可用于所有 HTML 元素上。

属性 / 方法	描述
element.accessKey	设置或返回元素的快捷键
element.appendChild()	向元素添加新的子节点，作为最后一个子节点
element.attributes	返回元素属性的 NamedNodeMap
element.childNodes	返回元素子节点的 NodeList
element.className	设置或返回元素的 class 属性
element.clientHeight	返回元素的可见高度
element.clientWidth	返回元素的可见宽度
element.cloneNode()	克隆元素
element.compareDocumentPosition()	比较两个元素的文档位置
element.contentEditable	设置或返回元素的文本方向
element.dir	设置或返回元素的文本方向
element.firstChild	返回元素的首个子元素
element.getAttribute()	返回元素节点的指定属性值
element.getAttributeNode()	返回指定的属性节点
element.getElementsByTagName()	返回拥有指定标签名的所有子元素的集合
element.getFeature()	返回实现了指定特性的 API 的某个对象
element.getUserData()	返回关联元素上键的对象
element.hasAttribute()	如果元素拥有指定属性，则返回 true，否则返回 false
element.hasAttributes()	如果元素拥有属性，则返回 true，否则返回 false
element.hasChildNodes()	如果元素拥有子节点，则返回 true，否则 false
element.id	设置或返回元素的 id
element.innerHTML	设置或返回元素的内容
element.insertBefore()	在指定的已有的子节点之前插入新节点
element.isContentEditable	设置或返回元素的内容
element.isDefaultNamespace()	如果指定的 namespaceURI 是默认的，则返回 true，否则返回 false
element.isEqualNode()	检查两个元素是否相等
element.isSameNode()	检查两个元素是否是相同的节点
element.isSupported()	如果元素支持指定特性，则返回 true
element.lang	设置或返回元素的语言代码

续表

属性/方法	描述
element.lastChild	返回元素的最后一个子元素
element.namespaceURI	返回元素的 namespace URI
element.nextSibling	返回位于相同节点树层级的下一个节点
element.nodeName	返回元素的名称
element.nodeType	返回元素的节点类型
element.nodeValue	设置或返回元素值
element.normalize()	合并元素中相邻的文本节点，并移除空的文本节点
element.offsetHeight	返回元素的高度
element.offsetWidth	返回元素的宽度
element.offsetLeft	返回元素的水平偏移位置
element.offsetParent	返回元素的偏移容器
element.offsetTop	返回元素的垂直偏移位置
element.ownerDocument	返回元素的根元素（文档对象）
element.parentNode	返回元素的父节点
element.previousSibling	返回位于相同节点树层级的前一个元素
element.removeAttribute()	从元素中移除指定属性
element.removeAttributeNode()	移除指定的属性节点，并返回被移除的节点
element.removeChild()	从元素中移除子节点
element.replaceChild()	替换元素中的子节点
element.scrollHeight	返回元素的整体高度
element.scrollLeft	返回元素左边缘与视图之间的距离
element.scrollTop	返回元素上边缘与视图之间的距离
element.scrollWidth	返回元素的整体宽度
element.setAttribute()	把指定属性设置或更改为指定值
element.setAttributeNode()	设置或更改指定属性节点
element.setUserData()	把对象关联到元素上的键
element.style	设置或返回元素的 style 属性
element.tabIndex	设置或返回元素的 tab 键控制次序
element.tagName	返回元素的标签名
element.textContent	设置或返回节点及其后代的文本内容

续表

属性/方法	描述
element.title	设置或返回元素的 title 属性
element.toString()	把元素转换为字符串
nodelist.item()	返回 NodeList 中位于指定下标的节点
nodelist.length	返回 NodeList 中的节点数

3. Body 对象

Body 对象代表文档的主体（HTML body）。

属性	描述
className	设置或返回元素的 class 属性
dir	设置或返回文本的方向
id	设置或返回 body 的 id
lang	设置或返回元素的语言代码
title	设置或返回元素的咨询性的标题

4. Form 对象

Form 对象代表一个 HTML 表单。

在 HTML 文档中 <form> 每出现一次，Form 对象就会被创建。

（1）Form 对象集合

集合	描述
elements[]	包含表单中所有元素的数组

（2）Form 对象属性

属性	描述
acceptCharset	服务器可接受的字符集
action	设置或返回表单的 action 属性
enctype	设置或返回表单用来编码内容的 MIME 类型
id	设置或返回表单的 id
length	返回表单中的元素数目
method	设置或返回将数据发送到服务器的 HTTP 方法
name	设置或返回表单的名称
target	设置或返回表单提交结果的 Frame 或 Window 名

(3) 标准属性

属性	描述
className	设置或返回元素的 class 属性
dir	设置或返回文本的方向
lang	设置或返回元素的语言代码
title	设置或返回元素的 title 属性

(4) Form 对象方法

方法	描述
reset()	把表单的所有输入元素重置为它们的默认值
submit()	提交表单

(5) Form 对象事件句柄

事件句柄	描述
onreset	在重置表单元素之前调用
onsubmit	在提交表单之前调用

5. Checkbox 对象

Checkbox 对象代表 HTML 表单中的一个多选框。

在 HTML 中 <input type="checkbox"> 出现一次,Checkbox 对象就会被创建。

(1) Checkbox 对象的属性

属性	描述
accessKey	设置或返回访问 checkbox 的快捷键
alt	设置或返回不支持 checkbox 时显示的替代文本
checked	设置或返回 checkbox 是否应被选中
defaultChecked	返回 checked 属性的默认值
disabled	设置或返回 checkbox 是否应被禁用
form	返回对包含 checkbox 的表单的引用
id	设置或返回 checkbox 的 id
name	设置或返回 checkbox 的名称
tabIndex	设置或返回 checkbox 的 tab 键控制次序
type	返回 checkbox 的表单元素类型
value	设置或返回 checkbox 的 value 属性的值

(2) 标准属性

属性	描述
className	设置或返回元素的 class 属性
dir	设置或返回文本的方向
lang	设置或返回元素的语言代码
title	设置或返回元素的 title 属性

(3) Checkbox 对象的方法

方法	描述
blur()	从 checkbox 上移开焦点
click()	模拟在 checkbox 中的一次鼠标点击
focus()	为 checkbox 赋予焦点

6. Text 对象

Text 对象代表 HTML 表单中的文本输入域。

在 HTML 表单中 <input type="text"> 每出现一次，Text 对象就会被创建。

(1) Text 对象属性

属性	描述
accessKey	设置或返回访问文本域的快捷键
alt	设置或返回当浏览器不支持文本域时供显示的替代文本
defaultValue	设置或返回文本域的默认值
disabled	设置或返回文本域是否应被禁用
form	返回一个对包含文本域的表单对象的引用
id	设置或返回文本域的 id
maxLength	设置或返回文本域中的最大字符数
name	设置或返回文本域的名称
readOnly	设置或返回文本域是否应是只读的
size	设置或返回文本域的尺寸
tabIndex	设置或返回文本域的 tab 键控制次序
type	返回文本域的表单元素类型
value	设置或返回文本域的 value 属性的值

(2)标准属性

属性	描述
className	设置或返回元素的 class 属性
dir	设置或返回文本的方向
lang	设置或返回元素的语言代码
title	设置或返回元素的 title 属性

(3)Text 对象方法

方法	描述
blur()	从文本域上移开焦点
focus()	在文本域上设置焦点
select()	选取文本域中的内容

7. Select 对象

Select 对象代表 HTML 表单中的一个下拉列表。

在 HTML 表单中,<select> 标签每出现一次,一个 Select 对象就会被创建。

(1)Select 对象集合

集合	描述
options[]	返回包含下拉列表中的所有选项的一个数组

(2)Select 对象属性

属性	描述
disabled	设置或返回是否应禁用下拉列表
form	返回对包含下拉列表的表单的引用
id	设置或返回下拉列表的 id
length	返回下拉列表中的选项数目
multiple	设置或返回是否选择多个项目
name	设置或返回下拉列表的名称
selectedIndex	设置或返回下拉列表中被选项目的索引号
size	设置或返回下拉列表中的可见行数
tabIndex	设置或返回下拉列表的 tab 键控制次序
type	返回下拉列表的表单类型

（3）标准属性

属性	描述
className	设置或返回元素的 class 属性
dir	设置或返回文本的方向
lang	设置或返回元素的语言代码
title	设置或返回元素的 title 属性

（4）Select 对象方法

方法	描述
add()	向下拉列表添加一个选项
blur()	从下拉列表移开焦点
focus()	在下拉列表上设置焦点
remove()	从下拉列表中删除一个选项

（5）Select 对象事件句柄

事件句柄	描述
onchange	当改变选择时调用的事件句柄

8. Option 对象

Option 对象代表 HTML 表单中下拉列表中的一个选项。

在 HTML 表单中 <option> 标签每出现一次，一个 Option 对象就会被创建。

（1）Option 对象的属性

属性	描述
defaultSelected	返回 selected 属性的默认值
disabled	设置或返回选项是否应被禁用
form	返回对包含该元素的 <form> 元素的引用
id	设置或返回选项的 id
index	返回下拉列表中某个选项的索引位置
label	设置或返回选项的标记（仅用于选项组）
selected	设置或返回 selected 属性的值
text	设置或返回某个选项的纯文本值
value	设置或返回被送往服务器的值

(2) 标准属性

属性	描述
className	设置或返回元素的 class 属性
dir	设置或返回文本的方向
lang	设置或返回元素的语言代码
title	设置或返回元素的 title 属性

9. Style 对象

Style 对象代表一个单独的样式声明。可从样式文档或元素访问 Style 对象。

(1) Background 属性

属性	描述
background	在一行中设置所有的背景属性
backgroundAttachment	设置背景图像是否固定或随页面滚动
backgroundColor	设置元素的背景颜色
backgroundImage	设置元素的背景图像
backgroundPosition	设置背景图像的起始位置
backgroundPositionX	设置 backgroundPosition 属性的 X 坐标
backgroundPositionY	设置 backgroundPosition 属性的 Y 坐标
backgroundRepeat	设置是否及如何重复背景图像

(2) Border 和 Margin 属性

属性	描述
border	在一行设置四个边框的所有属性
borderBottom	在一行设置底边框的所有属性
borderBottomColor	设置底边框的颜色
borderBottomStyle	设置底边框的样式
borderBottomWidth	设置底边框的宽度
borderColor	设置所有四个边框的颜色（可设置四种颜色）
borderLeft	在一行设置左边框的所有属性
borderLeftColor	设置左边框的颜色
borderLeftStyle	设置左边框的样式
borderLeftWidth	设置左边框的宽度
borderRight	在一行设置右边框的所有属性
borderRightColor	设置右边框的颜色

续表

属性	描述
borderRightStyle	设置右边框的样式
borderRightWidth	设置右边框的宽度
borderStyle	设置所有四个边框的样式（可设置四种样式）
borderTop	在一行设置顶边框的所有属性
borderTopColor	设置顶边框的颜色
borderTopStyle	设置顶边框的样式
borderTopWidth	设置顶边框的宽度
borderWidth	设置所有四条边框的宽度（可设置四种宽度）
margin	设置元素的边距（可设置四个值）
marginBottom	设置元素的底边距
marginLeft	设置元素的左边距
marginRight	设置元素的右边据
marginTop	设置元素的顶边距
outline	在一行设置所有的 outline 属性
outlineColor	设置围绕元素的轮廓颜色
outlineStyle	设置围绕元素的轮廓样式
outlineWidth	设置围绕元素的轮廓宽度
padding	设置元素的填充（可设置四个值）
paddingBottom	设置元素的下填充
paddingLeft	设置元素的左填充
paddingRight	设置元素的右填充
paddingTop	设置元素的顶填充

（3）Layout 属性

属性	描述
clear	设置在元素的哪边不允许其他的浮动元素
clip	设置元素的形状
content	设置元信息
counterIncrement	设置其后是正数的计数器名称的列表,其中整数指示每当元素出现时计数器的增量,默认是 1
counterReset	设置其后是正数的计数器名称的列表,其中整数指示每当元素出现时计数器被设置的值,默认是 0

附录C HTML DOM对象

续表

属性	描述
cssFloat	设置图像或文本将出现(浮动)在另一元素中的何处
cursor	设置显示的指针类型
direction	设置元素的文本方向
display	设置元素如何被显示
height	设置元素的高度
markerOffset	设置 marker box 的 principal box 距离其最近的边框边缘的距离
marks	设置是否 cross marks 或 crop marks 应仅仅被呈现于 page box 边缘之外
maxHeight	设置元素的最大高度
maxWidth	设置元素的最大宽度
minHeight	设置元素的最小高度
minWidth	设置元素的最小宽度
overflow	规定如何处理不适合元素盒的内容
verticalAlign	设置对元素中的内容进行垂直排列
visibility	设置元素是否可见
width	设置元素的宽度

(4) List 属性

属性	描述
listStyle	在一行设置列表的所有属性
listStyleImage	把图像设置为列表项标记
listStylePosition	改变列表项标记的位置
listStyleType	设置列表项标记的类型

(5) Positioning 属性

属性	描述
bottom	设置元素的底边缘距离父元素底边缘的之上或之下的距离
left	设置元素的左边缘距离父元素左边缘的左边或右边的距离
position	把元素放置在 static，relative，absolute 或 fixed 的位置
right	设置元素的右边缘距离父元素右边缘的左边或右边的距离
top	设置元素的顶边缘距离父元素顶边缘的之上或之下的距离
zIndex	设置元素的堆叠次序

（6）Printing 属性

属性	描述
orphans	设置段落留到页面底部的最小行数
page	设置显示某元素时使用的页面类型
pageBreakAfter	设置某元素之后的分页行为
pageBreakBefore	设置某元素之前的分页行为
pageBreakInside	设置某元素内部的分页行为
size	设置页面的方向和尺寸
widows	设置段落必须留到页面顶部的最小行数

（7）Scrollbar 属性（IE－only）

属性	描述
scrollbar3dLightColor	设置箭头和滚动条左侧和顶边的颜色
scrollbarArrowColor	设置滚动条上的箭头颜色
scrollbarBaseColor	设置滚动条的底色
scrollbarDarkShadowColor	设置箭头和滚动条右侧和底边的颜色
scrollbarFaceColor	设置滚动条的颜色
scrollbarHighlightColor	设置箭头和滚动条左侧和顶边的颜色，以及滚动条的背景
scrollbarShadowColor	设置箭头和滚动条右侧和底边的颜色
scrollbarTrackColor	设置滚动条的背景色

（8）Table 属性

属性	描述
borderCollapse	设置表格边框是否合并为单边框，或者像在标准的 HTML 中那样分离
borderSpacing	设置分隔单元格边框的距离
captionSide	设置表格标题的位置
emptyCells	设置是否显示表格中的空单元格
tableLayout	设置用来显示表格单元格、行以及列的算法

（9）Text 属性

属性	描述
color	设置文本的颜色
font	在一行设置所有的字体属性
fontFamily	设置元素的字体系列

续表

方法	描述
fontSize	设置元素的字体大小
fontSizeAdjust	设置/调整文本的尺寸
fontStretch	设置如何紧缩或伸展字体
fontStyle	设置元素的字体样式
fontVariant	用小型大写字母字体来显示文本
fontWeight	设置字体的粗细
letterSpacing	设置字符间距
lineHeight	设置行间距
quotes	设置在文本中使用哪种引号
textAlign	排列文本
textDecoration	设置文本的修饰
textIndent	缩紧首行的文本
textShadow	设置文本的阴影效果
textTransform	对文本设置大写效果
whiteSpace	设置如何设置文本中的折行和空白符
wordSpacing	设置文本中的词间距

(10) 标准属性

属性	描述
dir	设置或返回文本的方向
lang	设置或返回元素的语言代码
title	设置或返回元素的咨询性的标题

10. Table 对象

Table 对象代表一个 HTML 表格。

在 HTML 文档中 <table> 标签每出现一次，一个 Table 对象就会被创建。

(1) Table 对象集合

集合	描述
cells[]	返回包含表格中所有单元格的一个数组
rows[]	返回包含表格中所有行的一个数组
tBodies[]	返回包含表格中所有 tbody 的一个数组

(2) Table 对象属性

属性	描述
align	表在文档中的水平对齐方式(已废弃)
bgColor	表的背景颜色(已废弃)
border	设置或返回表格边框的宽度
caption	对表格的 <caption> 元素的引用
cellPadding	设置或返回单元格内容和单元格边框之间的空白量
cellSpacing	设置或返回在表格中的单元格之间的空白量
frame	设置或返回表格的外部边框
id	设置或返回表格的 id
rules	设置或返回表格的内部边框(行线)
summary	设置或返回对表格的描述(概述)
tFoot	返回表格的 TFoot 对象,如果不存在该元素,则为 null
tHead	返回表格的 THead 对象,如果不存在该元素,则为 null
width	设置或返回表格的宽度

(3) 标准属性

属性	描述
className	设置或返回元素的 class 属性
dir	设置或返回文本的方向
lang	设置或返回元素的语言代码
title	设置或返回元素的 title 属性

(4) Table 对象方法

方法	描述
createCaption()	为表格创建一个 caption 元素
createTFoot()	在表格中创建一个空的 tFoot 元素
createTHead()	在表格中创建一个空的 tHead 元素
deleteCaption()	从表格删除 caption 元素以及其内容
deleteRow()	从表格删除一行
deleteTFoot()	从表格删除 tFoot 元素及其内容
deleteTHead()	从表格删除 tHead 元素及其内容
insertRow()	在表格中插入一个新行

11. TableRow 对象

TableRow 对象代表一个 HTML 表格行。

在 HTML 文档中 <tr> 标签每出现一次,一个 TableRow 对象就会被创建。

(1) TableRow 对象集合

集合	描述
cells[]	返回包含行中所有单元格的一个数组

(2) TableRow 对象属性

属性	描述
align	设置或返回在行中数据的水平排列
ch	设置或返回在行中单元格的对齐字符
chOff	设置或返回在行中单元格的对齐字符的偏移量
id	设置或返回行的 id
innerHTML	设置或返回行的开始标签和结束标签之间的 HTML
rowIndex	返回该行在表中的位置
sectionRowIndex	返回在 tBody、tHead 或 tFoot 中,行的位置
vAlign	设置或返回在行中的数据的垂直排列方式

(3) TableRow 对象方法

方法	描述
deleteCell()	删除行中的指定的单元格
insertCell()	在一行中的指定位置插入一个空的 <td> 元素

12. TableCell 对象

TableCell 对象代表一个 HTML 表格单元格。

在 HTML 文档中 <td> 标签每出现一次,一个 TableCell 对象就会被创建。

(1) TableCell 对象属性

属性	描述
abbr	设置或返回单元格中内容的缩写版本
align	设置或返回单元格内部数据的水平排列方式
axis	设置或返回相关单元格的一个逗号分隔的列表
cellIndex	返回单元格在某行的单元格集合中的位置
ch	设置或返回单元格的对齐字符
chOff	设置或返回单元格的对齐字符的偏移量
colSpan	单元格横跨的列数

续表

属性	描述
headers	设置或返回 header-cell 的 id 值
id	设置或返回单元格的 id
innerHTML	设置或返回单元格的开始标签和结束标签之间的 HTML
rowSpan	设置或返回单元格可横跨的行数
scope	设置或返回此单元格是否可提供标签信息
vAlign	设置或返回表格单元格内数据的垂直排列方式
width	设置或返回单元格的宽度

(2)标准属性

属性	描述
className	设置或返回元素的 class 属性
dir	设置或返回文本的方向
lang	设置或返回元素的语言代码
title	设置或返回元素的 title 属性

13. **Textarea 对象**

Textarea 对象代表 HTML 表单中的一个文本区(text-area)。

在表单中 <textarea> 标签每出现一次,一个 Textarea 对象就会被创建。

(1)Textarea Object Properties

属性	描述
accessKey	设置或返回访问 textarea 的键盘快捷键
cols	设置或返回 textarea 的宽度
defaultValue	设置或返回文本框中的初始内容
disabled	设置或返回 textarea 是否应当被禁用
form	返回对包含该 textarea 的表单对象的引用
id	设置或返回某个 textarea 的 id
name	设置或返回 textarea 的名称
readOnly	设置或返回 textarea 是否应当是只读的
rows	设置或返回 textarea 的高度
tabIndex	设置或返回 textarea 的 tab 键控制次序
type	返回该文本框的表单类型
value	设置或返回在 textarea 中的文本

(2)标准属性

属性	描述
className	设置或返回元素的 class 属性
dir	设置或返回文本的方向
lang	设置或返回元素的语言代码
title	设置或返回元素的 title 属性

(3)Textarea 对象方法

方法	描述
blur()	从 textarea 移开焦点
focus()	在 textarea 上设置焦点
select()	选择 textarea 中的文本

参考文献

[1] 北京阿博泰克北大青鸟信息技术有限公司职业教育研究院. 使用 JavaScript 增强交互效果[M]. 北京：科学技术文献出版社，2011.

[2] Dori Smith 等著，陈剑瓯等译. JavaScript 基础教程（第 9 版）[M]. 北京：人民邮电出版社，2015.

[3] Paul Wilton 等著，张敏等译. JavaScript 入门经典（第 4 版）[M]. 北京：清华大学出版社，2011.

[4] Michael Moncur 著，王军译. JavaScript 入门经典（第 4 版）（修订版）[M]. 北京：人民邮电出版社，2012.

[5] 费冬冬. 挑战 JAVASCRIPT&AJAX 应用开发[M]. 北京：机械工业出版社，2008.

[7] John Resig 著，陈贤安等译. 精通 JavaScript [M]. 北京：人民邮电出版社，2008.

[8] 单东林等. 锋利的 JQuery（第 2 版）[M]. 北京：人民邮电出版社，2012.

[9] 北京阿博泰克北大青鸟信息技术有限公司职业教育研究院. 使用 jQuery 快速高效制作网页交互特效[M]. 北京：科学技术文献出版社，2013.

[10] w3school 在线教程. http://www.w3school.com.cn/